高等学校软件工程系列教材

云计算技术及应用

Cloud Computing Technology and Applications

○ 莫同 编著

中国教育出版传媒集团

高等教育出版社·北京

内容提要

云计算技术是如今软件尤其是各行业应用软件工程项目重要且关键性的支撑技术之一。使用云的方式构建行业应用软件是软件工程领域的重要发展方向，也是行业细分之后提高软件研发效率，降低工程成本，提升工程质量的重要手段。

本书入选教育部高等学校软件工程专业教学指导委员会组织编写的"软件工程专业系列教材"。全书系统介绍云计算的相关概念、技术、工具与平台，有助于读者理解云计算的基本思想，深入体会软件、服务和工程三者在云计算中的作用和意义，掌握云计算的相关技术，了解业界代表性的新发展方向，并能运用云计算技术进行云应用开发。全书分为5部分，共12章。第一部分（第1~3章）介绍云计算的基础理念，第二部分（第4~5章）介绍虚拟化，第三部分（第6~10章）介绍存储与计算，第四部分（第11章）介绍运行管控策略，第五部分（第12章）介绍业界代表性发展方向Serverless。针对软件工程专业人才动手实践能力培养，本书设计了云的初体验、计算练习以及基于Serverless进行各种类型的应用开发等实验内容。书中还包含大量的实际练习，与日常生产生活中的实际应用相结合，介绍如何使用业界典型产品、工具与平台，强调学习与实践相结合，学以致用。

本书可作为高校计算机科学与技术、软件工程相关专业云计算课程教材，也可供软件行业工程技术人员学习参考。

图书在版编目（CIP）数据

云计算技术及应用 / 莫同编著. -- 北京：高等教育出版社，2023.12

ISBN 978-7-04-061175-5

Ⅰ.①云… Ⅱ.①莫… Ⅲ.①计算机网络-云计算-高等学校-教材 Ⅳ.①TP393

中国国家版本馆 CIP 数据核字（2023）第 172889 号

Yun Jisuan Jishu ji Yingyong

策划编辑	倪文慧	责任编辑	倪文慧	封面设计	张申申 王 洋	版式设计	杨 树
责任绘图	邓 超	责任校对	刘娟娟	责任印制	刁 毅		

出版发行	高等教育出版社	网　址	http://www.hep.edu.cn	
社　址	北京市西城区德外大街 4 号		http://www.hep.com.cn	
邮政编码	100120	网上订购	http://www.hepmall.com.cn	
印　刷	北京市鑫霸印务有限公司		http://www.hepmall.com	
开　本	787mm × 1092mm　1/16		http://www.hepmall.cn	
印　张	19.25			
字　数	390 千字	版　次	2023 年 12 月第 1 版	
购书热线	010-58581118	印　次	2023 年 12 月第 1 次印刷	
咨询电话	400-810-0598	定　价	41.00 元	

本书如有缺页、倒页、脱页等质量问题，请到所购图书销售部门联系调换

云计算技术及应用

莫同 编著

1 计算机访问 http://abooks.hep.com.cn/188031，或手机扫描二维码，下载并安装 Abook 应用。

2 注册并登录，进入"我的课程"。

3 输入封底数字课程账号（20位密码，刮开涂层可见），或通过 Abook 应用扫描封底数字课程账号二维码，完成课程绑定。

4 单击"进入课程"按钮，开始本数字课程的学习。

课程绑定后一年为数字课程使用有效期。受硬件限制，部分内容无法在手机端显示，请按提示通过计算机访问学习。

如有使用问题，请发邮件至 abook@hep.com.cn。

扫描二维码
下载 Abook 应用

http://abooks.hep.com.cn/188031

前　言

　　高等工程教育在我国高等教育中占有重要的地位。深化工程教育改革、建设工程教育强国，对服务和支撑我国经济转型升级意义重大。当前，国家推动创新驱动发展，实施"一带一路"倡议以及制造强国、"互联网+"等重大战略，以新技术、新业态、新模式、新产业为代表的新经济蓬勃发展，对工程科技人才提出了更高要求，迫切需要加快工程教育改革创新。

　　软件工程学科在社会经济发展中具有重要意义，软件关系到国家的核心竞争力。人工智能与大数据的核心是软件，而软件是技术进步甚至是人类社会进步的核心与灵魂。软件工程专业强调与其他行业的融合交叉，通过应用计算机科学理论和技术以及工程管理原则和方法，实现支撑各行业用户需求的软件产品。由于现代软件系统极为复杂，通常采用层次化、多模块、松耦合方式进行构建，实现软件产品的技术门槛高，所需资源种类繁多，因此通常需要多方参与共同完成。伴随着社会化大分工的不断深入，社会的变革和经济的发展，催生了以现代科学技术特别是信息网络技术为主要支撑，建立在新的商业模式、服务方式和管理方法基础上的现代服务业。实现软件产品过程中所需的各种资源也需要被封装成服务，由专门的服务提供商进行提供。

　　云计算是一种能够将动态伸缩的虚拟化资源通过互联网以服务的方式提供给用户的计算模式。这里的服务指的是通过一系列活动，而不是实物的方式来满足用户的需求。服务是社会经济和社会化分工发展到一定阶段的必然产物。用户通过网络发出计算需求（输入），由服务方汇聚资源进行计算并生成结果（计算输出），通过网络反馈给用户。云计算技术即是这种新模式下的计算服务使能技术。在该模式下，用户所需完成的计算任务由服务方完成，用户的计算任务类型各异、能力需求弹性变化，服务方通过云计算技术进行应对，以保障服务质量和降低成本。

　　通过信息技术手段支撑各个行业，将业务和功能封装成服务，通过服务的组合实现行业交叉，是推动新经济、产生新业态及新模式的重要方式。根据中国计算机学会服务计算专业委员会发布的"大服务"概念，现实世界的各种业务和资源通过虚拟化手段抽象到信息技术世界，通过与线上的软件服务和信息技术基础设施支撑服务协同与集成，形成跨网、跨域、跨世界的大规模网络化复杂服务生态系统——大服务（big service）。云计算思想是实现上述过程的重要支撑手段。云计算技术是如今软件，尤其是各行业应用软件工程项目的重要且关键性的支撑技术之一。使用云的方式构建行业应用软件，是软件工程领域的重要发展方向，也是行业细分之后提高软件研发效率、降低工程成本、提升工程质量的重要手段。

本书入选教育部高等学校软件工程专业教学指导委员会组织编写的"软件工程专业系列教材"。本书面向高校软件工程专业工程技术型人才培养需求，适合作为软件工程专业本科生的"云计算课程"教材，也可作为非研究型高校计算机科学与技术专业高年级本科生或研究生相关课程的教材，对于软件行业工程技术人员学习云计算也是很好的参考书。通过本书，读者可以学习云计算的相关概念、技术、工具与平台；理解云计算的基本思想，尤其是深入体会软件、服务和工程三者在云计算中的作用和意义；掌握云计算的相关技术，包括虚拟化、分布式文件系统、批量计算、流式计算、图计算等，以及一致性保持、容错等各种管控策略；了解业界代表性的新发展方向 Serverless；学会使用云计算技术进行云应用开发。

本书分为 5 部分，共 13 章。第一部分（第 1~3 章）介绍云计算的基础理念，第二部分（第 4、5 章）介绍虚拟化，第三部分（第 6~10 章）介绍存储与计算，第四部分（第 11 章）介绍运行管控策略，第五部分（第 12 章）介绍业界代表性发展方向 Serverless。本书在内容编撰方面注重对各种工程解决方案实践案例的设计思路的阐述，注重培养学生的工匠精神，在业界实践和案例中注重增加国内代表性产品和方案的比重，激发学生的家国情怀。针对软件工程专业人才培养最为重要的动手实践能力培养，本书设计了 5 个实验章节内容，包括云的初体验、计算练习、投票实时统计练习、传播效果分析练习以及基于 Serverless 进行多类型应用开发，通过与实际生产生活中的应用相结合，介绍如何使用业界典型的产品、工具及平台，强调学以致用。

微视频：
云计算技术
及应用课程
简介

自 2012 年至今，作者已在北京大学软件与微电子学院开设"云计算技术及应用"课程十余年。该课程教学设计为 3 学分，共计 48 学时，其中理论教学部分 36 学时，实验教学部分 12 学时。本书即为该课程的配套教材。为方便教学，作者同时制作了教学课件、教学视频等资源，可随教材一起提供给读者使用。由作者主讲的"云计算技术导论数字课程"已由高等教育出版社出版。读者在开始本书的学习之前，需要具备一定的软件工程或计算机学科的基础知识，包括操作系统、数据结构、数据库、算法设计与分析、计算机网络等，并且需要掌握一种编程语言并具有使用编程语言编写代码的经验。

作者在编写本书的过程中，得到教育部高等学校软件工程专业教学指导委员会副主任委员、北京大学软件与微电子学院院长吴中海教授的大力支持。教育部高等学校软件工程专业教学指导委员会副主任委员、中国计算机学会服务计算专业委员会前任主任、哈尔滨工业大学（威海）前任校长徐晓飞教授，在服务计算方面给予作者悉心指导。阿里云刘宇（江昱）先生对本书 Serverless 内容方面给予指导，亚马逊云科技中国汤竹女士也为本书提供了建议和帮助。

此外，作者还得到中国计算机学会服务计算专业委员会各位专家同人、北京大学软件与微电子学院各位老师和相关学生，以及高等教育出版社工科事业部有关编辑的大力支持，使得本书得以付梓面世。在此对各位领导、专家、同人和同学们表示深深的敬意和感谢。

　　云计算技术仍处于快速发展阶段，由于作者的时间、精力和知识水平有限，书中难免存在疏漏和不足之处，恳请广大读者批评指正。读者对本书的意见和建议请发送至 motong@ ss. pku. edu. cn，以便作者对本书进行进一步完善。作者将继续密切跟踪云计算技术的最新发展和业界应用情况，吸收广大读者的意见和建议，适时对本书进行修订与更新。

北京大学　莫同
2023 年 11 月

目　录

第三部分 存储与计算

第四部分 运行管控策略

第五部分 发展方向

第一部分 基础理念

本部分将探讨云计算的基础理念，包括云计算的基本概念和发展历程，并通过一些云的体验实验，感受云计算的服务内容和服务功能，了解云计算与服务之间的关系以及代表性的云服务等。

第 1 章　初识云计算

本章将探讨什么是云计算、云计算技术如何发展而来，介绍云计算的发展历程以及基本概念。读者学完本章需思考为什么要学习云计算，通过云计算的学习能够掌握哪些技术，这些技术有什么工程应用价值，并通过一些案例体会云计算有哪些技术优势。

1.1　引言

1.1.1　什么是云计算

"云计算"一词起源于 2007 年，是英文 cloud computing 的直译。大家可能发现，云计算与软件工程或者计算机科学与技术专业的基础内容，如操作系统、数据结构、计算机网络、数据库相比，在知识体系结构上有较大的区别。上述专业基础知识的体系更像是一棵树，虽然这棵树可能包含多个分支，分别衍生出相互独立的内容，但其整体上有一个脉络体系，是一个树状结构。而云计算则更像是一片森林，由多棵树共同组成，而非一棵树的多个分支。

微视频：
初识云计算

"云计算"一词与"大数据"一样，更像是一个技术"组合"，而非特指某一种具体技术。虽然我们可能在很多场合都听到过这个词汇，但是对于不同的人、不同的领域和不同的应用场景，似乎这个词所代表的技术内容并不相同。事实上，云计算在诞生之初就一直充满争议。时至今日，其概念的内涵和外延仍在不断发展之中。关于云计算的相关定义很多，但一直难以形成统一的定论。这一现象从中国科学技术协会"科普中国"百科科学词条编写与应用工作项目组审核的"云计算"一词的说明就可以看出：

云计算(cloud computing)是分布式计算的一种，指的是通过网络"云"将巨大的数据计算处理程序分解成无数个小程序，然后，通过多部服务器组成的系统进行处理和分析这些小程序得到结果并返回给用户。云计算早期，简单地说，就是简单的分布式计算，解决任务分发，并进行计算结果的合并。因而，云计算又称为网格计算。通过这项技术，可以在很短的时间内(几秒钟)完成对数以万计的数据的处理，从而达到强大的网络服务。现阶段所说的云服务已经不单单是一种分布式计算，而是分布式计算、效用计算、负载均衡、并行计算、网络存储、热备份冗杂和虚拟化等计算机技术混合演进并跃升的结果[1]。

通过上面的描述，不难看出云计算是由多种技术混合而成的，与之相关的技术包括分布式计算、并行计算、效用计算、网格计算等。在学术领域，这些计算概念均有明确的定义。云计算并不等同于分布式计算或者网格计算。随着技术的演进和发展，有关"云"，大家可能还听说过诸如 IaaS、PaaS、SaaS、XaaS 以及海量数据处理、大数据存储与处理等，某些厂商还推出过诸如云电视、云手机、云游戏、云电脑、云闪付等商品、应用和服务。

似乎云计算的概念太过泛滥。那么，什么才是真正的云计算？什么是云？什么是云服务？云计算是一个技术概念，还是一个商业概念？是一种技术架构，还是一种营销模式？为了更好地理解这些问题，我们还是从云计算概念本身入手，来探讨一下什么是云计算。

顾名思义，云计算 = 云 + 计算。"计算"的概念比较容易理解，对于计算机而言，"计算"是指根据已知输入求解未知输出的过程。关键是什么是"云"，以及云计算和别的计算有什么区别。

说到云，我们不难联想到天空中漂浮的云，现实天空中的云是由空中悬浮的水滴、冰晶聚集而成的。云的概念则被象形迁移，用来形容具有云的特征的事物，比如太空中遥远的星云。云计算中的"云"也是一个基于象形迁移的概念，这里以日常生活中较为常见的一种云产品——云盘为例，来看云的概念是如何象形迁移到信息技术领域的。

[**练习**]使用某一种云盘，体会一下云盘的使用和计算机上硬盘和 U 盘的使用有什么相同和不同之处。

云盘 = 云 + 盘。首先云盘是一种盘，就像我们熟悉的硬盘、U 盘一样，是一种用来进行文件存储的工具。当打开电脑系统的文件资源管理器时，如图 1-1 所示，可以看到分区后的各个硬盘的盘符，包括机械硬盘和 SSD 硬盘、U 盘的盘符，以及云盘（百度网盘）的盘符。打开盘符之后，文件系统展示的是其中存储的文件内容。从操作使用的功能角度来看，云盘和硬盘、U 盘基本没有区别。

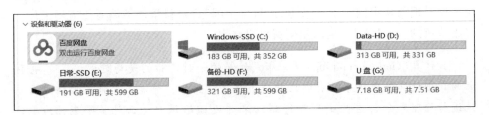

图 1-1　Windows10 系统文件资源管理器中的云盘、硬盘和 U 盘

云盘象形迁移了"云"的概念，在某些方面与现实中天空的云具有相同的特点：

① 云看得见但是摸不着。计算机上的硬盘、U 盘是物理存在的实体，可以安装和拆卸，但云盘却不是，虽然能看到云盘的盘符，但是并没有相应的物理实体。云盘只是通过网络连接获得的一种服务，而不是物理实体，在没有网络的情况下，云盘通常是无法工作不能使用的。

② 云的规模较大。一方面，从单用户的角度来看，常见的免费版云盘容量可达 1 TB 或者 2 TB，付费版云盘容量可以有 10 TB 甚至更多，所以通常云盘的容量比单个硬盘或者 U 盘的容量大得多。另一方面，从云盘的角度来看，云盘的用户数量众多，所以云盘的整体规模是相当巨大的。当然，云盘在实际存储时采用了一定的技术手段，实际所需的存储容量可能远小于所有用户存储容量之和。有关技术细节将在第 7 章云存储中具体介绍。

③ 云具有可伸缩性。物理的硬盘、U 盘的存储容量是固定的，难以扩充，除非更换硬件设备。而用户的云盘容量是可以弹性扩展的，很多厂商的云盘服务只需要少量付费就可以弹性扩充容量。相应地，云盘的总容量显然也能够弹性扩展。

④ 云的边界模糊。从用户的角度看，每个用户独享自己的云盘和存储空间，但是从整体云盘的角度来看，因为云盘需要存储空间来存储用户的文件，为每个用户单独购买若干硬盘肯定是不现实和不经济的，所以云盘的物理硬件是由多个用户共享使用，此外，考虑到云盘空间弹性可扩展的因素，不难想象用户在云盘上的存储空间边界是模糊的。

⑤ 云飘忽不定，难以确定位置。在硬盘和 U 盘上存储文件时，每个文件的存储位置是固定的，对应有一个文件的绝对路径，如"D：\ Program Files \ Internet Explorer \ iexplore. exe"。虽然这个路径也是一个逻辑上的概念，比如 D 盘可能是用户自行分区创建出来的，有的用户可能因为没有分区而只有 C 盘，但是这个路径会对应到磁盘上的一个固定位置，包括柱面号、磁头号和扇区号，以便用户访问时可以找到。在云盘中，由于云盘文件具体存储在哪个服务器上的哪个磁盘等信息对用户是不可见的，所以用户并不知道云盘中文件的具体存储位置，所能获得的文件路径只能是从云盘盘符开始的相对路径，例如"..\ docs \ someFile. doc"。考虑到存储空间共享、弹性扩展、数据迁移以及冗余容错等因素，在实际应用过程中，用户云盘文件的存储位置还可能会发生变化。

不难看出，云计算是一种把计算环境象形迁移成云以后形成的概念。因此，理解云计算概念的关键在于云计算能为用户解决什么样的计算问题。

通过云盘的例子可以发现，使用云需要计算机网络的支撑。在计算机网络刚出现时，人们首先关注的是如何解决机器之间的信息传输问题。在画图表示网络连接时，通常会在两台机器之间画一条连接线表示两台机器互联，这根连接线代表了互联关系。随着连入同一个网络的机器越来越多，并且网络中任何两台机器之间都可以通过这个网络进行信息交互，如果给网络中的每两台机器之间都画一条连接线，一方面会导致连接线过多、可视化效果很差，另一方面也缺少一个图元能够代表整个网络,而通过一个网络进行互联与两两互联,从逻辑结构上讲是存在区别的,因此需要一个图元来代表整个网络,各台机器都连接到这个网络中。起初,人们习惯使用一个云状图标来代表整个网络,如图1-2 所示。

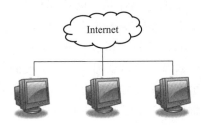

图 1-2　起初的互联网示意图

随着互联网发展,接入网络的设备种类逐渐增多,数量也急剧增长,互联网从早先的连接、路由逐渐衍生出各种新的功能,基于网络的应用层出不穷,网络变得充实、具体化和复杂。如今大家对互联网的认识早已不再局限于传统的信息交互,而是外延成为一系列创新应用、创新服务、创新模式的代表。而且随着社会化分工的进一步深入以及信息化的进一步普及,通过网络获取各种服务已成为人们新的生活方式。如何通过网络提供服务和获取服务是业界亟待解决的重要问题,包括服务的创建、服务的提供、服务的使用以及服务的保障等。云计算应运而生!

1.1.2　数据量增大给计算机系统带来的挑战

根据《计算机科学技术名词》(第三版)的定义,计算机系统是指由各种硬件设备和软件模块构成,可独立执行计算任务的完整系统。程序是计算机能够识别和执行的一组指令,用于完成某项计算任务。程序=数据结构+算法。数据结构是组织数据的某种特定的方式,便于计算机高效地处理数据。算法是解决给定问题的确定的计算机指令序列,用以系统地描述解决问题的步骤。

目前,在专业课程的学习中,我们面向的计算机系统主要还是单机系统,即由一台计算机负责完成计算任务。例如,编写一个加法器程序实现求和,计算的输入是一串数据,输出是这串数据之和。用 Java 语言编写的求和函数(假设输入数据已预先存储在数组 arr[ ]中)如下:

```java
public static void main(String[ ] args) {
    int sum = 0;
    for(int i = 0; i<arr.length; i++)
    {
        sum+ = arr[i];
    }
    System.out.println("和为:"+sum);
}
```

在求解这个问题的过程中，默认的思路是由一台计算机完成整个计算过程。程序先初始化求和结果 sum=0，然后依次读入存储在数组中的数据，将其与原有结果 sum 求和，再将新结果重新赋值给 sum；如此不断循环执行，直至数组内所有数据求和完毕，最终输出 sum 结果。

但是，在实际的工程项目应用中，用户需要求和的数据量往往非常大，比如要对十万亿个数据进行求和，并且要在尽可能短的时间内完成这个求和计算，则单机运算方式就会遇到巨大的挑战。诚然，我们可以对单机的计算能力进行扩展，比如使用更好的 CPU、更大的内存、更快速的硬盘，以及对算法进行优化，改进执行逻辑等。但是，这种提升单体的方法，即纵向扩展（scale-up）所能达到的提升效果是极为有限的，很容易到达瓶颈。与之相对应的是横向扩展（scale-out）方式，这种扩展方式相对来说则要简单得多。比如对于上例求和问题，如果待求的数据数量很大，通过横向扩展方式可以多找几台机器，每台机器负责汇总求和一部分数据，然后将每台机器的汇总结果再进行汇总以得到最终的结果。通过横向扩展方式，即便是待求和的数据再多，也可以通过增加机器数量甚至是嵌套的方式，使得计算任务的总体完成时间控制在用户可接受的范围之内。

上述求和问题从逻辑上给出的横向扩展解决方案看似简单，但是在实际工程化层面，我们熟悉的一些编程语言（如 Java 语言或 C 语言），按常规方式编写出的代码都是顺序化执行的代码，无论分支、循环还是递归，最终都会根据实际情况形成一个顺序化的代码序列交由一台机器依次执行，而不能交由多台机器同时并行执行。换言之，很多常见的软件都是在单机上执行，即使是多机执行，也是各自分别执行相同软件的多个备份，而不是由多台机器同时执行一个软件。例如，虽然可以在多台机器上安装 Office 办公软件，但这只是在每台机器上分别安装了一个软件备份，由每台机器分别运行，而不是多台机器共同运行一个 Office 软件。实际上，将串行化解决的问题转变为可并行化解决的问题，在逻辑设计和执行管控上会更为复杂。

[思考]如何通过每台机器分别处理一部分数据、多台机器同时并行处理的方式完成对一组数据的排序？

再如，我们在学习软件工程课程时，往往会完成 Web 应用案例，开发实现一个图书管理系统或学生管理系统。通常大家会使用 Tomcat 作为 Web 应用服务器、使用 MySQL 作为数据库。在系统运行时，Tomcat 和 MySQL 通常安装部署在同一台机器上，少数情况下可能分别安装部署在不同机器上。在一般的实验案例或课程设计中，我们完成了代码开发之后，只要系统运行无误，通常就认为已经顺利完成了任务。但是对于现实中真实可用的系统而言，随着系统应用的时间积累，会产生越来越多的数据，当数据量增大之后，就会给系统带来巨大的挑战。比如当系统数据库表中的数据条数越来越多，新插入数据使数据条数超出表容量时就会导致系统出错；当用户数量越来越多，同时登录系统的并发用户量超出 Web 应用服务器的容量时，会导致系统无法访问。另外，这类 Web 应用系统的常见功能是用户通过 Web 界面输入查询需求，传输到后台服务器执行查询，然后将查询结果反馈到前端页面进行展示。如果查询出的结果数据量过大，可能由于网络传输等原因导致页面迟迟没有响应，甚至如果数据量超过前端允许的存储容量时可能直接导致报错。由此可见，开发一个真实可用的系统，除了在系统建设初期要完成开发、测试和安装任务外，在系统运行阶段的运营维护工作同等甚至更为重要，需要在设计开发阶段就考虑这些问题并提前应对。

1.1.3　从软件工程的角度看云计算

软件工程(software engineering)是应用计算机科学理论和技术以及工程管理原则和方法，按预算和进度实现满足用户要求的软件产品的工程[2]。与探寻现实世界客观规律的科学不同，工程是使用科学知识和技术手段，通过组织人力、物力、财力实现有价值的产品或活动。由于现代软件系统极为复杂，通常采用层次化、多模块、松耦合方式进行构建，实现软件产品的技术门槛高，所需资源种类繁多，因此通常需要多方参与共同完成。随着社会化大分工的不断深入，社会变革和经济发展催生了以现代科学技术特别是信息网络技术为主要支撑，建立在新的商业模式、服务方式和管理方法基础上的现代服务业。实现软件产品过程中所需的各种资源也可以被封装成服务，由专门的服务提供商进行提供。

例如，支撑软件运行所需的各种计算、存储、网络等信息技术基础设施资源被封装成服务，可以帮助用户方便地弹性调整硬件性能，以便更好地应对突发的计算压力和资源需求；开发和运行软件所需的开发环境、数据库等中间件、测试工具、运行环境等资源被封装成服务，可以帮助用户更加快速地建立软件开发环境，让用户专注于功能逻辑的开发，并且使得开发的软件能够被快速部署上线运行；甚至某些软件本身(例如一个函数、一个应用程序等)也可以被封装成服务，可以帮助用户在构建自己的软件时通过接口调用的方式重用已有的软件功能，提高开发效率，降低开发成本。

实现软件产品过程中所用到的各种资源服务汇聚在一起，就构成了"云"。云是一个资源池，把许多资源汇聚起来，通过信息技术手段实现资源的管理，一方面有很多的资源提供商为云提供资源，另一方面有很多的资源需求方通过云获取资源。与产品购买不同，在云端，资源以服务的方式提供，用户获得资源是临时的，在需要时使用，资源使用完毕后通过回收机制释放回云端，以便他人共享使用。以存储资源服务为例，用户并不会获得硬盘这样的存储资源实物，而是获得存储空间用以存储自己的数据。服务通过互联网的方式进行提供，所以云和网络是密不可分的。网络通信的发展，尤其是移动互联网的发展和网络带宽的快速提升，促进了云的发展，使得更多种类的服务资源可以更加快速地提供给用户。所以，某种意义上来讲，云也可以被看作是一个可以获取资源的网络，使用者可以从云中获取实现软件产品过程中所需的各种资源，就像获取水、电、煤气那样，随需取用，并且用之不竭。

以淘宝为例，淘宝上的每家店铺都可以看作是一个独立的软件应用系统，是由商家在淘宝上自行创建和维护的，商家只能登录管理自己的店铺而无权管理其他商家的店铺。由于商家可能并不拥有软件系统开发的相关知识技能，缺少服务器等硬件资源，也不具备系统运维的能力，因此商家在淘宝上开店需要大量使用各种类型的信息技术服务，包括：硬件基础设施，诸如服务器的计算、存储能力和网络通信能力等；店铺系统构建所需的支撑系统；店铺系统的各种业务功能，如购物车、销量统计等，以及其他第三方提供的服务，如物流、电子支付等。淘宝是互联网环境下软件工程和零售业相融合的典型案例之一，通过云端的各种服务支持传统行业的创新发展，形成一种行业间可借鉴、可复制的创新模式。

可以说，云计算是继计算机、互联网之后在信息时代的又一种新的革新，也是软件工程发展的一个新的阶段。利用云端的各种服务来打造行业应用软件，能够有效地降低软件产品的实现门槛，使得传统行业的信息交互能够通过软件和网络以极低的成本和极高的效率进行。云计算通过信息系统高效的检索查询、映射匹配、存储复制、分析计算和其他智能化功能，为传统行业的用户带来一种全新的体验，助力传统行业加快信息化转型并实现跨越式发展，是推动社会和经济发展的一支重要技术力量。

1.1.4 产生云计算的服务需求

一项新技术的产生和发展离不开实际的业务需求，脱离了实际需求的技术无法真正为国家和社会创造价值。云计算技术自 2007 年诞生至今仍保持着强劲的发展势头，正是由于其源自实际的服务需求。

由于计算机硬件的发展速度很快，根据摩尔定律，硬件性能大约 18~24 个月便会提升一倍，从而导致计算机硬件的折旧速度很快。当年的新设备即使没有使用，其价值在 2~3 年之后也可能仅剩一半不到，甚至更少。对于非信息技术领域的用户而言，虽然建设信息系统需要购买硬件设备，但这些用户的主要需求是硬件设备的使用权而非所有权，所以这些用户有着强烈的"变买为租"的使用需求。

类似地，我们在乘坐公交、地铁、火车、飞机等交通工具时，采用更多的是租用模式，即在需要使用时通过较低的成本获得临时使用权，而非通过购买的方式获得永久的使用权。这种变买为租的需求在资源使用不太频繁、资源需求弹性，而且资源单位价值较高的应用场景中非常常见。资源租赁服务一方面需要有专门的服务提供商有偿提供服务，另一方面需要有足够的服务需求者使得资源租赁服务能够形成规模效益。在信息技术领域，考虑到隐私保护和数据安全等因素，至今仍有大量信息系统仍然采用自行购买硬件的自建模式，这种模式容易导致巨大的资源浪费。想象一下，如果淘宝等电商平台上的商家都需要自行购买服务器，将会极大地增加电商商家的开店成本，而且商家一旦在经营中遇到问题，就可能会转型关闭店铺，使购买的硬件由于高昂的折旧成本而无法有效回笼资金，这些因素将极大地制约电商的发展。

考虑到硬件设备在使用过程中可能会出现各种问题，如果需要进行运维保障或故障检修，无论是对接硬件厂商的客服团队，还是在资源不足时进行功能扩展，都需要具有专业知识和技能的人员，小的团队根本无法负担这些人力成本，而需要购买专门的服务来进行保障。

创建和使用信息系统除了需要计算、存储和网络等基础设施硬件之外，还需要使用一些大型系统软件或中间件，例如数据库等。与硬件需求类似，这些软件的购买成本也十分高昂，用户也希望拥有使用权而非所有权，也有着强烈的变买为租的使用需求。这些大型软件的安装、配置过程十分烦琐，使用起来并不方便，通常需要经过专门的培训。因此，小的团队也很难负担相应的人力成本，需要专门的服务。

此外，对于信息系统的用户而言，一方面受限于知识水平和专业技能，需要信息系统越简便越好，包括获取渠道和安装操作；另一方面由于使用环境和实际情况的差异，用户还希望信息系统能够尽可能满足个性化的需求，例如兼容性等。对于信息系统的各种服务需求促进了云计算技术的快速发展。

1.2　云计算的发展历程

微视频：
云计算的发展历程

本节将简要介绍云计算的发展历程，针对前面提出的各种挑战和服务需求，帮助读者理解各种技术如何逐渐演化发展并最终形成云计算技术。需要强调的是，这些技术之间不是替代关系，并不意味着后一项技术出现会淘汰或取代前一项技术。不同的技术用于满足人们对信息系统的不同需求，随着社会的不断发展进步，新的需求逐渐产生，但之前的需求依然存在，因此这些相关技术或理念也依然存在，用以解决不同的问题。

1.2.1　超级计算

超级计算（super computing）用于解决大型复杂计算任务，包括硬件、软件等。超级计算（super computer）机是指用于完成超级计算任务的计算机，能够执行一般个人计算机无法处理的大量资料与高速运算任务[3]。当人们要解决更大、更复杂的计算任务时，最为简单的解决方案或思路就是研制一台性能更强的计算机，即采用纵向扩展的方式来提升单体。超级计算的思路就是构造计算机中功能最强、运算速度最快、存储容量最大的超级计算机。一般超级计算机的处理能力比个人计算机要高若干个数量级，但就计算机组成原理而言，超级计算机与个人计算机并没有特别显著的差异，构成的组件基本相同，只是在性能和规模方面有所差别。因此，在计算机发展史中超级计算机也是一个相对概念，随着制造工艺以及超大规模集成电路技术的发展，目前的个人计算机在性能上已经远超计算机刚刚出现时的超级计算机，体积也大幅缩小。当代超级计算机通常包含数万颗中央处理器(CPU)和 PB 级别的内存，这些处理器和内存分别组成多个计算节点，通过专用的内部接口和网络进行互连通信与协作，以便解决计算问题。

超级计算机具有很强的计算和数据处理能力，成本十分高昂，堪称"国之重器"，主要用于军事、气象、航天等重要战略领域。超级计算机的研制水平代表了国家的科学技术水平和工业制造水平，是国家实力的重要标志之一。许多国家投入大量的人力、物力和财力，以研制超高性能的超级计算机。例如，我国第一台全部采用国产处理器构建的"神威·太湖之光"，其持续运算速度为9.3 亿亿次/秒，峰值运算速度可以达到 12.5 亿亿次/秒。

[练习]上网查询并了解我国代表性国产超级计算机的性能和应用案例。

1.2.2　集群计算

集群计算是指将一组松散的计算机硬件通过软件集成并连接，使其紧密协作以完成计算工作[4]。超级计算机虽然性能卓越，但是成本高昂，使用不便。对于很多领域而言，虽然这些领域都有较多的计算任务需求，对计算机性能也有一定要求，但是使用超级计算机就有些"大材小用"了，代价过高，得不偿失。

集群计算通过一系列技术手段将一组相互独立的计算机组织起来，以单一系统模式加以管理，用户在使用集群时感觉就像是在使用一台独立的服务器一样。通过集群技术，用户可以在付出较低成本的情况下获得较高的计算性能，并且可以通过集群内机器数量的变化实现计算性能的灵活调整。整个集群在工作时，通过合理的任务调度来保障集群中的机器充分发挥计算性能，避免单台机器负担任务过重而导致计算效率低下；通过合理的组织调度来保障整个集群的可靠性，避免单台机器故障而导致整个集群不可用。

1.2.3　分布式计算

分布式计算是指利用分散在不同位置的多台计算机通过消息传递(计算机间通信)协同工作，以完成计算任务[5]。分布式计算在两个或多个软件之间互相共享信息，这些软件可以在同一台计算机上运行，也可以在通过网络连接起来的多台计算机上运行。虽然不同的分布式计算定义略有差别，但其核心思想是与集中式计算相区别的。在分布式计算环境中，一个大的逻辑复杂的计算任务可以被拆解成若干小的相对简单的任务，然后分别交于不同的计算单元分别执行。这些不同的计算单元可以是不同的计算机，也可以是同一台计算机上的不同软件，计算单元之间通过网络通信的方式进行沟通协作。将大的任务拆解成多个小的任务分散给不同的单元处理，能够有效地节约整体计算时间，提高计算效率，降低对每个计算单元的性能要求。

1.2.4　网格计算

网格计算是指把联网的各种计算资源和系统组合起来，实现资源共享、协同工作和联合计算[6]。网格计算是分布式计算进一步发展之后的一种新的计算形态。针对一个计算任务，如果把该计算任务的提出者看作是计算资源的需求方，把该计算任务的完成者看作是计算资源的提供方，那么在超级计算和集群计算中，从逻辑上计算资源可以看作是单方提供，而在分布式计算中计算资源则由多方提供。在网格计算中，网格是由一组更为松散的分别属于多个用户的计算机组成。网格计算也是采用将大问题拆分成小问题分别解决的模式，每个加入网格的机器贡献自己闲置的计算资源，如 CPU 空闲时间和内存、磁盘存储空间等用于解决计算任务。从逻辑上看，网格计算也是采用了分布式方式，所以可以将其看作是分布式计算的一种。但相较传统意义上的分布式计算，网格的内部组织结构更为松散，用户可自行选择何时加入或退出网格，这使得网格的任务调度比传统的分布式计算更为复杂，同时网格内的计算资源种类更为丰富。

1.2.5　效用计算

效用计算是 IBM 公司提出的一种计算理念[7]。效用计算是一种理想化的企业信息架构，用以应对企业的信息技术资源(如计算、存储、网络以及应用程序等)使用逐渐复杂且管理成本逐渐增高问题。效用计算让企业通过网络以使用信息技术服务的方式来实现数据处理和存储等任务，获取信息技术服务采取类似获取公共服务(如自来水、电力、煤气)的方式，在任何想用时打开阀门(连接网络并获取权限)即可使用，而且服务的供应源源不断，可以按需使用并按使用量进行付费。采取这样的模式使得企业不必再自行解决自身的信息技术问题，而是将其交于公共服务提供商来解决。效用(utility)一词源于为用户提供个性化的服务以满足用户不断变化的需求，并基于实际占用的服务资源进行收费，而非根据固定时长或其他方式收费。效用计算理念发展的进一步延伸就是云计算技术。

1.3　云计算的基本概念

时至今日，云计算的概念范畴仍在探索中，其内涵和外延仍在不断发展演化，尚无统一明确的公认定义。本书列举如下几个代表性的云计算定义：

微视频：
云计算的概念

云计算是由位于网络中央的一组服务器把其计算、存储、数据等资源以服务的形式提供给请求者，以完成信息处理任务的方法和过程。在此过程中，被服务者只是提供需求并获取服务结果，对于需求被服务的过程并不知情[5]。

云计算是一种商业计算模型，它将计算任务分布在大量计算机构成的资源池上，使用户能够按需获取计算力、存储空间和信息服务[8]。

云计算是一种共享的网络交付信息服务的模式，云服务的使用者看到的只有服务本身，而不用关心相关基础设施的具体实现[9]。

XaaS + pay as you go computing[10]。

云计算是一种能够将动态伸缩的虚拟化资源，通过互联网以服务的方式提供给用户的计算模式[11]。

综合上述定义不难看出，云计算是这样的一种新的计算模式：用户通过网络发出计算需求（输入），由服务方汇聚资源进行计算并生成结果（计算输出），再通过网络反馈给用户。云计算技术则是这种新模式下的计算服务使能技术。在该模式下，用户所需完成的计算任务由服务方完成，用户的计算任务类型各异、能力需求弹性变化，因此，服务方需要采用相应的技术手段进行应对，以便保障服务质量和降低成本。

下面仍以云盘为例，进一步深入分析和体会云计算的理念：

① 云盘是一种网络服务。云盘的核心服务功能是满足用户的数据存储需求，能够将用户所需保存的数据保存在云盘之中，并在用户需要时能够再次读取出来，并保证数据未经篡改、损坏或丢失。在存储服务基础上，云盘还提供诸如数据管理、数据查询、数据分享等进一步的服务功能。这些服务功能依托网络实现，用户需要通过网络使用这些服务。用户在自己的终端上提交服务请求，服务请求通过网络传输到云端，由云端完成后将服务结果通过网络反馈到用户终端。

② 云盘提供了服务资源。云盘提供的最基本的服务资源是存储空间，除此之外，在云盘数据的上传/下载过程中还需要使用网络带宽资源，在进行数据查询等操作时还可能使用计算资源。这些服务资源由云端提供，用户仅需关心服务资源的使用即可，无须了解云端是如何组织服务资源来进行服务实现。

③ 服务对于用户而言是按需使用、按用付费。云盘对于用户而言是一个网络上的客观存在，用户可以在任何时间、任何地点按需自由使用，使用方式多种多样，甚至在使用其他用户的终端时只需经过认证授权仍可使用自己的云盘。云盘的存储容量、传输速度等都可以根据自身需求进行弹性调整。云盘本身并不存在任何物理实体产品，用户根据自身使用需求按照服务提供商的商业模式进行付费。

④ 云盘背后有一系列复杂的使能技术。对于云盘服务提供商而言，建立云盘需要一系列使能技术，比如汇聚足够体量的存储资源、存储资源的管理策略（如分配、回收、隔离等）、存储数据内容的可靠性保障等。在本书的后续章节我们将继续学习这些使能技术。

思考题

1. 什么是云计算？
2. 你所了解的与云相关的产品或服务有哪些？

3. 基于传统软件工程手段开发软件和使用云的方式开发软件有哪些不同？

4. 举例说明一个你熟悉的软件系统，思考当数据量增大时要如何应对才能保障系统的正常运行。

5. 从软件工程角度看，云计算满足了用户的什么软件需求？

6. 结合自身信息系统的使用经验，请列举若干针对信息系统的服务需求，思考如何通过云计算的方式进行解决。

7. 什么是超级计算机？

8. 什么是集群计算？

9. 什么是分布式计算？

10. 什么是网格计算？

11. 什么是效用计算？

实验 1　云之初体验

微视频：
实验介绍

在了解云计算的基本概念和发展历程之后，本实验将通过一系列动手实验内容，帮助读者体验云计算的服务内容和服务功能，体会使用云和传统信息技术方式的区别和联系，并进一步理解云计算的理念，以及云计算给信息技术带来的变革。

实验 1.1　虚拟机体验

微视频：
虚拟机的安
装与体验

虚拟机（virtual machine）是指通过软件模拟的，具有完整硬件系统功能并运行在一个完全隔离环境中的计算机系统。在实体计算机中能够完成的工作，在虚拟机中都能够实现。在计算机中创建虚拟机时，需要将实体机的部分硬盘和内存容量作为虚拟机的硬盘和内存容量。每个虚拟机都有独立的 CMOS、硬盘和操作系统，可以像使用实体机一样对虚拟机进行操作。

本实验主要完成在个人计算机的 Windows 10 环境下安装 VMware Workstation Pro 15，以作为虚拟机管理工具 Hypervisor，并通过 Hypervisor 创建虚拟机，为虚拟机安装 Linux（Ubuntu 18.04）操作系统。

1. 准备工作

可以从 VMware 产品的中文官网下载并安装 VMware Workstation Pro15，并下载 Ubuntu 18.04 系统的镜像安装文件。

2. Ubuntu 虚拟机安装

① 打开 VMware Workstation，选择菜单项"文件"→"新建虚拟机"，用典型配置方式新建虚拟机。

② 选择已下载的 Ubuntu 系统镜像文件地址，可以自动识别出想要安装的系统，输入相关信息并安装系统。

③ 选择虚拟机的安装位置。由于虚拟机是使用软件的方式模拟计算机，整个虚拟机存储为一个虚拟机镜像文件，该文件通常需要比较大的磁盘空间，因

此要注意选择空间比较充足的硬盘，并且选择该虚拟机的最大硬盘大小（即占用空间的上限）。

④ 根据个人计算机的配置自定义虚拟机的硬件。修改好配置后单击"完成"按钮，Hypervisor 开始创建虚拟机并自动为虚拟机安装操作系统。

安装完成后，输入之前设置的密码登录进入系统桌面，如图 sy1-1 所示。

图 sy1-1　Ubuntu 虚拟机系统桌面

3. 虚拟机的配置和管理

创建虚拟机之后，可以在 Hypervisor 中查看虚拟机的配置信息，通过控制台视图查看虚拟机的状态或更改虚拟机的设置，或选择挂起（等价于休眠）、关闭或重启虚拟机。

4. 虚拟机的使用

此时虚拟机可以当作一个独立的 Liunx 操作系统使用，进行环境配置、网页访问、程序安装等操作，也可以将文件从 Windows 物理机中直接拖拽复制到虚拟机中。

5. 虚拟机的克隆和删除

在某些应用场景下，比如更换新的硬件设备或进行某些操作前需要备份时，如果想在本机或其他物理机上复制一份完全相同的虚拟机，可以使用 Hypervisor 的虚拟机克隆功能。

① VMware Workstation Pro 15 提供的虚拟机克隆功能，可以方便地在多台物理机中共享同一状态的虚拟机系统。在关闭虚拟机后选择菜单项"虚拟机"→"管理"→"克隆"，打开克隆向导，根据提示可以将虚拟机复制进目标路径。

② 选择菜单项"虚拟机"→"管理"→"从磁盘中删除"，可以从磁盘中删除安装的虚拟机，在停止使用该虚拟机后释放本地空间。

实验 1.2　IaaS 体验

微视频：
Openstack
体验

单机上的虚拟机管理工具 Hypervisor 是将各种资源(如 CPU、内存等)作为一个资源池，通过资源管理方式组合若干资源形成一个虚拟机供用户使用。在云端，如果需要在一个服务器集群中实现上述功能，即将若干台物理机的所有资源汇总在一起形成一个资源池，然后从池中划分出若干资源创建虚拟机供用户使用，代表性的云服务是 IaaS(基础设施即服务)。本实验以 OpenStack 为例，带领读者体验 IaaS 服务。

OpenStack 是一个开源的云计算管理平台项目，是一系列软件开源项目的组合。该项目由美国航空航天局(NASA)和 Rackspace 公司合作研发并发起，以Apache 许可证(Apache 软件基金会发布的一个自由软件许可证)授权，为私有云和公有云提供可扩展的弹性云计算服务。该项目的目标是提供实施简单，可大规模扩展，且丰富、标准统一的云计算管理平台(IaaS 服务平台)。

本实验介绍在 Ubuntu 系统下 OpenStack 的基本部署、项目和用户管理、云主机启动和云硬盘挂载等基础内容。

1. 下载和部署

可以通过访问 OpenStack 官方文档地址，选择合适的指南进行 OpenStack 的下载和部署。部署成功后可以通过本地地址进行登录。

2. 项目系统面板

以 admin 管理账户登录。登录后可以通过"管理员"→"系统面板"→"概况"选项卡查看系统的相关信息，通过"虚拟机管理器"选项卡查看整个资源池中所有物理节点的信息，通过"云主机类型"选项卡查看现有的云主机类型。

OpenStack 对虚拟机管理增加了项目、用户和云主机类型等概念。项目用来构建二级资源池，以便进一步细化对资源池的管理，应对批量用户的使用。用户用于区分不同使用者的权限。云主机类型方便批量构建配置相同的虚拟机。

3. 创建项目和用户

选择"管理员"→"认证面板"→"项目"→"创建项目"，可以创建新的项目。创建完成后选择"认证面板"→"用户"，可以创建并管理用户。

4. 启动云主机

① 使用创建的用户登录，选择"管理计算"→"云主机"选项卡，单击"启动云主机"后可以对云主机类型进行编辑和选择。此处的云主机类型就是之前在admin 账户下看到的可编辑和新建的云主机类型，选择后右侧会出现相应的云主机类型资源配置的详细信息，如图 sy1-2 所示。

② 选择云主机启动源，此处的镜像就是之前在 admin 账户中可以编辑和新建的镜像，选择完成后单击"运行"启动云主机，稍等片刻云主机就创建成功，可以通过"更多"选项卡进入云主机的控制台界面进行云主机的一系列调整，如图 sy1-3 所示。

图 sy1-2　编辑和选择云主机类型

图 sy1-3　云主机控制台界面

5. 云硬盘的创建和挂载

① 选择"管理计算"→"云硬盘"→"创建云硬盘"，在后续窗口中输入相应的云硬盘名称、类型和大小，即可创建云硬盘 OpenStack 中的云主机主要包括 CPU 和内存资源，硬盘资源可以通过云硬盘功能创建并挂载到相应的云主机上。这样的设置可以方便地实现云硬盘在云主机之间进行迁移。

② 创建完成后单击"编辑挂载"，然后在"连接到云主机"中选择想要挂载的云主机，之后单击"连接云硬盘"挂载硬盘。

实验 1.3　PaaS 体验

微视频：
SAE体验

PaaS(平台即服务)是将软件开发和部署运行环境所需的各种资源打包成云服务器,为用户研发和部署上线自己的软件应用提供支撑环境。用户可以直接使用 PaaS 平台开发自己的应用,开发完毕的应用直接就完成了部署,可以直接通过网络访问。也就是说,通过 PaaS 开发的应用不再是本机运行的单机版,而是一个由云端服务器支撑运行的用户都可以访问并真正可用的应用。本实验以新浪云应用为例,带领读者体验 PaaS 服务。

新浪云应用(Sina App Engine,SAE)是国内最具影响力之一的分布式 Web 应用平台、业务开发托管平台和运行平台。本实验将实现通过 SAE 在云端使用 PaaS 创建简单的网页云应用。

1. 在 SAE 上创建应用

登录 SAE 并注册账号后进入用户中心,单击"云应用 SAE",选择"立即创建",在创建新应用界面选择 PHP 语言和"标准环境",输入自定义的二级域名和应用名称,单击"确认创建"按钮即可创建新应用。

2. 新建 index 代码

① 进入创建的应用,单击"运行环境管理"下的"代码管理",为应用添加代码。选择"创建新版本",并且输入注册时的安全密码,为代码输入版本号创建版本,此时会出现该应用的访问链接。

② 为创建的应用编写 PHP 代码。可通过单击"在线编辑"进入在线编辑器,在编辑器中新建 index.php 文件,添加如下 Hello World 代码后单击"全部保存"。

```
<html>
    <head>
        <title>PHP 测试</title>
    </head>
    <body>
        <? php echo " <p>Hello World</p>" ; ? >
    </body>
</html>
```

③ 关闭编辑器,返回代码管理页面,单击任意一个版本访问链接后即可出现如图 sy1-4 所示的页面。

3. 插入图片和超链接

① 可以通过修改代码拓展网页,插入图片和超链接。打开在线编辑器后,单击"新建"文件夹,输入文件夹名称"photo",从本地选择图片文件后进行上传。接着修改 index.php 中的代码,添加图片文件引用,如图 sy1-5 所示。

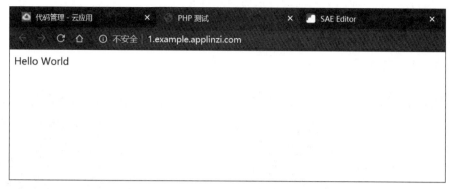

图 sy1-4 新建的网页应用界面

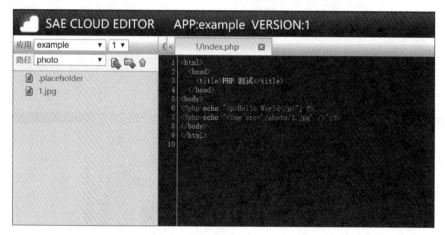

图 sy1-5 修改代码添加图片文件引用

单击"全部保存"后访问应用链接,可以得到如图 sy1-6 所示的效果。

图 sy1-6 插入图片后的网页应用

② 接下来添加网页之间的链接访问。首先回到根目录，在代码编辑器中单击"新建文件"新建第二个网页文件"photo. php"，同样在其中添加引用图片的代码。同时在 index. php 和 photo. php 两个文件中添加互相访问的代码，编辑好后的两个文件如图 sy1-7 所示。

图 sy1-7　在两个代码文件中添加互相访问的代码

单击"全部保存"后访问应用地址，可以得到两个通过链接可以互相访问的网页，如图 sy1-8 所示。

图 sy1-8　通过链接可以互访的网页应用

4. 云应用管理

通过 SAE 应用的控制台可以查看 SAE 应用总览以及相应的配置信息，获取应用全方位的访问、消费信息，并根据个人的需要管理应用。如图 sy1-9 所示。

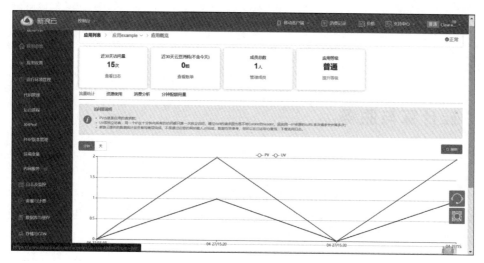

图 sy1-9 SAE 应用状态展示界面

第2章 云计算与服务

通过云之初体验，我们对云端服务有了一个初步的了解和体验。本章将进一步探究其本源，学习服务究竟是什么，云与服务有什么关联，云提供的服务与人们所理解的服务有什么区别和联系。

2.1 服务

2.1.1 服务的基本概念

微视频：
服务

第1章1.3节给出了几个有代表性的云计算定义，其中维基百科对于云计算的定义是：云计算是一种能够将动态伸缩的虚拟化资源，通过互联网以服务的方式提供给用户的一种计算模式。根据定义可知，云计算是将信息技术资源以服务而非产品的方式提供给用户。为了更好地理解云计算，首先需要弄清楚什么是服务。

服务指的是通过一系列活动，而不是通过实物的方式，来满足用户的需求。服务是以满足用户的某种或某些需求为核心，以提供服务活动为主、实物为辅，或者仅提供服务活动，不提供实物，服务的质量好坏是以用户的满意度为评价标准。这就使得服务方式和产品方式有了本质的区别。

结合实际生活，在购买产品时，我们更为关注的是产品的实体属性，例如指标、参数和外形。产品的评价或衡量方式也比较简单，不存在二义性。例如购买一条 16 GB 的内存，那么存储容量的要求是 16 GB，容量的衡量结果是客观的，不同用户看起来结果是一致的，不会产生任何偏差。产品的生产过程与用户无关，其销售环节和生产环节一般是分离的，消费者对它的参与度和关心程度不高。

相比而言，服务具有如下特点：

① 面向个性化需求。个性化是指对不同的用户而言，由于用户的目的不同，个体基础、思想、认知等存在差异，针对服务有着不一样的预期和要求。

② 用户参与度提升。服务的产生不能把用户排除在外，需要用户参与，一方面用户也是服务的一部分，另一方面参与度的提升可以消除人对未知的恐惧和猜忌，从而加深用户对服务的理解和认知。

③ 具有更大的感受差异。服务的感受具有因人而异的特征，相同的服务，例如在同一间教室内上课，不同的同学感悟的内容会有所差异。这种差异使得对服务的评价和衡量更为复杂，主观因素也更加明显。比如日常生活中的评分就是一种常见的折中的服务评价方式，用户通过 0~10 分来对某项服务打分，但是不同用户的相同分数可能表达的内容和含义也不尽相同。

④ 以顾客的满意度来衡量。这个满意度是通过服务预期和实际感受共同决定的。由于用户存在需求个性化和感受差异，导致服务预期不一样，实际感受也不一样。因此，相同的服务很可能有着不一样的顾客满意度。

在理解了服务的基本概念之后，下面以购买一台计算机和租用一台计算机的区别为例进一步进行分析。购买计算机是一种典型的以产品的方式提供硬件资源。买计算机时，用户更多注重的是产品的实际参数（如硬件性能等）以及价格，购买计算机之后用户就获得了计算机的所有权，所以一般要付出较为昂贵的成本。

而租用计算机时，用户的目的是为方便完成某项计算或信息处理任务，所以完成任务是核心目的，计算机本身的硬件参数是以满足完成任务需求为出发点。用户并不需要获得计算机的所有权，只是一段时间内通过获得其使用权完成相应的任务即可，这样可以支付更少的成本。相比购买计算机，立即可用是租用计算机的必然要求。因此，除了计算机硬件以外，相关软件等也可能是租用计算机时必不可少的配套资源。租裸机、裸机+系统软件和中间件、裸机+系统软件和中间件+应用软件等，可能是满足不同类型用户不同需求的多种组合。

2.1.2　服务的供需与资源池

在服务中，通常存在服务的提供方（供方）和服务的需求方（需方），服务供需双方共同完成服务。根据服务的特点，不难发现服务的供需匹配比产品的供需匹配要复杂得多。

服务的供需不匹配问题的核心是信息的不对称，即服务的提供方不知道服务的需求方需要什么样的服务。与此同时，服务的需求方也不了解服务的提供方都能提供什么样的服务。因为服务存在个性化、感受差异等特点，从而导致服务的供需双方"接上头"要比产品的供需双方"接上头"更加困难。如何让服务的供需双方达成握手，充分的信息交换是非常关键的。利用信息通信技术，通过计算机的手段来完成信息的传输，可以大幅降低服务供需双方的信息交互的成本。

淘宝、京东等电商平台就可以看作是一种产品信息交互平台。产品的卖家在平台上发布商品的描述信息，然后买家在平台上通过检索等手段快速找到所需的商品，完成下单购买。这样一个供需平台的本质实际上便是建立一个资源池，我们可以将资源放入池中，也可以从池中获取资源。当池汇聚到一定规模时，就可以产生规模效益：一方面池中有足够丰富的资源提供方提供资源，资源需求方可以从中找到自己所需的资源；另一方面也有足够的资源需求方来访问资源池，使得资源提供方可以从中得到客户。

虽然电商平台上对产品的描述经历了文本—图片—视频多个阶段，但是由于产品的描述相对于服务的描述更为简单，所以目前产品的信息交互平台较为成熟和完善。服务的信息交互平台目前仍缺少大型综合性平台，而是更多专注于某一特定领域特定类别服务的信息交互平台，例如网上医疗咨询平台等。这种医疗咨询平台也是一种资源池，池中汇聚了服务资源，患者或家属在平台上发布服务需求，如咨询医疗问题，医生在平台上提供医疗咨询服务，为患者或家属进行解答。

虽然服务平台和产品平台本质上都是一个资源池，但是由于服务具有以活动为主、实物为辅的特点，因此服务可以不断地被重复利用，而产品借助于实体存在，被一方取走后便无法收回，这使得平台在进行资源供需时存在本质上的差别。我们仍以医疗咨询平台为例，某位医生某一时刻给某位患者提供咨询服务，回答他的问题，当该名患者的问题解答完毕后，可以在下一时刻回答另一个患者的问题。这表明资源池中的服务资源可以被重复使用，池中需要根据服务供需匹配不断地取出和放回服务。需要注意的是，服务能力在单位时间内具有排他性，即某个服务在同一时刻只能向有限的需求方提供，例如某位医生在同一时刻只能回答一名患者的问题，所以服务在供需时是存在资源竞争的。平台资源池可以通过扩充资源数量的方式进行扩展，比如汇聚更多医生以解决资源不足的问题。

对于服务资源池，在宏观上池的服务能力是"无限"的：一方面可以通过不断地取出放回服务进行循环利用，另一方面可以通过池的扩展加入新的资源，不断扩充可提供的服务资源数量。在微观上池的服务能力是"有限"的，即池中的资源数量在某一时刻是有限的，只能提供有限的服务能力，这在一定程度上制约了可服务的用户数量。对于一个服务资源池而言，资源的分配回收以及资源的管理控制不可忽视，是保障资源池能够循环利用资源的关键。

类比我们熟知的操作系统，操作系统在计算机中担任的是衔接软件和硬件的承上启下的角色，在进程创建时操作系统分配资源，在进程终止时操作系统回收资源。如果把一台机器的硬件资源看作资源池，那么操作系统可以看作是这个资源池的管理者。

2.1.3　服务资源池的共性问题

服务资源池一方面允许服务资源的提供方将资源添加到池中，另一方面允许服务资源的需求方提出需求，然后进行资源分配和使用。虽然服务的种类千变万化，但是服务资源池本身所需要解决的共性问题主要体现在三个方面：服务资源的描述与访问问题、大规模的处理效率问题和资源的分配回收及其他管控问题。针对这三方面的问题，我们也有相应的解决方案，分别是：虚拟化技术、分布式计算和相应的管控策略。需要注意的是，这三种用于解决共性问题的技术先于云计算的概念而存在。在云计算被提出之后，这三种技术也可以用来解决云计算所面临的问题。本节将简单介绍上述三个问题及相应的技术，具体的解决方案将在本书的第二、三、四部分中具体阐述。

1. 服务资源的描述与访问问题

服务资源池的一个核心功能是进行服务的供需匹配，服务提供方向池中提供资源，服务需求方向池提出服务需求，通过匹配获取资源。在这个过程中，对服务资源的描述至关重要，需要建立一个合适且统一的描述体系，帮助服务供需双方进行服务资源的供需匹配。如果概念不统一，例如针对相同的服务资源，服务提供方称之为 A，而服务需求方称之为 B，那么资源池中会存在 A 资源，而用户需求 B 资源，二者因描述不一致而无法完成匹配。

为了解决这个概念不统一的问题，一种常见的简便手段是通过构建 ID，即唯一编码来保障概念描述的统一化，将不同的概念分别映射到唯一编码，比如上例中将 A 和 B 都映射为 ID001。有了概念的唯一编码以后，概念描述不统一的问题便可以解决，但另一个问题随之产生，即这样的唯一编码虽然解决了概念统一的问题，但因其不具有语义而在日常使用中十分不便。

此外，除了资源本身的描述问题，还需要解决的是资源访问方式的描述问题。通过统一描述概念方式提供了上层统一的资源描述，但到了实际资源使用层面，由于存在概念体系映射，下层实际的资源可能并不一致并存在差异，因此资源的实际访问方式也需要进行具体描述。通常为了简化操作，使用对上层提供统一逻辑访问方式、对下层进行具体适配的模式。再类比于操作系统，对上层面向各种应用软件，操作系统提供如 CPU、显卡、硬盘等访问接口。这种访问接口是一种通用的逻辑性接口，屏蔽了底层设备的差异，比如具体厂商及型号的 CPU、显卡、硬盘等。但是对下层，面向各种具体的硬件设备，操作系统需要有对应的驱动程序。因为设备不一样，所以驱动程序也不一致，以便与不同厂商、不同型号的设备进行通信。操作系统通过接口来控制硬件设备的工作，对上层提供了一种统一的访问方式，应用程序在使用硬件设备时便可以忽略底层的细节，这就为资源的适配访问提供了便利。

虚拟化技术就是各种服务资源在信息世界中的抽象化描述和访问技术。它对上层提供统一的、抽象的、虚拟的逻辑概念和访问接口，对下层进行具体的适配和映射，使得服务资源池在进行服务资源匹配时可以屏蔽底层差异进行统一的管控。

2. 大规模的处理效率问题

服务资源池只有在服务的供需双方达到一定规模时，才有实际的应用价值和意义。若池中的服务提供方提供的资源过少，容易导致种类或数量无法满足服务需求；若来服务资源池中寻求服务资源的用户过少，则容易导致大量服务资源闲置浪费。服务资源池中供需双方的数量通常遵循螺旋循环的马太效应，即在资源池构建时先聚集一批服务的提供方和需求方，然后通过其服务能力和一些营销手段吸引更多的服务需求方。当需求增大时，会促进原有服务提供方加大投入或吸引更多的服务提供方实现资源池扩容，进而提升服务能力并进一步吸引服务需求方。当池中的资源数量达到相当规模，面临的一个问题就是如何组织资源，使其能够弹性地应对大量的服务需求，比如对大规模的数据进行存储或者计算等。传统单机模式的存储和计算虽然已经非常成熟，但显然其扩展能力有限，无法弹性扩展以应对数据规模高速增长的存储和计算。通过合理的架构设计，将多台计算机通过一定手段组织成一个集群，共同完成存储、计算等任务，整个集群可以通过增加节点数量方式简单地进行能力弹性扩展，以便应对数据规模的高速增长，是一个可行的思路。

对于数据的组织和存储，传统数据库方式适用于结构化的数据，但在服务领域的实际应用场景中，还存在大量诸如描述对象关系、变长属性、结构不一致等不适用于传统数据库的其他数据类型。因此，在进行数据组织存储时，除了考虑结构化数据之外，还需要考虑非结构化数据。此外，由于数据量的增大，数据存储时如何快速扩展存储容量，通过冗余备份应对诸如硬件故障等也是需要考虑的问题。

在计算方面，由于数据量的增大，数据计算需要区分离线计算和实时计算。离线计算即异步方式，在用户提出计算请求后，允许集群断开连接先行计算一段时间，待得出计算结果之后，再通知用户获取计算结果。实时计算即同步方式，在用户提出计算请求后，一般要求集群快速响应，立即返回计算结果。无论采用何种计算方式，在用户提出计算请求后，均需计算集群尽快完成计算任务。同时，还要考虑当集群中某个节点出现故障时如何保证计算任务仍由剩下的节点快速地完成。

3. 资源的分配回收及其他管控问题

有了服务供需平台即服务资源池之后，如何放入和取出池中的服务资源是关键所在，这便涉及资源的管理策略。几乎所有的服务业务逻辑实际上都是资源的分配和回收策略。

以图书馆借阅图书为例，图书馆实际上就是图书的资源池，我们需要购买图书来扩充资源池的服务能力。对每一批新进的图书，需要通过虚拟化手段上架，在信息系统中建立图书的描述和访问方式，便于用户利用信息技术手段快速地查询。图书上架之后，图书馆的各种日常业务及相关操作，实际上就是资源的分配回收与其他管控。比如具体的借阅方式是按套借阅、按本借阅还是按页借阅，也就是资源管控时的最小粒度和组合是什么；对于不同类型的用户，最多借阅册数多少、最长借阅时间多久、逾期不还应如何处理等。

由于服务资源可以重复使用，某些情况下甚至允许多个用户共用服务资源，因此服务的实现与产品相比在管控上要考虑更多的因素。比如如何防止一些恶意行为，如服务评价中的刷好评或恶意差评，恶意下单、抢单、刷单、挑单等。

2.2 IT 云服务

微视频：
云与服务

云计算是一种新的服务模式和使能技术，将各种类型的资源通过信息技术手段进行抽象，然后形成服务资源池对外提供服务。云计算可以通过不同层次的架构实现不同类型的服务，并满足用户对这些服务的各种需求。按需使用资源是一种愿景，目的是尽量满足用户的服务需求。云是一种平台模式，把资源汇聚，然后再以服务方式对外提供，网络是一种常见的供用户获取服务的低成本渠道，但并不唯一。按用付费只是云的一种付费模式，也可以采用会员制等其他模式。云计算是云这种平台模式的"使能"技术，狭义的云计算仅面向信息技术（information technology，IT）资源，将诸如存储空间、网络传输、数据计算等资源封装成服务；广义的云计算包括更加广泛的资源服务，如餐饮、交通等。本节将简要介绍 IT 云服务的分类及特点。

2.2.1　IT 云服务的分类

当前用户对 IT 资源的使用需求增长迅速。IT 云服务将各种类型的 IT 资源汇聚成服务资源池，然后以服务的方式提供给用户使用，这是使用 IT 资源的新模式。用户早期在使用 IT 资源时通常以产品的方式购买使用，例如购买一台计算机，购买一套软件等。由于 IT 资源价格相对昂贵且折旧很快，而用户在使用 IT 资源时弹性又比较大，这使得购买产品这种方式成本较高，而且浪费较大。例如，运行一些大型游戏时需要较高的显卡配置，但日常浏览网页或编辑文本时对显卡的要求又很低，购买低端显卡无法满足峰值需求，而购买高端显卡虽满足峰值需求，但在日常使用以及关机时就会造成较大的资源浪费。考虑到用户在使用显卡时，实际上需要的是显卡的计算能力而非显卡的所有权，因此可以将显卡的计算能力封装成服务，从用户处承接图形图像计算任务，并将计算结果反馈给用户，以计算资源的使用量计费。对于用户，由于无须购买显卡而仅是按用付费，可以大幅降低显卡的使用成本。对于显卡出租方，可以通过规模效应，只要有足够的用户使用量，那么可以通过多用户的使用充分发挥显卡能力来摊薄显卡购买和折旧成本，从中获取利润。

根据用户对需求的 IT 资源的不同，通常 IT 云服务根据其提供的 IT 资源可以被定义为 XaaS（X as a Service，X 即服务）。常见的 IT 云服务包括 IaaS、PaaS 和 SaaS。

① IaaS（infrastructure as a service，基础设施即服务）主要面向用户对硬件、网络等 IT 基础设施的需求。此类用户需求的通常是计算机裸机或网络带宽等 IT 基础资源。通过 IaaS，用户相当于获取若干 CPU、内存、磁盘等，然后根据自身需求进行灵活使用，例如可根据需要自行组成多台裸机，然后进一步选择安装不同类型的操作系统和各种应用软件等。

② PaaS（platform as a service，平台即服务）主要面向用户对 IT 服务器平台的使用需求。PaaS 既包含 IT 基础设施能力，还包含诸如开发环境、部署运行环境等。PaaS 将各种服务资源打包向用户提供，用户相当于获取了一台云服务器，可以直接在云服务器上开发部署自己的软件应用，并支持应用的访问和使用。

③ SaaS(software as a service，软件即服务)主要面向用户对软件的使用需求。SaaS 提供商负责软件的部署和管理，将软件使用开放给用户。用户使用 SaaS 就类似于使用本机上的软件一样，区别在于本机的软件需要用户自行安装和管理，而 SaaS 来源于网络，软件安装部署在云端，用户无须关心诸如软件的安装、部署、升级等事宜，直接使用即可。某些 SaaS 还可以根据用户的需求进行进一步的个性化定制。

起初的 IT 云服务按照 IT 系统的层级划分，将用户对 IT 资源的需求划分成硬件(基础设施)层、系统软件+中间件(平台)层和应用软件(软件)层三个层级，对应 IaaS、PaaS 和 SaaS 三类服务。随着 IT 应用的进一步深入，IT 资源被进一步细分，这些资源通过打包和互联网服务化，进而形成了更多类型的云服务，比较具有代表性的有 CaaS、DaaS 和 BaaS。

① CaaS(communications as a service，通信即服务)将通信相关的各种硬软件等资源打包，为用户提供诸如 IP 语音、即时消息、在线视频等通信服务。

② DaaS(data as a service，数据即服务)将数据相关的各种硬软件等资源打包，为用户提供诸如数据存储、数据检索、数据分析、可视化展示等数据服务。

③ BaaS(blockchain as a service，区块链即服务)将区块链相关的各种硬软件等资源打包，为用户提供诸如信息上链、信息核验、智能合约等区块链服务。

此外，除了根据提供的服务内容进行分类之外，由于云服务是通过互联网提供，根据网络的类别，IT 云服务还可以分为公有云、私有云和混合云。

公有云是指基于开放的公有网络提供的云服务。公有云面向社会公众，一般通过互联网即可直接访问。

私有云一般是面向一类特定用户单独建立的云服务。私有云构建在内部私有网络之上，仅允许用户通过内部特定的网络访问，外部用户通常无法直接访问。私有云一般面向对数据安全、服务质量等有特殊需求的应用场景。

混合云融合了私有云和公有云，是二者相结合的产物。私有云由于强调安全性，面向内部小范围用户，一般都是以自建为主，所以服务资源池的资源有限，导致云的服务能力有限；而公有云面向大众，服务资源池的资源一般相对私有云更为充足，云的服务能力和扩展性更强。混合云将公有云和私有云进行混合和匹配，对于安全性要求较高的数据通过私有云进行存储和处理，而对于安全性要求不高、非机密性的功能则利用公有云的资源完成。混合云通过组合使用公有云和私有云来降低成本、提高云的服务能力。

2.2.2　IT 云服务的特点

IT 云服务将各种 IT 资源云服务化，构建 IT 服务资源池，利用资源分配和回收管控机制，通过互联网以服务的方式向用户提供。IT 云服务具有以下主要特点：

1. 软件和硬件等都是资源

在 IT 云服务中，软件和硬件都被视作 IT 资源，可以通过互联网以服务的方式获得。资源不仅包括诸如 CPU 机时、磁盘存储空间、网络带宽等硬件基础设施资源，还包括软件平台、Web 服务和应用程序等软件资源。IT 资源云服务化之后，将 IT 系统构建由传统的自给自足的小作坊模式，转变为云端社会化分工网络协作配合的新模式。社会化分工协作带来的好处是，每个环节都可以由更为专业的人来完成。一方面，每个环节单独独立之后，各个独立环节通过累积可以形成规模，吸引孕育专门的服务提供厂商提供专业服务。服务提供厂商利用规模化获取利润，并通过专精深耕进一步提高服务水平、降低服务成本。另一方面，由于受到人力、物力、财力等方面的诸多限制，一个单位通常无法做到各个环节面面俱到，而分工协作使得每个环节都可以由专人来做专事，各个环节的质量提升有利于整体质量的提升。社会化分工协作是人类社会生产生活发展的必然趋势，在 IT 领域中也遵循着相同的规律。

2. 资源可以根据需要进行动态扩展与配置，按用计费

与传统的购买产品方式获取 IT 资源不同，通过云服务的方式获取 IT 资源是一种类似租用的方式。云中的 IT 服务资源池规模很大，而且可以重复利用。对于用户而言，IT 资源近乎"取之不尽、用之不竭"，用户可以按需使用，需要多少就能被分配多少。在实际应用场景中，IT 资源的使用需求通常不是一成不变的，而是可能存在较大波动的，云服务就是应对这种需求特性的一种弹性的解决方案。用户通过 IT 云服务使用 IT 资源可以按用计费，从而避免批量购买资源后由于使用需求不足而导致的资源浪费。

3. 物理上分布式共享，逻辑上单一整体呈现

用户在使用 IT 云服务时，对于用户而言，IT 云服务逻辑上是以单一整体方式呈现的。IT 云服务的服务资源池通常规模较大，物理上由数量庞大的多台设备共同组成，这些设备根据容灾、网络覆盖等要求，通常部署在多个地点，通过分布式共享的方式为用户提供服务能力支撑。用户在使用服务时关注的只是服务本身，而无须关心具体的实现机制和实际的物理资源。例如用户在使用百度网盘时，看到的只是其盘符，使用的是其文件存取和分享等功能，至于文件具体存储在哪个数据中心、哪台服务器、哪个盘、哪个文件夹中，以及采用何种方式由多少台机器共同完成存储事务等实现细节，通常是对用户不可见的。

4. 优化产业布局，减排增效

随着 IT 系统的日益普及，IT 设备的数量激增，能源消耗问题在 IT 行业中日益突出。IT 设备的日常使用和散热等需要消耗大量能源。虽然能源消耗以清洁能源电能为主，但是电能属于二次能源，发电和输电等环节的能源消耗和环境污染等问题也不容小视。传统的 IT 设备使用属于自给自足的资源作坊模式，虽然单一设备的能耗较少，但是由于资源的利用效率很低，庞大的数量使得从社会整体角度来看存在巨大的能源浪费现象。IT 云服务由专业的大型云计算厂商提供专业化的服务，将小的资源作坊整合成为具有规模效应的工业化资源工厂，能够有效地提升 IT 领域资源利用率。目前，促进 IT 行业节能减排增效的绿色计算正逐渐成为 IT 行业新的关注热点之一。

5. 降低 IT 资源使用门槛

通过 IT 云服务以租赁而非购买的模式使用 IT 资源，可以显著地减少用户对 IT 资源的投资。云服务使得 IT 开发项目只需要很少的 IT 基础设施、软件和人力及培训投入即可启动。一旦项目终止或者完成，以及其他导致 IT 资源需求产生重大变化时，IT 云服务可以提供更灵活的资源回收和变更转型等支持，使得用户能够更加高效地解决常规 IT 业务，更好地应对突发任务或事件，更加平衡地分配资源和负载。此外，IT 云服务还可以降低管理开销。由于 IT 系统的运营维护、故障处理等专业性很强，日常运维管理开销巨大。用户以 IT 云服务的方式使用 IT 资源，由云平台完成运维管理，用户仅需关心资源的使用而无须管理，进一步降低了 IT 资源的使用成本。

6. 促进 IT 与其他领域相融合

IT 云服务让 IT 的使用变得更加容易、成本更加低廉，而且有专业化的团队不断优化提升 IT 服务水平，这使得其他领域或其他行业能够更加方便地利用 IT 手段改进、提升、转型自身领域业务，利用科技创新助力行业发展，推动社会不断进步。"互联网+""AI+"等创新模式都是 IT 与传统行业相结合的典型案例，背后都离不开 IT 云服务的支撑。

2.3　典型应用

2.3.1　服务化案例

接下来，我们通过一些服务化案例，进一步体会和了解服务的概念以及云计算与 IT 服务之间的关联。

1. 亚马逊、阿里——电商服务

亚马逊公司和阿里公司是具有代表性的提供电子商务服务的企业。两家公司通过搭建电子商务服务平台（简称电商平台），汇聚各类商品的卖家和买家，通过便捷的服务支持卖家在电商平台上开设电子商铺和上架维护商品信息，并支持买家通过电商平台快速自主检索或利用广告推荐来购买商品。此外，电商平台上还集成了诸如电子支付、快递物流等诸多其他第三方服务，从而支撑整个电商业务便捷、高效地运转。

在电商平台上，每一家店铺实际上都是一个小型的 IT 系统。各家店铺都有自己的网络链接地址，商家在自己的店铺系统中创建商品页面，每件商品的页面中有相应的信息展示、参数选择、下单购买和评价等功能。对于每一个在电商平台上开店的商家，他们可能对信息技术没有多少深入的了解，也没有系统开发和运营维护经验，但是通过电商平台，这些商家可以快速地搭建一个自己

微视频：
典型应用

的信息系统。这个系统是公网可访问的、快速上线的、所见即所得的系统，而且还能够支持大量用户的高并发访问。除此之外，电商平台还提供诸如用户访问、商品销售等相关统计报表之类的商务扩展功能。

对于每一家店铺，电商平台需要分配一定的软硬件等信息资源，以支撑店铺系统的上线运行。不同的店铺在电商平台上可以看作是相互独立的，店铺和店铺之间在信息资源的使用上彼此互不影响。换言之，如果某家店铺由于用户访问量很大，需要很多信息资源，显然不会挤占其他店铺资源导致该店铺页面卡顿等使用户体验变差。实际情形是：一方面，由于卖家数量存在弹性波动，可能不定期有新的卖家创建店铺，或者老卖家创建新店铺，又或者有的卖家关闭店铺，这都将导致店铺数量弹性变化；另一方面，每家店铺的用户访问量也不尽相同，买家何时登录系统、访问哪家店铺等也无法确定，又导致每家店铺所需的 IT 资源数量也在弹性变化。综合来看，电商平台总体可以看作是一个大的 IT 资源池，但是 IT 资源分配给哪家店铺、怎么分配、分配多少等并不确定，需要根据实际访问情况弹性动态调整。

所以，表面上看亚马逊公司和阿里公司提供的是一个在线电商平台，交互页面也较为简单，但其背后实际上涉及复杂的 IT 系统快速构建和 IT 资源管理、分配等技术，使得简便快捷搭建的商铺系统能够应对海量高并发的弹性的用户访问。这两家公司也是美国和我国在云计算领域的代表性企业。

2. 谷歌、百度——信息检索服务

谷歌公司和百度公司是具有代表性的提供信息检索服务的企业。它们汇聚的 IT 服务资源是信息或其访问的链接入口，所提供的信息检索服务核心是根据用户提供的需求信息，通过查询重写等手段理解或推测用户的实际信息需求，然后从信息资源池中通过特定的召回策略检索出与用户需求相关联的内容，通过重排序手段反馈给用户。

为了支持该服务，一方面，服务资源池需要有巨大的容量。理论上，只要网上有的公开信息，都应该能够被用户检索到，也就是服务资源池需要能够涵盖所有的网上公开内容。企业需要进行海量的信息收集工作，能够及时从互联网上爬取各种类型的数据，并能够对数据内容进行解析、分类、消重、合并、特征提取等，然后按照特定的方式组织更新到服务资源池中。

另一方面，服务资源池要能够及时快速地响应用户的服务需求。我们在使用搜索引擎时，当输入检索条件后，搜索引擎几乎立即实时地反馈检索结果。搜索引擎面对的服务资源池的容量越大，即检索范围越广，检索的时间消耗也会相应增加。虽然可以借助诸如缓存等手段通过提高命中率进行加速，但是合理的数据组织模型、高效存取的存储结构、快速响应的处理算法，以及支持海量高并发的系统架构，才是保证能够快速响应用户服务需求的关键。

所以，表面上看，谷歌公司和百度公司提供的似乎仅是一个在线信息检索工具，交互页面也极为简单，但其背后实际上涉及复杂的数据存储、计算等技术，以及对海量数据进行高效的抓取解析、存取处理、分析计算等。这两家公司也是美国和我国在云计算领域的代表性企业。

3. VMware——IT 解决方案服务

在使用 IT 系统时，除了少量的专业用户之外，大部分用户需要的实际上是一种一揽子 IT 解决方案。以个人计算机使用为例，仅有少量用户可能分别购买 CPU、内存、主板等零部件，然后自行组装和安装操作系统、驱动程序等软件；而对于大部分用户而言，他们所需的是一个解决方案，是一台已经组装好硬件配置并且已经预装相关软件的计算机。在使用过程中，如果系统出现较为严重的故障，绝大多数用户也不具备故障定位和排除能力，他们所需要的也是一个解决方案，即交由服务商处理，由服务商将问题解决并返回一台跟故障前硬件配置一样、软件内容相同的计算机。在用户使用计算机的过程中，如果现有硬件的能力不足，理想的解决方案是现有的软件内容不变，仅使硬件资源能力得到扩充提升。现实中该需求如果不使用云计算技术通常无法直接做到，可能需要更换硬件设备，然后再重新安装应用程序和迁移数据。除了个人计算机使用之外，企业在建设和使用 IT 系统时也会遇到相类似的问题，也需要一种一揽子 IT 解决方案。

VMware 是美国具有代表性的提供 IT 解决方案服务的企业，支持个人和企业快速构建 IT 环境。前面已介绍过，使用虚拟机是一种常见的快速搭建 IT 环境的技术手段。比如在搭建开发环境时，传统的方式是在物理机上下载安装和配置相关软件环境，但有时会因配置冲突或其他不明原因导致报错。而使用虚拟机，则可以通过下载和搭载镜像简单快速地建立环境，还可以将环境方便地复制到多台机器。虚拟机的使用者得到的实际上就是一种一揽子 IT 解决方案。虚拟机本身也有硬件配置并预装好了相关软件，需要扩充硬件资源时也可以通过简单的设置实现，对虚拟机上的软件内容没有任何影响。进一步地，对于企业用户，根据 IT 需求的不同，也可以提供类似的解决方案，为用户提供诸如软件应用、网络、虚拟机设备甚至云环境等。

为了支撑该服务，首先仍然需要汇聚相关 IT 资源，比如首先需要有物理机才能在其基础上创建虚拟机。其次需要研发相应的资源管控软件，这种软件类似"网络化的多机综合操作系统"，通过软件定义描述相关资源，实现对各类资源的分配回收和进一步复杂的管控功能。VMware 也是美国云计算领域的代表性企业之一。

4. GAE/SAE/BAE——应用开发平台服务

在实际中，应用程序由开发团队完成开发之后，需要打包部署到运营环境的服务器上，供外界用户使用。以相对较为简单的 Web 应用为例，应用部署前需要完成申请域名、购买服务器、安装调试软件等工作，实际部署上线运行以后还需要进行日常运营维护，如定期重启等，当用户访问量增大时还要考虑服务器扩容等。

虽然应用开发人员应该专注于开发，但是开发的目的是实现最终部署上线。在开发过程中，需要不断地对开发的内容进行调试，理想的开发调试应该是"所见即所得"式，即调试时运行的效果与实际部署时运行的效果是一致的。此外，尤其是对于小规模的应用研发团队，其重心应该是应用的创新研发，而非被应用的运营维护所拖累。所以，应用开发需要这样一个平台，使得在平台上开发的应用直接可以部署运行，应用开发者专注于应用内容的建设，运营维护等工作交由平台完成。

GAE(Google App Engine)是 Google 公司在 2008 年推出的网络应用服务平台。SAE(Sina App Engine)和 BAE(Baidu App Engine)是新浪公司和百度公司的 Web 应用/业务开发托管、运行平台。这些应用服务平台均基于云计算技术，将支撑应用程序开发、部署和运行的 IT 资源打包并通过虚拟化手段提供，使得用户可以通过在线或离线+上传方式在平台上开发自己的应用程序；应用程序开发的同时即完成相应的部署，支持公共网络或特定范围用户的访问。

在上述 4 种服务化案例中，服务提供方从不同角度、面向不同类型的服务需求，汇聚构建不同类别的 IT 资源池，然后将 IT 资源根据服务需求进行打包封装成服务向用户提供。以服务化的方式提供 IT 资源，具有面向个性化需求、弹性、动态等优点。用户通过服务的方式获取 IT 服务资源，仅需关注服务本身，而无须关注资源的使用细节。

值得注意的是，现在还有一种现象，就是先汇聚了一大批 IT 资源，构建了云计算中心或者数据中心，但是由于没有服务，汇聚的 IT 资源无法充分发挥效能，反而造成浪费。所以在汇聚了 IT 资源构建云计算中心或者数据中心前，首先需要弄清楚什么前提下才需要云计算，建设云计算中心和数据中心是为了什么。云本身不是重点，服务才是重点，云是服务的支撑手段。

2.3.2 DevOps 软件工程模式

DevOps 一词源于开发(development)和运维(operations)，突出软件开发与软件运维的协作，通过流程、工具、方法、系统等一系列手段，加快对用户软件需求的响应速度并保障软件质量。

根据软件工程的瀑布模型，软件的生存周期主要划分为 8 个阶段：问题的定义、可行性研究、软件需求分析、系统总体设计、详细设计、编码、测试和运行维护。起初，如果用户需求比较简单，软件工作量不大，软件工程师一人即可完成所有阶段的全部工作。随着软件产业的日益发展，用户需求的复杂程度逐渐提高，软件的规模也变得越来越庞大，单人无法在合适的时间内完成全部工作，团队化分工协作成为软件工程项目开发的主流。在软件开发工程师完成软件的开发之后，开发的软件需要由软件测试工程师进行测试以保障软件质量，质量合格的软件才能够正式发布部署上线提交给用户使用，并由软件运维工程师提供使用保障。

随着时间的推移，用户对软件的需求可能发生变化，很多需求变化可能仅涉及软件的一个局部功能调整，对于用户而言，肯定是希望自己的需求能够得到快速的响应，这就要求软件开发工程师能够具备应对快速变化需求的软件开发能力。现在的软件系统一般具有松耦合、模块化的特点，整个系统的开发由一个开发团队甚至若干团队共同完成，开发团队中的每个成员仅承担系统中若干模块的开发工作。用户的需求虽然表面上看可能仅涉及软件系统的一个模块的调整，而且软件系统的松耦合架构已经尽可能地降低了模块之间的依赖程度，但是由于软件系统各个模块之间可能存在着互相调用或者共用某些其他模块等错综复杂的关联关系，某个模块的调整是否会对其他模块造成影响，会对哪些模块造成哪些影响，有时仍然难以进行全面准确的评估。

对于软件开发团队而言，由于其主要工作职责是完成软件开发工作，所以目标是尽快完成用户需求变更的代码开发任务，即模块本身的调整。在调整的同时，限于经验、视野、技术能力等，开发团队仅能在一定范围内规避对其他模块造成不良影响或者驱动其他模块连带修改。受人员更替、系统规模、管理体系等因素影响，开发团队很难做到既能从全局完整考虑的同时又能快速响应用户需求变更进行迭代。这种现象实际上给软件系统埋下了隐患。

虽然软件系统在发布之前已经过完整的测试，但是由于整个软件系统的测试工作非常繁杂艰巨，有些问题可能需要经过复杂的操作流程或者功能调用组合才会显现出来，软件系统局部模块在每一次调整时都对整个系统进行完整的测试显然得不偿失，通常仅对模块本身或系统局部进行一定范围的测试。

对于软件运维团队而言，稳定、不出问题是软件系统运维的核心诉求。随着软件系统的复杂性日益提升，越复杂的系统的运营维护难度也越大，为了减少问题带来的损失，运维团队需要尽可能地预防各种错误。经过完整测试持续稳定运行的软件系统是最为理想的，而问题往往容易出现在将已经证实过的稳定的系统中的部分模块替换成可能存在隐患的快速响应用户需求变化的模块中。系统在使用过程中如果遇到突发状况，首先是由运维团队尽可能地修复解决，运维团队无法处理的由程序本身造成的问题再反馈给开发团队修改，经由测试团队测试后再部署上线。

由此可见，开发团队和运维团队之间存在着业务鸿沟。开发团队以快速实现为首要目标，但快速实现难免会存在各种各样的问题；运维团队以可靠稳定为首要目标，但稳定可靠需要消耗时间作为保障，导致无法及时快速响应用户需求；而测试团队则作为质量保障中间环节夹在二者之间。开发团队希望能够边开发边测试，尽快发现问题以便修改解决，运维团队希望能够尽可能全面地提前发现所有问题，以及在运维时遇到问题反馈后能够通过测试保障问题得到真正的解决。开发、测试、运维三个团队需要紧密的沟通、协作和整合，使得软件的生产（开发）和使用（运维）能够无缝衔接，既能够快速响应用户需求进行迭代变更，又能够及时响应和解决使用过程中遇到的问题。

实现 DevOps 一方面需要企业在组织架构、管理制度、企业文化等"软"的方面进行改进，加强开发、测试和运维人员之间的沟通，优化项目团队和业务流程，通过岗位、团队、部门目标和考核绩效指标调整等引导运维人员参与到系统开发过程中，了解软件系统架构和开发人员使用的技术框架，同时也让开发人员参与到系统部署和运维过程中，为系统部署和问题处理提出意见和建议，使得开发和运维不再是割裂开的两个环节，而是将其融为一体，形成DevOps软件工程模式(见图2-1)。

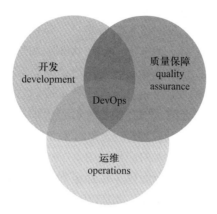

图 2-1　DevOps软件工程模式

另一方面，实现DevOps也需要一些相关技术、方法和工具等"硬"的方面的支撑。在软件开发时，软件系统需要被切割划分成多个独立的功能模块，规范定义各个模块间的接口，这样只要接口保持不变，各模块内部的调整对模块间的影响就可以降到最低。同理，在系统部署运维时也可以借鉴类似的思想，将系统也按照模块的方式进行划分，这样系统不再是统一部署而是按模块进行独立部署，通过保持接口不变使得各个模块间的影响进一步降低，从而使一个模块的崩溃不会对整个系统造成影响，系统的其他模块仍然可以继续工作。

虚拟化、容器、微服务等是目前支撑DevOps的主要技术。系统开发和运维都需要IT资源的支持，通过构建IT服务资源池，利用云计算技术对IT资源进行管控。通过IT资源的统一调配，使得开发和运维的IT资源环境既尽可能保持一致，又相互隔离、互不影响。各模块分别独立开发、部署，一方面使得开发和部署充分衔接，在开发时即可看到实际部署的结果；另一方面又使得各个模块间互相独立，减少影响，使得整个系统能够更加灵活地响应用户的需求变更。

此外，DevOps还通过一些自动化工具支持整个业务流程，如自动打包工具、自动升级部署工具、用例开发框架、用例执行框架和用例管理工具等。通过这些流程自动化工具，使得企业内部各团队之间的工作能够通过信息技术手段更好、更高效地衔接，进而支持持续集成、持续交付。

2.3.3　中台

中台是相对于软件系统前台和后台的概念。

现代软件系统是以网络为支撑的计算系统，通过网络连接多个计算节点，以便实现任务分工和计算能力的扩展，共同完成计算任务。模块化、分布式结构经过应用实践证明是应用软件常用且较好的一种结构。从用户使用的角度，最初的软件系统可以被简单划分为前台和后台：前台是部署在用户端的，用户可见的部分，通常用来进行用户界面交互；后台通常大部分部署在服务器端，是用户不可见的业务逻辑的实现部分。

随着系统复杂性提高，前台越来越多样化，如各种移动终端、Web 客户端等，后台功能则越来越复杂，越来越"重"。大型应用软件企业，尤其是互联网行业的企业，其应用产品经过发展成为应用产品族，有一系列数量繁多覆盖方方面面的产品和项目。每一个产品和项目都有对应的后台，但是这些后台中有一定数量的功能模块是重复的。中台就是将后台中那些针对技术、业务、组织的通用模块/服务从原来特定的项目中抽离出来，使之成为一个自治的服务复用到多个项目中，以提供给更多的前台使用。

简单来说，中台就是对后台的进一步抽象和拆分，将通用于多个后台的部分独立抽象出来，将 IT 服务资源化、服务化，使之能够为多个后台所重用。这样，一方面可以加快后台的开发效率，减少重复工作量，降低后台的复杂性；另一方面也便于进行项目维护，降低系统之间的耦合度，提升整体的一致性和可靠性。

关于中台，容易和现有的一些概念产生混淆和误解。比如在进行系统开发时，有些材料介绍开发的三层架构包括前端展示层、中间逻辑层、后端数据层，这里的中间逻辑层并不是中台；常见的云服务有 IaaS、PaaS 和 SaaS，其中的 PaaS 不是中台；IT 系统包括硬件、系统软件和中间件、应用软件等，其中的系统软件和中间件也不是中台。此外，还有诸如 Hadoop、Spark、Flink、Impala、HBase、Flume、Mahout、ElasticSearch 等平台，这些平台也都不是中台。

中台是可以被多个项目和产品的多个后台所共用的部分经过服务化封装独立出来的一种 IT 服务，包含数据、计算逻辑、支撑工具等多种 IT 资源。常见的中台根据服务的侧重点可以分为业务中台、应用中台、技术中台、数据中台等。

① 业务中台是被独立封装的一部分通用的业务处理逻辑。以零售行业为例，零售企业可能有多种渠道、多种模式，甚至包含多种线上和线下并存的情况。比如某商家有线下门店的业务系统，在各种电商平台上也有电商门店，电商平台还包括 Web 端和移动终端等。对于该商家的业务流程，比如会员管理，用户要注册成为企业会员，无论用户选择何种渠道——线下门店或者某家电商平台，该会员注册业务功能应该是各个系统"互通的"，用户显然仅需注册一次，而不是在每一种渠道中都要注册一遍。因此，会员管理业务可以作为业务中台的一项功能被独立封装成一个服务，常见的业务中台服务还包括诸如营销管理、订单管理、库存管理、支付管理、信用管理等。

② 应用中台是被独立封装的一个小的应用，这个应用是若干大的应用系统中共同所需的一个小的应用模块。以邮件系统为例，邮件系统本身是一个独立的应用，现在很多大的应用系统，如办公自动化(office automation，OA)系统、

客户关系管理（customer relationship menagement，CRM）系统以及其他的一些系统都需要有收发邮件的功能，因此可以将邮件系统独立封装成服务供这些大的应用系统调用。常见的应用中台服务还包括诸如小型文件系统存储类应用、音视频会议系统应用、电子合同应用和电子发票应用等。

③ 技术中台是将一些数据分析处理逻辑、算法、技术类功能应用程序接口（application programming interface，API）等封装成服务，供其他相关系统调用。常见的技术中台如统计计算、机器学习模型、自然语言处理 API、语音识别 API、消息订阅发布 API 等。

④ 数据中台是将企业的数据及其管理功能封装成服务，供其他相关系统调用。数据中台中的数据包括业务数据、统计分析数据、管理数据、日志数据以及用户画像、用户标签等特征数据。

思考题

1. 什么是服务，服务与产品有什么区别？
2. 服务的供需与产品的供需有什么区别？
3. 什么是服务资源池？现实应用场景中有哪些服务资源池，这些服务资源池中的服务资源是什么？现实中的服务业务是如何通过服务资源池中服务资源的取出和放回实现的？
4. 服务资源池的共性问题有哪些，技术难点是什么？
5. 云服务的基本层次有哪些？
6. 云服务的特征和优势有哪些？
7. 什么是 DevOps，DevOps 有什么作用？
8. 什么是中台，中台有什么作用？主要的中台有哪些？
9. 在电商平台上体验服务流程，思考解析各个服务，从服务资源池角度思考不同服务使用了哪些服务资源池。

10. 请选择一个现实中的服务业务场景，思考一下场景中哪些环节步骤已经服务化或者可以被服务化。如何通过构造服务资源池，以及通过服务资源池中服务资源的取出和放回来改造现有的服务业务？

11. 请以某个常用的应用系统为例，思考一下支撑该应用系统的服务有哪些。这些服务应如何被封装？调用这些服务的输入/输出接口是什么？

第 3 章 代表性云服务

　　云计算是一种新的模式，把各种资源汇聚到一个池里，然后通过网络以服务的方式向用户提供。服务的核心是满足用户的需求，根据需求描述进行相应的服务资源匹配，为用户提供相应的服务资源。根据服务的特点，云服务需要解决的核心技术包括虚拟化、分布式计算、管控策略等。目前业界最具代表性的云服务主要还是面向 IT 资源，各大厂商提供的云服务基本上都是整合了各种资源的混合型服务，但是根据资源使用的目的和服务的对象，最具代表性的云服务主要为基础设施即服务、平台即服务和软件即服务。三类。第 2 章已经学习了这三种云服务的基本概念，本章将进一步深入介绍三种云服务的主要功能。

3.1　基础设施即服务

微视频：
IaaS

　　基础设施即服务（IaaS）是将虚拟化的 IT 基础设施资源作为服务进行提供，包括计算、存储、网络等[11]。这里需注意的是，IaaS 提供的是虚拟化的资源，而不是直接提供物理资源。也就是说，构建 IaaS，首先要对物理资源通过虚拟化手段进行抽象，汇聚成资源池，然后通过各种管控手段控制资源的分配与回收，提供服务。对外，IaaS 提供动态、灵活的基础设施层资源服务；对内，IaaS 需要优化资源管理，实现管理流程的自动化。

　　[思考]无线路由器是如何通过软件手段管理控制网络的？

　　无线路由器内置了管理软件，可以通过软件的手段实现网络资源配置管理的功能。例如可以设置白名单，允许某些设备访问网络；可以设置黑名单，禁止某些设备访问网络；可以针对某些设备设置网络带宽上限等。

　　在 IaaS 中，用户对 IT 基础设施资源的访问增加了一个虚拟化及服务管理控制层，通过虚拟化技术对物理资源进行抽象，所有的物理资源有相应的访问接口（软件接口），比如驱动程序和一些封装的应用程序接口（API）等，供上层访问，然后通过各种资源管理控制优化资源的使用，对外提供各种动态灵活的资源服务。本节具体介绍 IaaS 的一些服务内容，虚拟化将在第二部分中介绍。

　　IaaS 的总体架构如图 3-1 所示。具体包括如下几部分：

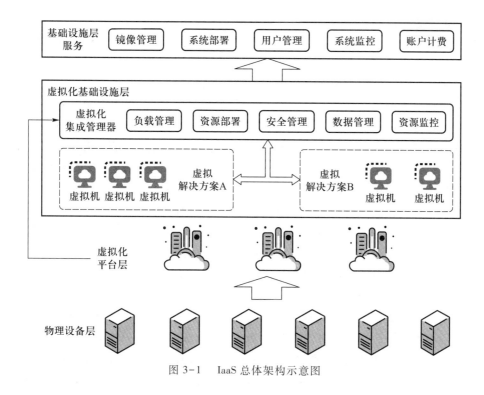

图 3-1 IaaS 总体架构示意图

① IaaS 的底层是物理设备层，包括服务器、存储设备、网络设备等，这些硬件设备所能提供的计算、存储、网络带宽等 IT 系统构建所需的基础资源被称为基础设施层资源。

② 在物理设备层之上是虚拟化平台层，通过安装虚拟化平台，对物理设备提供的物理的基础设施层资源进行虚拟化，将资源抽象成虚拟化资源以便进行更加集中、统一、方便地管理控制。

③ 通过虚拟化平台层建立虚拟化基础设施层，对虚拟化资源进行管理。在虚拟化基础设施层，虚拟化平台软件将来自多台物理设备的虚拟化资源从逻辑上汇总成为一个基础设施层资源池进行统一分配管理。资源池通过虚拟化集成管理器对资源进行管控，虚拟化集成管理器通常被封装成一个资源池管理系统。当用户需要虚拟化基础设施层资源时，IaaS 可以通过虚拟化资源管理的方式，从资源池中分配若干资源形成虚拟解决方案，每个方案中包含若干种类和数量的基础设施层资源。物理上不同的方案虽然可能共享某些硬件设备，但是从逻辑上各方案之间互相独立，互不挤占对方资源。用户可以自行决定虚拟解决方案中的资源使用，例如创建若干虚拟机分配给实际使用者使用。

④ 虚拟化基础设施层为用户提供多种类型的基础设施层服务，如镜像管理，系统部署、用户管理、系统监控、账户计费等。

1. 资源抽象

资源抽象的第一步就是对资源进行虚拟化。虚拟化是基于硬件的驱动或者接口，建立统一的软件访问手段。向下，针对不同的硬件产品，可以通过不同的适配器进行适配；向上，提供统一的标准的访问逻辑接口。这样，可以有效地屏蔽硬件产品差异，方便对硬件进行统一的管理。其目的就是通过软件的手段，把对某设备的访问抽象到软件层面，这样一方面能够方便地进行查询匹配，另一方面支持通过软件编写相应的管控逻辑。

类比单机的操作系统，对于不同的硬件(比如磁盘)，操作系统有相应的驱动程序以便访问硬件的各种功能。目前对于常规的硬件，操作系统一般已经集成或者可以自动安装驱动程序，无须用户自己手动安装。对于应用软件，操作系统提供了统一的软件访问接口。比如操作系统提供文件系统读写接口供用户使用磁盘存储空间，用户无须关心不同磁盘的访问差异；当进行磁盘替换时，适配工作在操作系统层完成，上层的应用软件无须改动。

资源抽象的另一个关键作用是对资源进行粒度划分和组合打包。类比现实世界的图书馆管理，图书馆可以看作是一个资源池，图书是资源，图书内容数字化后，读者可以按不同的单位粒度或组合借阅图书，如可以借一本、一章甚至一页，或成套借阅等。

对于单一资源，资源提供的最小粒度决定了管理的精细程度和复杂程度。以内存资源为例，现实世界直接使用物理资源的话，通常只能以"条"为单位，如果用户需求 6.5 GB 的内存，而市场上没有 6.5 GB 大小的内存条，所以只能购买一条 8 GB 的内存。在云端，如果以 1 MB 为最小粒度，8 GB 内存是 8 000 个 1 MB，那么可以很方便地满足用户 6.5 GB 内存的需求。不难看出，资源粒度划分得越精细，就能越好地适配用户的需求，但是粒度越细带来的管理开销就越大。例如 8 GB 内存，如果以整体作为基本单元，仅需一条管控记录来记载资源当前的分配状态和分配对象，如果以 1 MB 为 1 个单元，则需要 8 000 条管控记录来分别记载这 8 000 个 1 MB 如何分配。

[思考]使用虚拟机管理工具创建虚拟机时，各种资源增加或减少的最小粒度是多少？

用户在使用 IT 资源时，通常需要将多种类别的资源组合打包使用，例如将 CPU、内存、硬盘、网络带宽等资源组合使用。所需资源种类越多，单一资源的管控粒度越细，所能搭配出的资源组合就越多。针对不同任务的资源要求，需要提供不同的资源组合以便更好地满足用户的服务需求。例如以计算为主、以存储为主、以网络通信为主等任务，所需的资源配置显然各不相同。某些机器具有较好的 CPU 和较大的内存，某些机器需要较大的硬盘，某些机器需要较大的网络带宽，这些固定的资源搭配类似手机资费的不同"套餐"一样，需要服务提供商预先设计和创建。

各种资源组合打包后需要进行管理，组合资源的管理最基本的单元就是虚拟机。通常提供给用户的资源难以通过零散的单一资源的方式，最常见、最基本的方法就是将一个组合打包，打包后最小的概念就是一个虚拟机。有些大客户可能需求的资源量很大，不仅仅是一台虚拟机，而是一大批各种类型的资源，然后用户根据需要自行进行资源的分配组合，创建虚拟机，这些资源组合的进一步概念包括集群、虚拟数据中心甚至云等。

2. 资源监控

资源监控是保障基础设施层服务的关键，通过监控，管理者可以了解各种资源当前的工作状态和资源分配情况，也为进一步的管理(如负载管理)提供数据依据。底层物理资源设备均提供了相应的监控接口，对于一台物理机，单机的操作系统通常也有相应的监控接口可以对本机各种资源的使用状况进行监控。此外，现在也有一些应用软件提供了用来监测本机的 CPU、硬盘、内存、网络等资源的使用状态的接口。IaaS 通过调用这些接口以及进行一些汇总等，统计计算得出资源池中各种资源的当前状态。值得注意的是，对于不同类型的资源采用的监控方式是不一样的，衡量指标也有差异。例如，Windows 操作系统的任务管理器中，CPU 的使用状态通过处理器占用百分比衡量，内存的使用状态通过已用存储空间大小(MB)衡量，硬盘的使用状态用 I/O 的读写速率MBps 衡量等。

[练习]通过操作系统的资源管理器查看当前自己机器的资源使用情况。

监控的对象可以是实际的物理资源，比如某台设备的各种 CPU、内存、硬盘、网络等，也可以是逻辑对象，比如创建的虚拟机、集群、资源池甚至云等。监控数据的直接来源是最底层物理资源的监控探针，即监控数据的采集器；进阶的监控信息(比如逻辑对象的监控数据)来源于物理资源的监控和资源的管控策略，通过适当的计算逻辑计算得出。比如某个集群当前的 CPU 占用百分比情况与哪些 CPU 分配给该集群有关，也与这些实际的物理 CPU 的使用情况有关，需要根据物理 CPU 的监控数据和资源分配情况汇总计算得出。

资源监控通过数据可视化手段让资源管理者和使用者能够更加精准直观地了解资源的使用情况。图 3-2 所示为几种不同类型的资源监控图。此外，还可以通过设置一些规则和定义一些事件，当监控数据满足规则条件时自动触发事件，以达到预警或告警的目的。资源监控通过监控探针自动采集监控数据，通过合理地设置逻辑规则和触发条件，能够在资源使用出现不良趋势或出现问题时及时提醒告警，进而进行相应的处理。资源监控通过自动监控替代人工监控能够有效地节约人力，也可以提高预警告警的实时性，缩短反应时间，提高服务质量。

[练习]通过操作系统的资源管理器接口任选编程语言自定义监控规则和触发事件，例如当机器的 CPU 总使用率超过 30% 时进行弹窗告警。

3. 负载管理

在介绍负载管理之前，我们先来看一个例子。假设现在有 6 台计算机，图3-3 所示为计算机进行负载管理之前的资源使用情况。图中的 6 个圆柱代表 6 台计算机，深色代表负载情况，浅色代表剩余的资源情况，整个圆柱代表所有资源。

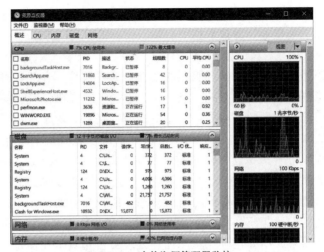

(a) Windows中的资源管理器监控

(b) OpenStack中的资源监控

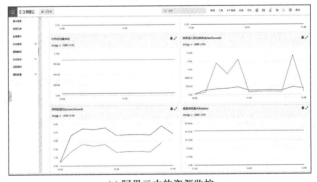

(c) 阿里云中的资源监控

图 3-2　不同类型的资源监控图

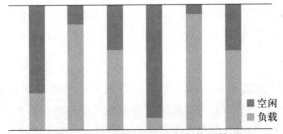

图 3-3　进行负载管理的资源使用情况

进行负载管理之后计算机的资源使用情况如图 3-4 所示。需要注意的是，负载均衡是负载管理的一个重要目标，但是所谓的均衡并不意味着各台机器的负载必须相同。一方面，虽然一些大的任务可以被进一步拆分成若干小的任务分别交由不同的机器完成，但是到了原子任务层级（即任务不可再分），通常一个原子任务要完整地交给一台机器完成，这意味着不同机器承担若干原子任务，各个原子任务带来的负载并不相同，所以很难保证各台机器的负载完全一致。关于如何将一些大的任务拆分成若干小的任务提交不同的机器分别完成，相关内容将在第三部分进行深入的探讨。

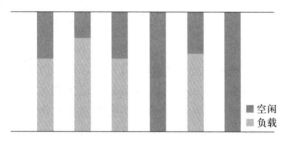

图 3-4　进行负载管理后的资源使用情况

另一方面，每个任务在执行过程中，其资源消耗和带来的负载情况并不是一成不变的，也就是说，每台机器的负载情况实际上是在一定范围内上下波动的，所以也很难做到每台机器的负载是完全一样的。另外，在实际的运行过程中，机器上的任务可能经过一段时间的运行后执行结束，然后又可能分配来新的任务开始执行，所以即便是初始状态下各台机器是均衡的，在执行一段时间以后也可能造成不均衡的现象。

当前，节能减排在 IT 领域受到越来越多的重视，绿色计算是大型数据中心和云服务提供商所关注的热点问题之一。IT 设备在运行时，即便仅是开机而没有执行任务也是需要消耗能源的。负载管理的一项重要任务就是在负载允许的情况下，尽可能地减少所需开机的数量。也就是说，与其让所有机器都开机，每台机器只负载少量任务，不如将负载集中到若干机器上，然后可以将某些机器关闭，这样能够节约大量能源，避免不必要的能源消耗。同时，这使得某些机器可以得到"休息"，通过"轮休"的方式便于进行设备运营维护和维修保养。当然，负载集中并不意味着要将某些机器的资源"占满"，因为任务本身的资源需求有弹性，需要留有扩展余地，而且 IT 设备如果长时间满负荷运转也容易降低设备寿命，导致故障率增加。

负载通过任务分配机制分配到相应的机器上执行，通过上述分析，我们不难看出负载管理的大致原则如下：

① 负载管理并不一定需要所有机器的负载一定完全相同，只要相对均衡即可。

② 负载一定程度上要集中，既让承担任务的机器能够充分发挥能力而又不要负荷过高，同时尽可能减少开机数量以便节约能源。

③ 在进行负载管理时，还需要考虑不同机器的资源差异（比如某些机器配

置较高），并对任务执行和未来可能到来的任务进行合理预估，分析当前执行任务可能的资源增加或释放情况，以及新任务所需的资源情况等，综合多种因素，统一给出最优的分配原则。

一种最简单的分配方式是发牌式分发，即将任务按照编号次序依次分配给各台机器。这种方式适合机器数量不变而且任务差异不大的情况。在现代的大型应用软件系统架构中，尤其是并发访问量很大时，由于负载分配节点（如负载均衡器）是整个系统的入口，其流量压力往往是最大的，所以在进行分配时显然是逻辑越简单越好。发牌式分发的逻辑非常简单，不需要对任务本身进行任何复杂的判断并进行额外的内容存储，同时无须考虑各台机器当前实际的负载情况和接收下层机器的任何报告消息，只负责往下层机器分派任务，所以执行效率非常高。

如果需要考虑各台机器当前实际的负载情况，这一方面需要接收和存储下层机器传递上来的最新消息，另一方面还需要考虑消息传递的延迟、消息传送失败的重传机制等，此外，新任务到来时还需要对任务所需资源进行判定以及考虑当前机器的负载情况进行分配，分配算法比较复杂。所以，有时有些方法虽然管控得更为精细，但是由于其管控开销更大、执行效率低，在特定应用场合下并不一定比简单粗放的方法更为适用。关于负载均衡算法将在第 10 章典型存储与计算框架中深入探讨。

除了任务的初始分配之外，在实际执行过程中如果出现负载过于不均衡，或者由于运维管理等原因需要将某些机器上的负载移走，这时就需要进行负载迁移，在运行状态下把某台机器上的负载迁移到另一台机器上。显然，负载迁移会带来额外的管控开销，因此，是否需要进行迁移需要谨慎考虑。盲目追求负载均衡而不顾实际管理开销频繁地进行迁移，并不可取。

4. 资源部署

资源部署是指通过虚拟化技术和资源分配与管理，将基础设施层服务资源交付给用户使用。基础设施层服务资源在导入资源池时，通过虚拟化技术进行初始化，然后在用户需求资源后，通过资源的分配与管理调配相应的资源提供给用户。资源部署通常通过自动化的流程实现，虚拟化技术简化了资源部署的过程，屏蔽了底层同类资源的差异。部署方式受基础设施层构建技术影响，对用户不可见，用户关心的仅是如何能够快速获取资源并开始使用。由于用户使用资源的方式多样，资源可能会二次甚至多次部署。例如某些大型用户在购买基础设施层服务时，所需的仍然是一个资源池而非直接需求虚拟机，然后用户根据自身应用情况再去进一步进行资源分配和管理。

[练习] 通过物理机的资源管理器查看创建虚拟机和启动虚拟机时资源消耗的区别。

资源的部署是一个动态的过程，而且通过部署的动态性更好地体现出云服务的按需分配、动态伸缩、弹性可扩展的特点。当用户需求的资源数量发生变化时，可以方便地通过资源部署增加资源的提供量，以便满足用户弹性的资源需求。这是传统物理方式难以简单快速实现的。在实验 1 虚拟机体验环节中，通过简单的操作就能快速为虚拟机进行扩容，以及利用镜像快速复制多个虚拟机实例。在实际服务场景中，用户也可以通过类似的手段按需弹性获取更多的基础设施层资源，或者当用户服务的负载过高时，能够方便地扩展自身的服务实例。这个过程将在很短时间内通过自动化流程实现，在资源池容量允许的前提下，用户可以按需进行随意扩充，而且仅需较少的成本。

此外，资源的部署还在运营维护中有着重要的作用。构建基础设施层服务需要大量的硬件以便形成具有规模效应的资源池，虽然现在硬件的故障率已经很低，但是在这样大规模的前提下，硬件出现故障也是很常见的事情。当硬件出现故障，或者某些硬件需要保养维护时，需要将当前硬件上的应用迁移到其他硬件上。这时就需要通过动态部署，将一台机器上的数据和运行环境复制到另一台机器上，然后保障服务提供的持续性。当前大型应用系统通常都采用分布式部署方式，在系统内部通过冗余的方式进行交叉备份，这样可以保证当某台机器出现故障时系统整体的功能和数据不受影响。

5. 数据管理

IT 系统的核心是数据的存储、计算和传输，这也是基础设施层服务的核心。数据管理建立在数据存储基础之上，保障用户数据的完整性和可管理性。简单而言，就是保障用户的数据在任何时候都是正确的、可用的，并且没有被他人所盗用。

数据完整性类似数据库中数据完整性的要求，指存储在基础设施层中的所有数据的取值在任何时候都是确定的、正确的，数据可以通过回退操作等恢复到一致的状态。在数据存储中，为了避免存储在物理媒介上的数据由于机械故障、断电等因素损坏，最常见的操作就是冗余备份。当数据出现故障时，可以从冗余备份中还原数据。值得注意的是，理论上再多的冗余备份也不能保证数据百分之百的可靠，仍然有极低的概率会出现所有冗余备份同时损坏。显然，冗余备份数量越多，数据的可靠性就越高，但同时带来的数据存储和管理成本也相应地提高。数据的具体存储和容错方案将在第 6 章云存储和第 10 章典型存储与计算框架中进行深入的探讨。

做冗余备份数据的读写效率会怎样变化呢？写的效率不会有提升，只可能下降，因为原本只需要写一份数据，冗余后变成写多份；即使采用并行写，写的速度也是由最慢的那一部分数据所决定的。当然，可以使用多个磁盘共同存储一份数据的方式，即每个磁盘只存储一份数据的一部分，然后通过多个磁盘并行同时写入的方式提高单份数据的写效率，但写多份数据的效率通常一定是比写单份数据的效率更低。读的效率理论上是有提升的，但是受限于读的方式。比如分散负载，每次从不同的磁盘上读取文件，磁盘 I/O 占用被分散了，所以理论上有可能提升，但是提升很有限。还有一种方法是从不同的磁盘读取文件的不同位置，此时读的效率会明显提升。

数据的可管理性就是提供相应的操作支持各种粒度、面向各种类型的数据、逻辑简单的管理。对于基础设施层而言，仅需要考虑如何存储和管理用户的数据，至于用户会存储什么数据，数据采用何种形式、通过何种格式进行存储和使用是上层的事情。而数据在存放时，需要不同的组织形式以便满足各种数据管理的需求。举一个简单的例子，我们在使用单机的文件系统时，数据的基本组织形式是一个文件，可以对一个文件进行重命名、移动位置以及复制、删除等操作。如果需要同时操作多个文件，比如将 100 个文件从 D 盘移动到 E 盘，可以逐个文件分别操作，也可以建立一个文件夹，将这 100 个文件都放入该文件夹中，然后通过拖动文件夹的方式将其一次性全部移动过去。文件夹其实就是一个方便我们对数据内容进行操作管理的容器。当把需要操作的文件都放在同一个文件夹时，对这些文件的移动、复制、删除操作可以转化为对这个文件夹进行操作，从而简化了操作步骤。因此文件夹这种组织形式就会极大地简便数据的操作，并且可以通过各种命名方式对数据进行管理。

同理，在基础设施层，由于用户存储的数据类型各异，组织粒度也不相同，因此需要提供类似文件系统和权限管理等手段，以便进行数据管理。此外，在很多数据应用场合，通常不允许用户直接在最原始的数据上进行操作，而是从原始数据中抽样复制出一份数据的镜像，在镜像上进行操作，以便保护原始数据不受误操作或其他因素的影响。这些数据之间的逻辑映射关系等也是数据管理中所需要考虑的事情。

6. 安全管理

云的安全管理的目标是保证基础设施层资源被合法地访问和使用。对于合法性，需要从用户和资源两方面来考虑。一方面是保证正确的用户访问和使用资源。资源被分配给某个用户使用时，由于资源分配可能有独占、共享等多种分配方式，而且在云中资源本身就是重复分配和使用的，所以需要保证资源在某一时刻能够被正确的用户访问和使用。另一方面是保证资源要被正确的程序所使用，虽然有的程序也是来自正确的用户，但是如果存在一些具有潜在风险的资源使用行为，比如访问同一用户其他程序的内存地址或者修改同一用户其他程序的一些关键性内容，这种行为需要被安全管理监控并提醒告警。此外，由于云服务具有按需使用、按用付费的特点，也就是说只要用户需要，可以在短时间内仅需较少的资金成本就可以获得大量的基础设施层资源，因此云还需要保障自己的资源是被用在合法的用途之上，而不是被少数别有用心的用户用来侵害别人的利益。早先，不法用户可以利用木马等手段操控他人机器形成"僵尸网络"用以攻击他人或者进行其他不法行为，现在有了云服务之后，也需要防止不法用户通过合法购买云服务的方式利用云资源去攻击他人或者进行其他不法行为。

在云端，类似个人电脑的防火墙，也需要建立相应的隔离机制来保障云不受来自外界的潜在威胁和入侵。利用虚拟化等技术手段，基础设施层资源通常是被封装抽象之后再向用户提供使用，可以使用如沙箱、容器等机制来确保不同用户间资源的隔离性。资源的隔离使用一方面能够保障资源不易受到来自外部的攻击,所有来自外部的请求和访问首先需要经过平台的审查和监控;另一方面也可以尽量减少来自云内部的破坏。由于 IaaS 是直接提供基础设施层资源给用户使用,执行的是用户自行上传的内容,如果遇到恶意的用户,上传的内容本身存在安全风险甚至可能恶意去破坏其他用户或云平台本身,通过隔离手段可以将这些风险控制在一定范围之内,避免造成更大、更严重的破坏。

安全管理的另一项重要内容就是建立操作的审查机制、授权机制和追踪机制。可以通过白名单机制设置一些免审操作,其余操作需要经过审查确认之后才能被执行,或者通过黑名单机制设置禁止的操作。通过授权机制来确保特定的操作需要授权来赋予其执行的权力,避免操作脱离监管被执行。各种操作请求、相应的审查、授权以及最终的执行等各个步骤均需要被记录,这样在出现问题之后,可以通过追踪机制追溯来源和查找问题。

[思考]数据库管理员如何避免拥有 admin 权限的人员进行删库?

云安全本身是一个很大的技术概念范畴,建议感兴趣的读者进一步深入探讨学习相关内容。

7. 计费管理

基础设施层服务将虚拟化的 IT 基础设施资源以服务的方式提供给用户,这种变买为租的方式使得基础设施层服务的计费有了更多、更灵活的方式,可以建立多种商业模式。

最为基础的计费方式是根据用户对资源的使用量进行计费,即"按用付费"模式。用户占用多少资源,根据不同类别资源的单价计算总的费用。计费管理的基础是资源监控,提供给用户的账单中需要包含具体的资源使用明细信息和计算依据。除了按照使用量计费之外,常见的计费方式还有根据使用量的阶梯计费、按时或按量的包干计费(如包月/包年等)、会员制计费,以及根据不同类型资源、不同种类服务的组合式混合计费。此外,还有各种商业促销的优惠和折扣等。

[练习]了解一下阿里云、亚马逊 AWS 等典型 IaaS 云服务都有哪些种类的计费方式。

计费除了需要考虑资源或服务的使用情况之外,另一项非常重要的影响因素是服务质量。根据 IT 服务管理的业界实践经验,如信息技术基础架构库(information technology infrastructure library,ITIL)等,IT 服务提供商提供的 IT 服务应该满足一定的质量约束条件。类似产品购买时,用户付费所购买的产品需要满足一定的产品质量约束。

服务等级协议(service level agreement,SLA),是指提供服务的企业与客户之间就服务的品质、水准、性能等方面所达成的双方共同认可的协议或契约。典型的服务等级协议通常包括:参与各方对所提供服务及协议有效期限的规定，服务提供期间的时间规定（包括测试、维护和升级等），对用户数量、地点以及/或提供的相应硬件的服务的规定，对故障报告流程的说明（包括故障升级到更高水平支持的条件等），对故障报告期望的应答时间的规定，对变更请求流程的说明以及完成例行变更请求的期望时间等，对服务等级目标的规定，与服务相关的收费规定，双方责任的规定（尤其是用户责任的规定），对解决与服务相关的不同意见的流程说明等。

计费管理除了包括各种计费商业模式和服务质量协议之外，有时针对不同的计费策略可能还需要一些额外的管理或者保障措施。云服务的一个优势就是允许用户可以通过不同类型的终端在不同地点通过互联网的方式访问和使用，但是这也给云服务的计费带来了一些潜在的风险和挑战。例如，简单对比一下包月付费模式和按用付费模式（即根据使用量进行付费的模式），相比而言，按用付费在计费的计算上要更加复杂，但是包月付费意味着用户在支付费用后可以在服务协议约束范围内随意地使用资源，如果用户通过代理或其他手段有偿或无偿地将自己的资源提供给他人使用，这显然会损害服务提供商的利益。如何识别和规避这种现象带来的损失和风险，也是计费管理所需要考虑的问题。

3.2　平台即服务

微视频：
PaaS

平台即服务（PaaS）是将软件开发和部署运行环境所需的各种资源打包成云服务器，为用户研发和部署上线自己的软件应用提供支撑环境[12]。PaaS 介于 SaaS 与 IaaS 之间，用户不需要自行搭建和配置基础设施层资源，也无须自行安装所需操作系统和中间件等开发测试和部署运行的基础软件，而是只需关注自己的应用软件的业务逻辑，通过平台开发和部署即可上线使用。有了 PaaS 的支持，用户开发互联网应用变得更加简便快捷，所见即所得式的部署方式也使用户的应用能够快速上线并通过公共网络进行访问。

[练习]将自己以前开发的某个应用程序分别迁移部署到另一台单机和某个 PaaS 平台上，体会迁移到单机和 PaaS 平台在应用部署和使用上的区别。

PaaS 是一系列具有通用性和可复用性的软件和硬件资源的集合，是优化了的"云中间件"，为云应用提供开发、运行、管理和监控的环境。PaaS 能够更好地满足云应用的可伸缩性、可用性和安全性。

在刚接触软件工程时，人们关注的重点往往集中在软件的研发阶段，包括需求分析、系统设计、系统实现和系统测试等环节。各种编程语言、中间件（如数据库等的使用）、基础算法逻辑（如排序、递归）以及一些高级算法（如数据挖掘、机器学习）等，也是在帮助人们去"创建"一个软件。而对于一个实际的真正可用的应用软件，就其整个生存周期的时间分布而言，软件的研发时间只占其中一部分比例；软件开发完毕通过测试正式部署上线之后，在漫长的使用周期内，监控软件的运行状态、保障软件能够稳定不间断地持续运行，是保障软件真正可用的关键。遗憾的是，现在很多软件项目在立项和做经费预算时，重开发、轻运维的现象仍然时有发生，使得软件在使用阶段缺少必要的运维支撑团队和配套资金、设备等，导致软件的实用性不强，很快被束之高阁，成为无人问津的"僵尸系统"，白白浪费了研发资金和人力。PaaS 很好地解决了这个问题，该服务除了能让用户可以简便快捷地开发自己的云应用外，还提供了部署和运行支撑服务，保障云应用可以持续稳定地运行下去。

为了更好地了解 PaaS，首先需要进一步理解什么是平台。平台一般是指供人们或对象施展才能或发挥功能的环境或者支撑条件，在 IT 领域，平台一般是指供应用程序执行的计算机硬件及软件操作环境。常见的平台包括以实现快速开发为目的的技术平台、面向业务逻辑复用的业务平台、基于系统自维护/自扩展的应用平台等。

集成是平台最主要、最核心的功能。一方面，平台需要汇聚达成目标所需的各种类型的资源；另一方面，针对特定目标需求，平台能够选取调配合适的资源，通过合理的组织、编排和管理，支撑、完成特定目标。PaaS 的平台主要服务于软件应用，汇聚了支持软件应用所需的各种资源，把这些资源封装成各种平台层服务，通过服务编排和组合实现服务集成。集成后的各部分服务通过彼此有机协调工作以发挥整体效益，达到支撑应用开发和运行的目的。

集成开发环境(integrated development environment，IDE)是常用的一种软件开发平台，是用于提供程序开发环境的应用程序，一般包括代码编辑器、编译器、调试器和图形用户界面等工具，集成了代码编写功能、分析功能、编译功能、调试功能等一系列开发软件相关的服务。

[练习]使用 IDE 和文本编辑器(如记事本)分别开发一个简单的 Java 或 C 语言小程序，体会二者在代码编写、库调用、编译执行、调试等方面的区别。

淘宝网等电子商务网站也可以看作是一个平台，即人们平常所说的电商平台。电商平台是一个为企业或个人提供网上交易的业务平台。依托一个公开的为公众所熟知的门户网站，使得商家可以借助平台提供的相关功能，通过互联网(含移动互联网)展示、宣传和销售自身产品，客户可以依托平台提供的相关功能来了解、认知、检索和购买商品。网上购物是电商平台最基本也是最核心的功能之一。电商平台通常集成了多家业务提供商提供的诸多业务功能，如商品销售、在线客服、快递物流、电子支付，以及商务智能、保险、贷款、法律咨询等。电商平台通过重用业务逻辑极大地降低了建立和运营互联网店铺的成本和技术门槛，使得中小型企业甚至个人都可以很方便地创建自己的店铺和展示商品，完成销售订单和收款发货等，实现自主创业、独立营销和快速盈利。大型企业也可以通过入驻电商平台达成合作共赢的目标，利用平台提供的更专业的解决方案降低自行建立和运营维护互联网店铺的成本。

微信是我国普及率最高的移动互联网社交媒体应用之一，微信本身也可以看作是一个新媒体平台。新媒体通常与广播、报纸等"传统媒体"相对应，是指利用数字技术，通过计算机网络、无线通信网、卫星等渠道，以及计算机、手机、数字电视机等终端，向用户提供信息和服务的传播形态。微信公众平台（公众号）是依托微信，面向政府机构、媒体、企业和个人推出的合作推广业务。通过微信公众号可以将信息推送给上亿的微信用户，减少宣传成本，提高知名度。微信公众号内容包括服务号、订阅号、企业微信（原企业号）和微信小程序（图 3-5）。

服务号

给企业和组织提供更强大的业务服务与用户管理能力，帮助企业快速实现全新的公众号服务平台

订阅号

为媒体和个人提供一种新的信息传播方式，构建与读者之间更好的沟通与管理模式

小程序

一种新的开放能力，可以在微信内被便捷地获取和传播，同时具有出色的使用体验

 企业微信　原企业号

企业的专业办公管理工具。与微信一致的沟通体验，提供丰富免费的办公应用，并与微信消息、小程序、微信支付等互通，助力企业高效办公和管理

图 3-5　微信公众平台

其中，微信小程序是一种依托微信平台的应用程序，用户无须下载安装，通过微信的扫一扫或搜索功能即可打开并使用应用程序。组织或个人均可申请注册微信小程序，在符合国家相关法律法规和微信的相关管理制度前提下，用户可以自行设计开发微信小程序的功能，由腾讯云提供后台技术支撑。微信小程序利用微信平台庞大数量的用户群体和强大的信息送达能力，具有研发简单、推广方便的特点；尤其是其无须安装即可使用的特点，非常适合对 IT 设备操作不够熟练的用户，在移动互联网环境下手机终端的应用场景中具有巨大的优势。这种优势除了体现在商业应用中，对于社会公共服务也有着非常重要的意义。例如，在新冠肺炎疫情期间，全国各地的健康码、行程卡等应用均有微信小程序版本。

PaaS 的总体架构如图 3-6 所示，主要包括如下几部分：

① PaaS 服务所需的基础设施资源来自基础设施层服务或自建的基础设施层硬件，通过封装调用为每个应用创建独立的资源空间，进而支撑应用的开发和运行。

② 应用开发平台服务于应用的开发，包括开发模式、代码编辑器、编译器、API 资源库、测试工具等支撑应用开发的相关模块。

③ 应用运行环境服务于应用的运行，在应用开发阶段，运行环境帮助应用开发者及时了解开发效果；在应用运行阶段，运行环境保障应用正常运行以便能够被用户所使用。运行环境为每个应用构建应用容器，分配相应的基础设施

资源，并对应用进行的必要的隔离以减少应用间的彼此影响，通过运行库支持应用运行。运行环境还包括数据库、Web 服务器等支撑中间件，建立支撑应用运行的数据库服务器、Web 服务器等支撑服务器，并通过运行管理器对运行的应用进行管理（如监控、暂停、关闭等）。

④ 支撑应用开发和运行的各种功能在平台层被封装成各种服务，服务库汇聚了平台本身和来自第三方的各种服务，应用的开发可以使用服务集成框架通过服务集成的方式实现。

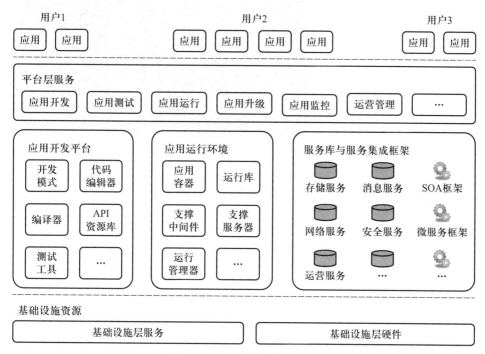

图 3-6　PaaS 总体架构示意图

1. 应用开发平台

PaaS 将应用程序开发所需的相关环境和功能等封装成应用开发平台服务提供给用户。应用开发平台通常提供在线开发和离线开发两种应用开发模式。用户在平台上创建应用之后，PaaS 会在平台上为应用开辟相对独立的管理空间（通常是虚拟化的空间，比如容器等）。用户可以在这个空间内创建、管理和编辑应用的代码。

① 在线开发模式是指用户通过应用开发平台提供的系统界面（通常是 Web 页面）在线编辑应用代码。界面的主要功能通常包括代码管理和代码编辑。代码管理包括文件夹管理（如文件夹的创建、删除、重命名和移动等）和文件管理（如各种文件的创建、上传、删除、重命名和移动等）。代码编辑是利用平台提供的编辑器编辑代码文件的内容。例如，图 3-7 所示为新浪云应用（SAE）在线开发界面。

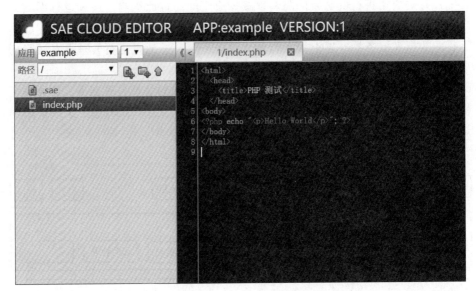

图 3-7 新浪云应用（SAE）在线开发界面

② 离线开发模式是指应用开发平台提供一个链接地址，支持用户利用第三方代码管理和版本控制工具，如 SVN、GIT 等，将离线开发的应用程序代码上传到平台对应的代码空间中。需要注意的是，由于用户开发程序代码和命名习惯不同，不同用户开发的应用程序代码可能差别很大。这些代码由 PaaS 平台自动调用执行，为了保障调用执行成功，通常 PaaS 平台会规范化应用访问入口。

［练习］使用 IDE 和 PaaS 平台提供的代码编辑器分别开发一个简单的 Java 或 C 语言小程序，体会二者在代码编写、库调用、编译执行、调试等方面的区别。

不同的开发平台支持的编程语言各有不同，常见的如 Java 语言、Python 语言、C 语言等。平台为了支持不同的编程语言，需要集成语言对应的编译器。编译器负责将便于人编写、阅读交流和维护的编程语言编写的源代码编译成适合计算机执行的机器代码。

以大家熟悉的 Java 语言为例，如果想在某台机器上开发 Java 程序，首先需要在机器上安装 Java 开发包或 Java 开发工具（Java development kit，JDK）。JDK 是编写 Applet 小程序和应用程序的程序开发环境，是整个 Java 的核心，包括 Java 运行环境（Java runtime environment，JRE）、Java 工具和 Java 的核心类库（Java API）。不论是哪种 Java 应用服务器，其实质都是内置了某个版本的 JDK。

用户开发的 .java 文件代码经过编译生成对应的 .class 二进制编码文件，.class 文件可以被 Java 虚拟机 JVM 运行。Java 语言"一次编译、到处执行"的跨平台特性即通过 .class 文件体现。也就是说，在计算机上编写的 .java 文件经过一次编译生成 .class 文件后，无论是计算机、手机或是其他设备，通过安装对应适配的 Java 虚拟机都可执行该 .class 文件，实现"到处执行"。由此可见，代码开发和代码执行实际上是两个不同的环境。当然，通常代码开发环境也需要包含代码执行环境，因为在开发代码的过程中经常需要查看代码的执行效果以便确认开发是否正确。

应用开发平台通常还集成语言的 API 资源库，比如 Java 语言的类库等。API 资源库是可重用的代码资源集合，其功能调用接口被封装成 API(一些预定义的功能接口)，开发人员通过调用这些接口即可使用封装的代码功能，无须了解具体的实现细节和实现源码。通过接口的方式可以降低各部分代码之间的相互依赖程度，提高代码功能单元的内聚性，降低代码功能单元之间的耦合度，从而提高整个系统代码的可维护性和可扩展性。同时，通过资源调用可以充分重用已有资源，提高开发效率，降低开发成本。

在应用开发的过程中，用户需要不断运行调试开发的程序，以便观察当前效果。为了便于用户发现、定位和解决问题，PaaS 平台还集成了开发测试环境，提供诸如白盒测试、功能测试、压力测试等功能。测试工具能够帮助用户对代码进行语法扫描，找出不符合编码规范之处，通过设置断点等方式控制代码执行过程甚至单步执行等，统计程序运行时的数据，反馈程序执行过程中的各种信息(如变量取值等)，以及模拟各种执行环境和执行过程的一些用户操作以便观察执行效果等。部分测试工具还包括测试用例的编写、测试数据的生成，以及测试任务的管理等。

2. 应用运行环境

应用运行环境指应用运行所需的各种硬软件资源的集合。PaaS 将应用程序执行所需的各种资源封装成应用运行环境服务提供给用户。应用运行环境中的硬件资源可以由 PaaS 服务商提供，也可以来自第三方的 IaaS 服务，软件资源则通常由 PaaS 服务商提供。在 PaaS 平台上进行应用开发，通过使用平台的运行环境，应用开发可以实现所见即所得模式，即开发过程中的运行环境就是实际部署上线的运行环境，开发的应用直接被部署运行在云端。这样一方面方便开发者在开发过程中能够随时观察程序最终实际部署运行的效果，另一方面也能够避免开发平台运行环境和实际部署环境差异所带来的各种问题。

需要注意的是，开发环境和运行环境并不等同，由于开发过程中需要不断地运行程序以观察程序的执行结果，通常开发环境内部集成了运行环境。但是在程序的使用阶段，程序被部署上线时仅需要运行环境即可，无须开发环境。例如，在编写 Java 程序时需要用到 JDK 开发环境。而 JRE 是支持 Java 程序运行的标准环境，包括 Java API 类库中的 Java SE API 子集和 Java 虚拟机，运行 Java 程序时需要用到 JRE。由于 JDK 中包含了 JRE，因此只要安装了 JDK 就可以编辑 Java 程序，也可以正常运行 Java 程序。但如果仅需要运行 Java 程序而无须进行开发，则可以仅安装 JRE 而无须安装 JDK。

根据用户选择的应用开发模式，在线开发的应用程序在平台上完成编译打包，离线开发的应用程序由用户自行编译打包，然后上传到平台指定的管理空间，由平台根据预定义或者规定的元数据信息进行解析，配置相关资源进行执行。对于 PaaS 用户而言，每位用户独立使用其服务，用户之间彼此互不相识，各自的应用互相独立，彼此互不影响。PaaS 可以根据用户应用的资源需求弹性地为用户提供资源，既能够保证不同负载压力下应用的正常访问，又能够最大化节约资源，避免不必要的浪费。与此同时，PaaS 会将多个用户的多个应用部署在同一台机器上，这些应用共用机器的资源。此时，保障隔离性、避免用户应用间彼此冲突，就是 PaaS 运行环境需要解决的问题。此外，由于独立的物理机器在资源弹性扩展方面也并不简单，应用所需资源的数量会发生变化，考虑应用创建与删除时资源的重新分配和回收，保障支撑用户应用运行的资源的可伸缩性和可复用性，也是 PaaS 运行环境需要解决的问题。

例如，有两个 Java 应用程序部署在同一台机器上执行，如果这两个应用程序在开发时使用的 JDK 版本不同，则其在执行时所需的 JRE 环境也不一样。因此需要进行特殊的配置，例如设置多个 JAVA_HOME 等，否则仅基于默认的安装将会很容易导致两个应用间的软件配置环境冲突。

[练习]在同一台物理机上同时安装部署两个不同版本的 JDK，基于不同版本的 JDK 各自开发一个 Java 应用，同时执行这两个应用。

又如，两个应用都需要使用 MySQL 数据库，如果所需的软件版本不一致，那么运行环境就需要同时安装两个软件版本分别供两个应用使用。但如果两个应用所需的 MySQL 数据库版本相同，则可以分别安装两个相同版本的 MySQL 数据库，也可以仅安装一个 MySQL 数据库，然后在使用时利用 MySQL 数据库的一些权限管理和用户管理功能来区分不同应用和不同用户。例如在 MySQL 数据库中建立两个数据库，再建立对应的用户分别供两个应用使用。通过这个例子不难看出，所谓的隔离性是一个相对的概念，其目的是保障被隔离的对象彼此之间尽可能少地互相影响对方。

隔离有多种实现方式，每种方式的隔离性和成本代价不一样。绝对的隔离通常就是物理上的隔离，但是成本过高；相对的隔离可以在一定程度上保障隔离性，但在一些特殊情况下仍然可能会造成互相影响，可以通过监控预警或容错等手段避免。比如在上述例子中，如果某个应用的数据库访问造成数据库崩溃，那么使用同一个数据库的其他应用可能会受到影响；如果分别安装两个相同版本的 MySQL 数据库，则不同数据库上的应用之间的影响就比较小，但如果由于数据库崩溃造成系统死机，则可能导致同一台机器上的应用都受到影响。

现在很多 PaaS 平台本身并不直接提供物理资源，而是使用 IaaS 服务。使用 IaaS 资源一方面仍然可以在 PaaS 自身构建隔离环境，另一方面也可以直接利用 IaaS 服务的功能，直接为每个应用分配独立的 IaaS 资源，类似使用独立的物理机。IaaS 服务本身就保障了资源间的隔离性，而且可以方便地实现资源的可伸缩性。

应用运行环境的可伸缩一方面包含硬件资源的可伸缩，比如通过虚拟机、容器等方式，使用虚拟化的手段而非直接使用物理机的方式提供硬件资源；另一方面还包含软件配置的可伸缩。以图书管理系统这样使用数据库的 Web 应用为例，应用常见的运行环境包括 Tomcat 应用服务器和 MySQL 数据库服务器。在部署运行时，可以将应用服务器和数据库服务器打包部署在同一个虚拟机节点上，如图 3-8(a)所示。当应用负载压力增加时，可以通过动态扩展节点的方式增加镜像节点，分摊应用负载压力。这样部署的好处是扩展方式简单，直接复制并进行简单配置即可。此外，也可以将应用服务器和数据库服务器分别部署在不同的虚拟机节点上，如图 3-8(b)所示，然后根据应用负载压力的具体情况，比如主要是应用服务器的访问压力还是数据库服务器的访问压力，酌情增加对应的节点。相比较而言，图 3-8(b)的部署方式在弹性扩展时的配置较图 3-8(a)要复杂得多，但是好处是可以根据负载情况更加有针对性地进行弹性扩展，而且避免了可能存在的资源竞争问题，可以更有针对性地为某种服务器扩充所需的资源。

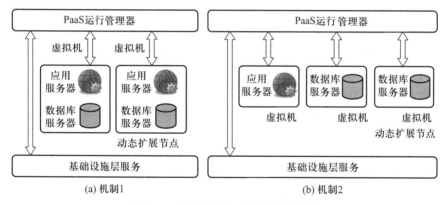

图 3-8　运行环境动态伸缩机制示例

3. 服务库与服务集成框架

实践证明，层次结构是应用软件系统常用且较好的一种结构。现代应用软件的层次通常包括应用层、使用其他应用的共享层以及支撑应用软件的中间件层和系统软件层。现代应用软件的开发需要大量调用各种相关软件功能，这些功能主要通过封装成服务的方式供应用软件使用，通过服务集成方式实现应用系统。PaaS 服务库包含大量的各种类型的服务，以便应用开发者使用。常见的服务包括以下几类：

① 存储服务。这类服务主要包括各种关系数据库，如 MySQL 等，以及非关系数据库，如 MongoDB、键值对数据库、图数据库等；文件系统或特殊类型存储系统，如分布式文件系统、视频存储系统等；缓存或内存型存储，如 MemCache、Redis 等，以及其他以存储为核心功能的相关服务(如云盘)等。

② 网络服务。这类服务主要包括建立各种专用网络和专用连接，如各种内

部网络、令牌环网、虚拟专用网(virtual private network，VPN)等；提供各种代理服务，如访问外网、教育网等各种类型网络的代理等；改善网络访问质量，提高网络访问响应速度和命中率的各种加速服务，如内容分发网络(content delivery network，CDN)以及各种其他网络加速器等。

③ 任务调度服务。这类服务主要包括定时任务、触发器、特定执行逻辑/流程编辑、故障迁移、负载均衡等。

④ 消息服务。这类服务主要包括提高消息吞吐量的服务，如消息队列等；特殊类型消息通信服务，如电子邮件、短信发送等，以及其他各种类型的消息推送、回复以及转发等。

⑤ 安全服务。这类服务用以保护应用系统相关的硬软件及数据等不因偶然或恶意原因而遭受破坏、更改、泄露，保障应用连续可靠正常地运行，服务不中断。具体包括网络防火墙、身份认证、访问控制、数据加解密、访问审查追踪等。

⑥ 检索服务。这类服务提供各种类型内容的搜索服务，包括常规的基于字符匹配的关键字检索、基于语义相似匹配的模糊检索、基于图像匹配的图像检索、音视频检索、问答/交互式检索，以及检索相关的进阶服务，如排行榜、热搜、热词等。

⑦ 音视频编解码及播放服务。这类服务主要包括音视频编解码服务，将录制好的视频进行格式化处理，对音视频文件进行各种格式的转换等；音视频处理服务，如进行加速、减速、音轨提取、合并，视频打码，分辨率调整等；音视频播放服务，对解码出来的音频和视频进行同步，以及提供播放器进行播放等。

⑧ 第三方服务。PaaS 还可接入第三方提供的相关服务，以便进一步扩展增强服务库功能。第三方服务由非 PaaS 运营商的独立的专业服务商以第三方角色提供，在 PaaS 平台上打包发布服务接口和使用规范，PaaS 起到传播媒介的作用，具体服务由第三方负责实现和保障质量。在实际服务过程中，根据商业模式的不同，可以采用 PaaS 运营商集中采购再转卖给用户的方式，也可以采用用户和第三方直接签订服务协议的方式。用户、PaaS 运营商和第三方服务商通过服务协议明确各自角色、责任和权益。第三方提供的服务种类繁多，除上述服务内容外，更多为一些具体业务领域的专业服务内容，如自然语言处理中的词库、分词服务、翻译服务、近义词/反义词查询等。也可以是一些应用类服务的功能接口，如基于电子地图的位置标识、位置查找、路线查找、导航等。

⑨ 运营服务。这类服务使得用户研发的应用能够直接部署上线，由平台负责保障运行，而且所需的成本很低。PaaS 的运营服务一方面包括稳定的应用运行支撑环境，包括各种基础设施资源和支撑软件，确保应用软件不会因为支撑环境的问题而导致不可访问；另一方面包括完善的运行管理与监控服务，使得用户能够了解到自己应用的用户访问情况，在面临诸如用户访问量激增等业务

增长压力时，能够通过负载平衡和资源的自动化扩展等方式帮助用户进行更好的应对。此外，使用 PaaS 的运营服务还可以方便地对应用进行迁移，进一步保障应用的可用性和容错性。PaaS 服务提供商还会对应用软件的系统优化和改进提供运营端的数据支撑和建议，以及版本更新和应用删除等服务。这些内容对于应用软件的持续改进优化具有重要意义，保障系统能够长期、稳定运行。尤其是对于一些中小团队，例如小型企业和初创企业，受限于人力、资金、经验等方面因素，其核心精力仅需专注于自身业务逻辑的开发，而对于软件上线之后的各种管理工作，则可以交给经验及资源更加丰富的 PaaS 服务提供商来完成。

在 PaaS 平台开发应用可以使用大量的服务来丰富应用的功能，有效降低应用开发成本，应用开发的代码和调用的各种服务通过服务集成框架进行整合实现和运行。例如，远程过程调用（remote procedure call，RPC）就是一种常见的较为简单的分布式服务集成方式。

早期的集成框架可以追溯到面向对象的集成。通用对象请求代理体系结构（common object request broker architecture，CORBA）是由对象管理组（Object Management Group，OMG）制订的一种标准的面向对象应用程序体系规范，是为解决分布式处理环境中硬件和软件系统的互连而提出的一种解决方案。CORBA 的底层结构是基于面向对象模型的，由 OMG 接口定义语言（OMG interface definition language，OMG IDL）、对象请求代理（object request broker，ORB）和网络 ORB 间协议（internet inter-ORB protocol，IIOP）组成。CORBA 使用接口定义语言编写对象接口，使得由各种不同语言编写的程序可以通过对象接口请求代理之间的相互通信实现。CORBA 对象的通信要以对象请求代理为中介，可以在多种流行通信协议（如 TCP/IP 或 IPX/SPX）之上实现。

面向服务的体系结构（service-oriented architecture，SOA）是一个组件模型，它将应用程序的不同功能单元拆分成服务，通过服务之间定义良好的接口和协议连接起来。接口采用中立的方式进行定义，SOA 独立于实现服务的硬件平台、操作系统和编程语言，使得构建在不同系统中的服务可以以一种统一和通用的方式进行交互。SOA 是一种粗粒度、松耦合的服务架构，服务通过 Web 服务描述语言（Web services description language，WSDL）描述接口，通过简单对象访问协议（simple object access protocol，SOAP）进行交互。

随着技术的发展，常见的服务集成框架还包括描述性状态传递（representational state transfer，REST）、异步 JavaScript 和 XML（asynchronous JavaScript and XML，AJAX）等。近年来，随着微服务概念的兴起，各种微服务框架也层出不穷，常见的框架包括面向 Java 的 Spring Boot、Spring Cloud、Dubbo、Dropwizard，面向 .Net 的 .NET Core、Service Fabric、Microdot Framework，面向 Node.js 的 Seneca，与 Go 语言相关的 Go-Kit、Goa，面向 Python 的 Nameko 等。微服务框架已成为目前很多大型互联网公司常见的服务集成框架之一。

3.3　软件即服务

微视频：
SaaS

软件即服务(SaaS)是将软件资源汇聚，根据用户的需求通过网络以服务的方式提供给用户[13]。人们通常意义上理解的软件，是指一系列按照特定顺序组织的计算机数据和指令的集合。根据使用用途可以将软件划分成系统软件、中间件和应用软件。在计算机科学与技术领域，软件除了计算机程序之外，还包含相关的数据和文档。因此，严格意义上来讲，将系统软件、中间件或者相关数据、文档等资源作为服务向用户提供也属于 SaaS 的范畴。

1. SaaS 与 IaaS、PaaS

通过 IaaS，用户可以拿到一台虚拟机，虚拟机上安装了基本的操作系统；通过 PaaS，用户可以使用数据库服务器。操作系统是一种系统软件，数据库是一种中间件，系统软件和中间件都是软件，那么这些服务似乎又属于 SaaS 的范畴，即将某种软件作为服务提供给用户，导致 SaaS 和 IaaS、PaaS 之间出现了混淆。在实际业务领域，随着技术的不断发展，各种服务本身就在不断延伸和互相渗透，IaaS、PaaS 和 SaaS 之间的确存在一些模糊地带，三种服务本身也是一种人为的定义，其划分并不十分清晰。

为了更好地界定清楚这个问题，需要从服务本身的概念出发。服务是以满足用户的需求为核心目的，所以在区分云服务的类型时，关键看用户的核心需求是什么。比如上述例子中，在 IaaS 中用户拿到了一台虚拟机，虚拟机上虽然安装了基本的操作系统，但是用户的核心需求是获取计算资源，操作系统是为了方便用户使用计算资源的配套而存在的。换言之，也可以仅提供给用户计算资源而不提供操作系统，只是使用不便而已。用户的核心需求是计算资源而不是操作系统，不能仅提供操作系统而没有计算资源。因此，虽然伴随有软件的提供，但这种服务仍属于 IaaS 而不适合归属于 SaaS。在 PaaS 中用户得到了数据库服务器，但是用户的核心需求是自身应用的开发平台和运行平台，数据库服务器是开发平台和运行平台的组成部分，用户的核心需求是为了支撑自身应用，而非获得数据库软件，数据库软件是独立于用户应用的中间件。因此，虽然伴随有软件的提供，但这种服务更适合归属于 PaaS，而非归属于 SaaS。类比其他领域的案例，比如高铁服务满足的用户核心需求是安全快速地将用户从 A 地运输到 B 地，虽然高铁上也有餐车可以提供餐食，但餐食服务仅是交通运输服务过程中的附加补充，因此从服务的分类角度，高铁服务显然属于交通运输类，而非餐饮类。

SaaS 主要面向用户对软件的使用需求，尤其是应用类软件的使用需求。虽然使用应用软件时需要系统软件和中间件的支撑，但对于用户而言，其核心需求是应用软件，系统软件和中间件对用户不可见。SaaS 服务提供商负责软件的部署和管理，将软件使用开放给用户。用户使用 SaaS 类似于使用本机上的应用软件，但是区别在于本机的应用软件需要用户自行安装和管理，而 SaaS 则来源于网络，软件安装部署在云端，用户无须关心诸如软件的安装、部署、升级等事宜，仅需直接使用。某些 SaaS 还可以根据用户的需求进行进一步个性化定制。

2. 云应用软件的分类与典型应用

根据长尾理论，考虑应用软件的使用受众覆盖和用户数量占比分类，云应用软件可以进一步分为以下三类，如图 3-9 所示：

① 核心应用软件。此类软件应用数量少，单位应用用户量很大，面向广大受众。

② 主流应用软件。此类软件应用数量较少，单位应用用户量较大，在某一特定领域占主导地位。

③ 个性化应用软件。此类软件应用数量繁多，单位应用用户量较少。

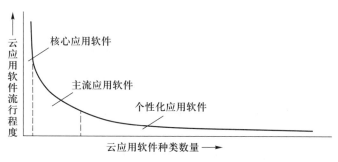

图 3-9　基于长尾理论的云应用软件分类

代表性核心应用软件如电子地图。电子地图的受众用户面广，无特定行业、领域要求，用户数量庞大，厂商和应用数量少。常见的电子地图厂家有百度地图、腾讯地图、高德地图、谷歌地图等。这些电子地图在 PC 端都可以通过 Web 方式打开，使用方便，无须用户额外安装，相关功能所需的计算不在用户本地。用户本地主要是显示和交互操作，地图本身的更新等操作均在后台完成。类似电子地图的使用模式，谷歌公司曾经推出一款办公类应用 Google Docs，对标微软的 Office 软件，相当于网页版的 Office，无须用户安装软件，通过 Web 方式即可打开编辑文档或者演示文稿，文件保存在云端。

主流应用软件的代表性案例是 Salesforce 的客户关系管理（Customer Relationship Management，CRM）系统。CRM 系统是企业选择和管理有价值客户及其关系的商业策略支持软件。传统的管理软件需要用户自行安装并维护服务器，Salesforce CRM 是全球范围内拥有用户数最多的在线客户关系管理平台，是用于销售、服务、营销和呼叫中心运营的简单易用的基于 Web 的 CRM 解决方案。Salesforce CRM 是一个面向业务的专用软件，其受众不像电子地图那样广泛，具有特定功能，适用于专业人群。由于 Salesforce CRM 的用户可能来自不同行业领域，比如金融、制造、交通运输等，不同行业领域的客户关系管理有一定的共性成分，也有行业领域独有的内容，因此 Salesforce CRM 需要能够支持一定程度的个性化设置，以满足不同用户的需要。

　　个性化应用软件是长尾理论中的"长尾"部分。其数量众多，每个应用的功能极为有限，服务的用户数量很少。传统商业模式下，为少量用户开发一款特定的应用并进行运营维护，对于大厂商而言是无利可图的。但在云服务模式下，可以由诸多小的企业、团队甚至个体来完成应用的研发，并将运维交于云端。因为长尾很长，个性化应用总的销量以及利润甚至可以与前面两类应用相媲美，通过应用商店等渠道，单个应用本身的营销成本极低。混搭应用（mashup）集成是个性化应用开发的主要特点。在应用中，一个功能经常需要传参调用另一个应用或方法，传统模式下调用的是本机的应用和方法，但在云服务模式下，可以通过网络调用另外一台机器或者其他服务商提供的内容，从应用的整体角度来讲就是混搭应用集成。最常见的混搭应用集成是目前经常用到的各种基于地图的软件，比如大众点评应用使用的地图集成了地图厂商的服务，地图软件作为一个软件服务供大众点评应用调用，地图软件需要暴露相应的接口。将开发的应用通过封装成软件服务供其他应用调用，这样可以极大地丰富软件的功能，使得各种功能通过合理的编排组合形成更多、更为强大的功能，以便满足不同用户各种类型的需求。

　　一个典型的案例是光学字符阅读器（optical character reader，OCR），即电子设备以图像的方式（如照片）等进行输入，通过检测明暗对比的方式识别图像中包含字符的区域，并通过字符识别方法识别区域中图像形状对应的文字字符，按照文本方式进行输出。OCR 是一个基本的文本识别功能，可以作为一个独立的应用单独使用，比如用户上传一张图片，然后应用返回用户图片中的文字。面向单用户使用，OCR 的价值发挥有限，目前基于 OCR 进一步开发出了很多应用，实现了更大的价值。比如停车场进出卡口可以通过 OCR 自动识别进出场车辆的车牌号，然后根据进出场时间自动计算所需缴纳的停车费用，辅以电子支付和自动抬杆等手段，实现无人化自动停车管理。再如家长可以将孩子的数学口算习题拍照，利用 OCR 自动识别计算算式和结果，通过机器计算答案并进行比对，自动给出成绩和错误提醒，实现快速自动作业批改。自动停车管理和自动作业批改是不同领域利用 OCR 的创新应用，这种创新能够进一步发挥 OCR 应用的价值。

　　SaaS 中服务的功能多种多样而且在不断丰富，满足用户层出不穷的新服务需求。这些服务在使用和实现上具有如下共性特征：

　　① 通过网络的方式访问。用户端只负责基本的数据输入和交互，将计算的事务放在云端解决。

　　② 采用租用模式，无须购买，按用计费。用户无须在本地安装软件副本，而是直接使用软件。

　　③ 使用简单，几乎无须安装，也无须维护管理。对用户本地的硬件资源占用较少，使用门槛低。

　　④ 虽然 SaaS 面向多个用户，但每个用户在使用服务时感觉都是在独享该服务。SaaS 是软件领域商业模式和技术模式的一次升级，改变了软件传统的使

用方式,用户无须购买软件,也无须关心软件的安装和升级,改变了软件销售的方式,也更有利于知识产权的保护。

SaaS 也更有利于软件的创新,一方面,软件本身的功能无须任何变动,仅需提供服务接口,可以通过各种组合方式进行扩展;另一方面,这种扩展模式可以复制,通过类似的"套路"产生更多新的应用。例如,前面介绍的 OCR 功能通过进一步组合可以产生自动停车管理和自动作业批改等新的应用,而且这种创新"套路"可以进一步重用到其他自动识别应用,比如利用图像识别技术进行人脸识别的自动安防门禁,以及自动识别昆虫、植物等科普类教育应用。

3. Serverless 的概念与对函数的使用与管理

虽然云应用已经非常普及,但是它从核心形态上仍然没有摆脱传统的以服务器为中心的模式。随着技术的进一步发展,尤其是移动互联网的发展,智能手机等移动终端设备越来越成为人们生活密不可分的一部分。移动终端设备自带网络连接,用户交互友好,具备图像、语音、文字等多种输入手段,但是计算、存储和能源容量有限。移动终端设备的这些特点更加符合 SaaS 的应用场景,也使得云应用得到了进一步发展。如今,云应用正朝着去服务器化的方向发展,这将对应用程序的创建和使用产生重大影响,"Serverless"概念应运而生。

Serverless 直译指无服务器。所谓的无服务器并非是指不需要依靠服务器等资源,而是指软件开发者无须关注服务器的问题,可以更加专注于软件本身。虽然 PaaS 也有类似的思想,但在早期传统的 PaaS 中,服务器仍然作为一个独立的概念存在于应用的开发和运行过程中,只是用户无须过多关注服务器层面。Serverless 是一种构建和管理基于微服务架构的完整流程,允许用户在服务部署级别而非服务器部署级别来管理用户的应用部署,计算资源作为服务出现,而不是作为服务器的概念出现。与传统架构的不同之处在于,它完全由第三方管理,由事件触发,存在于无状态(stateless),暂存(可能只存在于一次调用的过程中)在计算容器内。Serverless 部署应用无须涉及更多的基础设施建设,就可以基本实现自动构建、部署和启动服务。Serverless 架构允许用户以一种更加"代码碎片化"的方式开发软件,将软件服务更加细粒度到函数层面,通过函数即服务(function as a services,FaaS)的组合构建自己的代码。FaaS 和对应的支撑服务——后端即服务(backend as a service,BaaS)共同构成了 Serverless。云原生计算基金会(Cloud Native Computing Foundation,CNCF)的 WG-无服务器白皮书(CNCF WG-Serverless Whitepaper)V1.0 中指出,Serverless 是指构建和运行不需要服务器管理的应用程序概念,它描述了一种更细粒度的部署模型,其中将应用程序打包为一个或多个功能函数上传到平台,然后执行、扩展和计费,以响应当时确切的需求。

Serverless 中对函数的使用和管理包括函数操作、函数版本控制和别名、事件源与函数关联、函数及工作流要求、函数调用等。

① 函数操作。Serverless 框架通过一系列操作管理控制函数的生存周期,包括创建新函数、发布函数新版本、更新函数版本别名或标签、执行/调用函

数、将函数的特定版本与触发事件源连接、获取函数元数据和规格、更新修改函数的最新版本、删除函数的特定版本或所有版本的函数、显示函数及其元数据的列表、获取函数运行使用情况的统计信息、获取函数生成的日志等。

② 函数版本控制和别名。一个函数可能具有多个版本，使用户能够运行不同级别的代码，如 beta 版、AB 测试等。版本控制默认使用函数的最新版本，当同一函数有多个版本时，用户必须指定要操作的函数版本以及如何在不同版本之间划分事件流量。用户可以选择冻结某个版本并为创建的新版本设置别名和标签。

③ 事件源与函数关联。Serverless 框架通过事件源触发事件调用函数，事件源的主要类型包括：事件和消息传递服务（event and messaging service），例如 RabbitMQ、MQTT、SES、SNS、Google Pub/Sub 等；存储服务（storage service），例如 S3、DynamoDB、Kinesis、Cognito、Google Cloud Storage，Azure Blob、iguazio V3IO 等；端点服务（endpoint service），例如物联网、HTTP 网关、移动设备、Alexa、Google Cloud Endpoint 等；配置存储库，例如 Git、CodeCommit 等；使用特定于语言 SDK 的用户应用程序；定期调用函数等。函数和事件源之间存在多对多的映射。每个事件源可能用于调用多个函数，一个函数可以被多个事件源触发调用。事件源映射到函数的特定版本或函数的别名，后者提供了一种用于更改函数并部署新版本的方法而无须更改事件关联。一个事件源可以同时关联同一个函数的不同版本，并为每个版本分配不同的流量。函数在创建之后就需要关联事件源，用以调用函数。

④ 函数及工作流要求。函数要求规定了函数在运行时需要满足的一系列要求，例如函数必须与不同事件类的基础实现分离，可以从多个事件源调用函数，无须为每个调用方法使用不同的函数，事件源可以调用多个函数；函数运行时应尽可能减少事件序列化和反序列化的开销，同一个应用程序中不同的函数可以使用不同的语言编写等。函数可能需要一种与基础平台服务进行持久绑定的机制，甚至是跨函数调用，以便降低短寿命函数频繁调用时的引导开销，尤其是使用外部数据源时。

多个函数可以通过建立工作流的方式关联使用，将一个函数的输出作为另一个函数的输入，前序函数生成结果之后触发后序函数调用。函数作为工作流的一部分被调用时可以定义一些触发逻辑，例如"and/or"或者事件组合等。一个事件可能触发按顺序或并行执行的多个函数，工作流可能会收到不同的事件或函数结果，将触发分支切换到不同的函数，函数的部分或全部结果作为输入传递给另一个函数。

⑤ 函数调用。函数调用可以采用多种不同方式，包括同步请求（Req/Rep），如 HTTP 请求、gRPC 调用等，在发出请求后等待立即响应；异步消息队列请求（发布/订阅），如 RabbitMQ、SNS、MQTT、电子邮件、对象（S3）更改、计划事件等，消息发布到消息队列并分发给订阅者，然后由订阅者分别处理；消息/记录流，如 Kafka、Kinesis、AWS DynamoDB Streams 等，从消息、数

据库更新日志或 CSV、Json 等文件生成流，将流划分成多个分区/分片分别处理；批量作业，如 ETL 作业、分布式机器学习作业等，作业被调度或提交到队列，在运行时使用并行的多个函数实例进行处理，每个函数实例处理工作集的一个或多个部分。

需要注意的是，Serverless 并不是 SaaS 的一种，也不能简单看作是 PaaS 和 SaaS 的结合。Serverless 是云服务发展的新阶段，随着 IT 资源不断地封装服务化，从 IaaS 到 PaaS，再到 SaaS，被封装的内容越来越丰富，Serverless 是在 SaaS 基础之上进一步演进的结果。随着用户对 IT 需求的不断变化，云服务仍在进一步演进和发展中，并将持续演进和发展下去。

思考题

1. 什么是 IaaS？

2. 了解自己使用的无线路由器都有哪些管理控制功能，思考这些功能的作用，并自行设计管理控制功能的一种可能的实现逻辑。

3. 常见的 IaaS 服务厂商有哪些，分别提供了哪些产品？这些产品中包含了哪些服务，这些服务是如何计费的？

4. 云服务、虚拟机管理器、单机操作系统上的资源监控手段有哪些，分别监控了哪些资源并且监控采集了这些资源的什么信息？

5. 什么是 PaaS？

6. 从使用者的角度，分析 IDE、PaaS 代码编辑器、文本编辑器在代码编写、库调用、编译执行、debug 调试等方面有什么区别？

7. 结合自己开发过的 Web 应用，分析多个 Web 应用部署在同一台机器上执行时可能遇到的冲突情况有哪些，可以采取哪些隔离措施，并简述隔离效果。

8. 服务集成框架有哪些，常见的微服务框架有哪些？

9. 什么是 SaaS？

10. IaaS、PaaS 和 SaaS 的主要区别是什么？

11. 什么是 Serverless？

12. 什么是应用补丁？开发一个简单的移动 App，尝试开发该 App 的补丁并为移动应用进行升级。

13. 对比代表性 PaaS 平台的服务功能，并简述哪些区别？

14. 安装并使用开源的资源监控管理软件 Zabbix，设置一些预警策略，观察了解自动化资源监控的过程。

第二部分　虚　拟　化

　　本部分将简要介绍云计算技术的重要组成部分之一——虚拟化，包括虚拟化技术概述、虚拟机虚拟化、容器虚拟化，以及虚拟化概念进一步扩展之后的广义虚拟化；概述虚拟化资源管理工具，并以开源工具 OpenStack 和 Kubernetes 为例，介绍虚拟机管理和容器管理的相关内容。

第4章 虚拟化技术

在前面的章节中我们了解到，云计算是一种能够将动态伸缩的虚拟化资源通过互联网以服务的方式提供给用户的计算模式。将实际的物理的各种资源虚拟化，在计算机世界中进行表示和管理，是构建云服务的重要前提。本章将主要介绍如何将 IT 资源进行虚拟化，还将进一步扩展思路，探索非 IT 资源的虚拟化。

4.1　虚拟化技术概述

4.1.1　云计算与虚拟化

云计算的核心思想是服务，将计算、存储、网络、开发平台、应用软件等 IT 资源服务化，也就是将资源 X 作为一种网络服务（X as a service，XaaS）。为了实现这种服务，首先需要建立一个服务资源池，将资源汇聚在资源池中，然后根据用户的服务需求，选取匹配合适的资源提供给用户。在本书第 2 章 2.1.3 小节服务资源池的共性问题中，我们分析了建立服务资源池需要解决的服务资源描述和访问问题。服务资源池对服务资源的汇聚是逻辑上的汇聚，是将服务资源在 IT 系统中表示之后的汇聚，用户通过网络访问服务资源池，对服务资源进行需求。服务资源池在 IT 层面对服务资源进行管理控制，用户或者服务资源池利用服务资源提供的访问接口通过网络进行访问。物理上服务资源可以汇聚在一起，也可以分散在不同地点，服务资源通过访问接口接收到网络发送过来的访问请求并提供服务。虚拟化技术就是实现上述过程，将各种服务资源在 IT 世界中抽象化描述和访问的技术。

微视频：
虚拟化技术
概述

1. 虚拟相对于真实

我们仍以常见的学生管理系统和图书管理系统案例为例，当有新生入学或者新书入库时，学校或者图书馆首先需要为新生和新书建"账"。某位学生或者某本图书就转换成在数据库表中的一条记录，例如学生记录常包括学号、姓名、身份证号、年级、性别、所属院系等，图书记录常包括 ID、书名、作者、出版社、图书分类号等。现实世界中，具体的某位学生或者某本图书是一个客观存在的物理实体，我们该如何理解与之相对应的这个"账"？第一，它体现了现实世界中物理存在的事物，使之在 IT 世界中有所描述和表示。第二，它提供了在 IT 世界中可供管理的操作和访问的接口。有了这个"账"，我们就可以把现实世界的各种操作流程转变到 IT 世界之中，充分发挥 IT 系统在信息存储、检索、传递等方面带来的低成本高效率的优势，实现对现实业务的 IT 化改造。

比如在图书馆借书，虽然图书最后是在现实世界中被借走，但是对于该书的管理工作，实际上主要是在 IT 世界中通过"账"的操作来进行的。在 IT 世界中，从某种意义上来讲，"账"就代表了这本书，用户在图书馆系统中可以通过"账"的检索浏览来选择图书，图书馆通过"账"的操作来标记该书已被借出或已被还回。相应的业务逻辑和管理控制策略也可以通过"账"来实现，比如某类用户最多可以同时借 5 本书，或者 1 本书最多允许借 30 天。

实际上，我们现在很多新的服务模式，如电商购物、外卖订餐等，都是将现实世界的资源在 IT 系统中进行描述表示，然后进行检索浏览和资源管理，再将 IT 系统和现实世界建立起关联映射，由现实世界提供真实的物理资源。

2. 单机 IT 资源的管理

当用户需求的资源是 IT 资源时，如计算、存储、网络、开发平台、应用软件等，仍可采用相同的模式进行处理——将这些资源在 IT 系统中进行表示描述，通过管控软件进行管理，当需要使用资源时通过接口的方式进行访问。我们在使用单机资源时，通常通过操作系统来完成上述过程。操作系统能有效管理软硬件资源，合理组织工作流程，向用户提供服务，使用户方便地使用计算机，并使整个计算机系统能高效地运行[5]。

操作系统管理的是单机的 IT 资源，直接访问资源本身。比如以 CPU 的使用为例，计算机中的 CPU 是分时间片工作的，操作系统根据调度策略为每个进程分配若干 CPU 时钟，CPU 运行之后得到运行结果。在运行过程中，有时会根据需要对进程进行暂停，比如中断，先将进程挂起，暂存中间结果，等到 CPU 空闲时再让该进程继续占有 CPU 资源，即重新唤醒。

单机资源调度的问题在于，一是性能有限、扩展不便而且很难弹性扩展；二是容错能力较低，如果资源出现故障将直接导致系统不可用。试想一下这样的应用场景，如果 A 机器的 CPU 比较忙，但 B 机器和 C 机器相对空闲，那么在进行任务分配时，如果可以站在更高的层级进行管理，将计算任务传输给 B 机器，由 B 机器的 CPU 执行完毕后再将结果返回，这样就可以方便地实现计算能力的扩展，从整体角度获得更好的性能，并且可以通过管控策略进行资源分配配额限度的弹性管控。一旦某台机器的设备出现问题，也可以通过将任务分配给其他机器保证整体的可用性。为了实现这一目标，在资源使用上需要进行方式的调整，增加一个更高层次的逻辑管控层，将传统的直接使用转变成通过逻辑管控层以接口的方式进行调用，这就是虚拟化。

3. 虚拟化的含义与典型架构

虚拟化是表示计算机资源的抽象方法。通过虚拟化可以用与访问抽象前资源一致的方法来访问抽象后的资源，这种资源的抽象方法并不受实现、地理位置或底层资源的物理配置限制[15]。通过虚拟化的方式使用资源，使得资源可以脱离原有环境，以一种松耦合的方式组合使用，从而具有更好的灵活性。但这种方式使用效率比传统紧耦合方式要低，这是由于增加了映射层次造成的。

虚拟化的对象是各种各样的资源，虚拟化后的逻辑资源对用户隐藏了不必要的细节，用户可以在虚拟环境中使用资源在真实环境中的部分或全部功能。从资源使用者的角度来看，由于资源的访问方式并没有发生变化，因此使用的是虚拟化的资源还是真实的资源其实并没有任何区别。所以使用者无须因为资源是否虚拟化而发生任何变化，这也给虚拟化的应用和普及带来了便利。使用虚拟化的资源替代直接使用真实资源，不需要对上层应用进行改动。

云是一种平台模式，将资源汇聚再以服务的方式提供。云中的汇聚指的不是物理上的汇聚，而是虚拟化后的资源的汇聚。以服务的方式提供，实际上是对资源的"虚体"进行检索、浏览，通过"虚体"实现对"实体"的管理。虽然实际的使用仍然是"实体"，但是需要通过虚拟化的接口访问。例如，云盘提供了存储能力，但云盘的相关管控操作都是在虚拟化的逻辑层进行，数据最终需要存储在实际的物理硬盘上，实际的物理硬盘可能分散在不同的节点和区域。所以说，虚拟化是云的基础，而且虚拟化技术的概念并不是在云计算被提出之后才出现的，而是早在 20 世纪 50 年代，在计算机问世后不久就被首次提出。在 20 世纪 60 年代，虚拟化技术已在大型机上广泛应用。在云计算概念出现之前，虚拟化这种使用和管理 IT 资源的方式和思想已被广泛应用于 IT 领域的各个分支之中，如虚拟内存、基于 x86 体系结构的服务器虚拟化技术等。

实际上，我们日常工作和生活中在使用计算机时已在使用虚拟化技术。例如，我们经常使用的局域网主要都是虚拟局域网(virtual local area network，VLAN)；在需要从外部访问某些特定的内部网络时，我们可以使用虚拟专用网络(VPN)；在单机的操作系统中，通常会将一部分磁盘空间当作虚拟内存；使用 Java 语言开发的程序在运行时需要 Java 虚拟机等。

在第 1 章虚拟机体验实验中，计算机上安装有物理机的操作系统，然后又安装了虚拟化软件 VMware Workstation，通过虚拟化软件创建了虚拟机，再给虚拟机安装了虚拟机的操作系统，整体架构如图 4-1 所示。

在使用虚拟机的操作系统时，从用户的角度来看，各种操作与使用物理机的操作系统没有区别。对于操作系统软件而言，操作系统也是通过访问硬件的软件接口，如驱动程序等来访问硬件。但是与物理机的操作系统不同的是，虚拟机的操作系统管理的只是虚拟化软件分配给虚拟机的资源。从逻辑上看，虚拟机的操作系统并不直接操作硬件，而是访问虚拟化软件仿真出来的"硬件"。虚拟化软件为虚拟机的操作系统提供了一种与物理硬件访问方式一致的模拟的"硬件"访问接口。虚拟机运行所需的各种硬件资源，如 CPU 时钟、内存空间等最终是由物理机硬件提供，但是对于物理机的操作系统而言，虚拟机实际上只是运行在物理机上的一种软件。

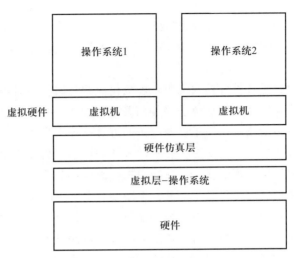

图 4-1　虚拟化典型架构

[**练习**]创建虚拟机并为虚拟机分配资源，观察是否可以创建比物理机性能更好或者相近的虚拟机。

通过软件方式模拟硬件的访问，使得上层的访问与底层的真实硬件相分离，增加了一个管理控制层，这个管理控制层一般称为 Hypervisor 或虚拟机监视器(virtual machine monitor，VMM)。Hypervisor 是一种运行在物理机硬件和虚拟机操作系统之间的中间件，是虚拟环境的"元"操作系统。类似操作系统管理协调各种软件对计算机硬件资源的访问使用，Hypervisor 管理协调多个虚拟机上的操作系统和应用软件对物理机硬件资源的访问，同时还对各个虚拟机进行隔离防护。Hypervisor 会额外产生开销，所以虚拟化一般无法带来性能上的提升，但是它使虚拟机上的软件免去与复杂的物理机硬件打交道，无论底层使用何种物理机、硬件存在何种差异，对于上层的虚拟机而言，其对应的只有 Hypervisor 提供的访问接口。这些接口对上是统一的访问方式，与具体的硬件无关，使兼容性得到极大的提高，有助于降低使用门槛和使用成本，更便于管理和运营。

4.1.2　什么是服务器

服务器是一种普通用户需要通过网络才能访问的、性能较高的商用计算机，可向多个用户提供计算、数据、文件、电子邮件、打印、游戏等各种应用服务[5]。服务器在网络中为其他机器，如终端设备或其他服务器提供计算或应用服务，是实现云服务的核心物理设备，云端的各种服务需要通过服务器进行实现。服务器具有高速 CPU 运算、长时间可靠运行、强大的 I/O 外部数据吞吐以及更好的扩展性等功能，能够响应服务请求、承担服务与保障服务。根据服务器响应服务的种类，服务器可以分为计算服务器、存储服务器、网络通信服务器等，分别承担计算、存储或者网络传输等任务。

服务器的内部架构与普通计算机的架构相近，也是采用冯·诺依曼结构，包括 CPU、硬盘、内存等。根据处理器的体系结构，服务器可以分为采用复杂指令集计算机(complex instruction set computer, CISC)架构的 IA 架构服务器和采用精简指令集计算机(reduced instruction set computer, RISC)架构的 RISC 架构服务器。

根据外形和部署形式，服务器又可以分为机架式服务器、刀片服务器、塔式服务器和机柜式服务器，如图 4-2 所示。大型专用机房在部署服务器时需要考虑服务器的体积、功耗、发热量等物理参数，合理部署安装摆放，以便实现最优空间和良好散热，且方便网络、电力等线路系统部署。

图 4-2 各种类型的服务器

① 机架式服务器的外观类似交换机，机械尺寸符合 19 英寸(48.26 cm)服务器机架工业标准，通常以高度"U"作为规格描述，1 U＝4.45 cm。常见的机架式服务器有 1U、2U、4U、6U、8U 等。

② 刀片式服务器是指在标准高度的机架式机箱内可插装多个卡式的服务器单元，实现高可用和高密度。每一块刀片实际上就是一块系统主板，通过板载硬盘启动自己的操作系统。每一块刀片可以分别运行自己的系统服务于不同的用户群。虽然刀片服务器的单片性能有限，但是支持通过系统软件将多个刀片整合成服务器集群，在集群模式下，集群内的刀片可以连接起来共享资源为同一个用户群服务。这样，通过增加集群刀片数量可以方便地扩展集群整体性能，并且刀片支持热插拔，可以无须关闭集群而进行替换，方便维护。

③ 塔式服务器的外观和结构与常见的立式个人计算机的机箱类似，但由于服务器的性能要求更高，服务器主板远大于普通个人计算机的主板，主板上的插槽和接口数量更多，因此塔式服务器的机箱的体积也比普通个人计算机的立式机箱要大，需要预留充足的内部空间进行硬件扩展和便于散热。

④ 机柜式服务器是通过机柜将服务器(如机架式、刀片式服务器)和其他

设备单元整合在一起形成的整体单元。服务器机柜由框架和机柜门组成，用来组合安装面板、插件、插箱、电子元件、器件和机械零件与部件，使其构成一个整体的安装箱。机柜一般为长方体，落地放置，具有良好的技术性能，比如具有良好的刚度和强度以及良好的电磁隔离、接地、噪声隔离、通风散热等性能，能够抗振动、抗冲击、耐腐蚀、防尘、防水、防辐射等，为机柜内设备提供正常工作所需的环境和安全防护。一些机柜的柜门还具有监控显示和触摸操作等功能。

由于服务器的性能和可靠性要求比较高，服务器专用硬件与普通个人计算机硬件具有较大的差别，比如服务器硬盘通常可靠性更高、支持热插拔，但单位存储容量的价格也更加昂贵。为了节约成本，现在一些厂商通过廉价的个人计算机硬件替换昂贵的服务器专用硬件来构建服务器，但是这类硬件的可靠性远不如服务器专用硬件，需要额外的容错和可靠性保障机制。服务器的软件也与普通个人计算机上的软件不同，比如操作系统等。由于服务器的核心作用是响应和满足服务请求，并不像个人计算机那样强调易用性和交互友好，其使用也不像个人计算机那样简单容易上手，某些专用的大型服务器，如 IBM 公司的 Z 系列服务器、P 系列服务器等甚至需要使用者经过长时间的专业培训才能够使用。此外，由于服务器并不面向大众，而是仅供专业领域人员使用，所以服务器版本的软件的通用性也相对较差，不同厂商、不同型号服务器之间经常无法通用。服务器的这些特点，使得虚拟化思想在服务器上应用能够极大地改善服务器的使用条件，对下针对不同的服务器提供单独的适配，对上提供统一的访问方式和接口，以便降低服务器使用难度和门槛。

4.1.3 服务器管理问题

随着网络时代的到来，服务器的数量急剧增长，其自身成本以及电力成本等开销也在不断增长，导致服务器的整体管理开销在不断快速增长（图4-3），面临各种各样的管理问题。

大型数据中心的机房通常部署安装有许多服务器，支撑各式各样的项目。服务器管理常见的业务场景如下（图 4-4）：

1. 服务器整合

随着时间的推移，新机型服务器的性能要强于旧机型服务器。假如之前有三个项目，每个项目需要由一台服务器支撑，如今可能一台新服务器的性能就足以支撑这三个项目。因此可将之前分别运行在多台旧服务器上的项目整合到一台新服务器上，减少实际需要的服务器数量，进而降低电力等能源消耗和服务器的管理开销。

2. 任务集中

服务器在日常使用时，由于计算任务本身的资源消耗波动，可能导致服务器的性能没有得到充分的发挥，可以通过负载均衡或其他运行管控措施，将运行在多个服务器上的内容迁移到一台服务器上，从而减少实际运行的服务器数量，方便对服务器进行运营维护，并节约能源。

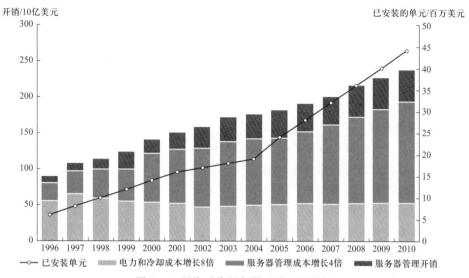

图 4-3　网络时代服务器开销急剧增长

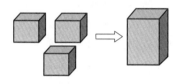

服务器整合
用数量更少、功能更强大的服务器来替换小型服务器
或者技术过时的服务器，从而减少服务器的实际数量

任务集中
又称合并，将多个服务器上的运行内容迁移到同一台服
务器中，从而减少实际运行的服务器数量

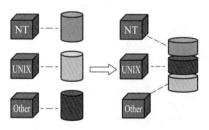

数据集成
将不同来源的数据集成到统一的数据库中，或者采用能够
集中管理并增强控制的格式

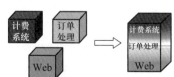

应用集成
将若干小的应用通过业务逻辑设置和管控合并形成规模
更大的应用，以便使用

图 4-4　服务器管理常见的业务场景

3. 数据集成

数据集成是将不同来源的数据集成到统一的库中，然后进行相应的管控或者构建新的应用。例如政府部门或者一些大的集团企业，可能在不同时期或者针对不同业务分别建有业务系统，这些业务系统分别有各自的数据存储，政府部门或集团企业希望能够将这些分散在不同业务系统中的数据汇聚起来，开展进一步的综合应用。这就需要使用新的数据服务器来汇总旧服务器上的数据内容。

4. 应用集成

将若干小的应用通过业务逻辑设置和管控合并形成规模更大的应用，以便使用。小的应用起先分别由多台旧的服务器进行业务支撑，现在需要汇总到新的服务器或者通过新的服务器进行统一调用和管理。

上述业务场景都是服务器管理常见的业务场景，需要相应的技术解决方案来解决诸如成本、可靠性以及管理难度等一系列问题。例如随着数量的增加，服务器占用的堆放空间也越来越大，一方面会带来大量的土地、房屋等空间成本的开销，另一方面也会给故障排查、日常管理带来影响。为了保障服务器运行的可靠性，一般需要多套线路系统，如电力、网络等进行冗余式保障，避免线路系统设备出现问题导致服务器不可用，而多线路系统连接多台服务器会给布线和管理等带来巨大挑战。图 4-5 所示即为复杂布线服务器示例。此外，由于服务器使用不便，服务器的管理维护、巡检和故障排查等需要专业的知识技能，聘用专业人员或对人员进行新/旧机型的业务培训也是一笔不菲的开销。

图 4-5　复杂布线服务器示例

服务器虚拟化是将虚拟化技术应用于服务器硬件上的一种技术解决方案，能够有效降低服务器的使用和管理开销。服务器虚拟化在一台物理的服务器上构建出多台虚拟的服务器分别服务于不同的对象，通过资源管理和镜像使用等手段快速搭建计算环境、便捷地进行内容迁移，并对虚拟服务器进行资源动态调配。虚拟化技术为服务器提供了支持运行和使用的各种硬件资源的抽象手段，包括虚拟 BIOS、虚拟 CPU、虚拟内存、虚拟磁盘、虚拟 I/O 设备、虚拟网络等，虚拟化后的服务器相较物理服务器，在使用和管理维护上都更加简单和便利。

服务器虚拟化技术最早在 IBM 公司的大型机中被使用。此后业界各大公司也分别推出了相应的解决方案，代表性的包括 Citrix、Microsoft、Cisco 等。20世纪 90 年代，VMware 公司将服务器虚拟化技术引入 x86 平台，在进入 21 世纪之后得到了广泛的应用。现在，服务器虚拟化技术已成为服务器使用和管理的主要方式。目前业界对服务器进行虚拟化主要采取建立虚拟机或容器的方式。

4.2 虚拟机虚拟化

虚拟机指通过软件模拟的具有完整硬件系统功能，且运行在一个完全隔离环境中的完整的计算机系统。在虚拟机中可以实现物理计算机中能够完成的各种功能。虚拟机虚拟化根据物理计算机的功能主要包括：计算虚拟化、存储虚拟化、设备与 I/O 虚拟化和网络虚拟化。

4.2.1 计算虚拟化

计算虚拟化是指通过虚拟化技术将物理计算设备抽象成虚拟计算设备，操作系统将计算指令交由虚拟计算设备完成。目前服务器中的计算设备主要指中央处理器（central processing unit，CPU）和图形处理器（graphics processing unit，GPU），计算虚拟化主要是 CPU 虚拟化和 GPU 虚拟化。

1. CPU 虚拟化

CPU 是计算机系统的运算和控制核心，是信息处理、程序运行的最终执行单元[16]。CPU 完成的计算任务的最小单元是计算指令，计算机程序是一系列按一定顺序排列的指令集合。CPU 所能完成的指令的集合称为指令集，不同企业、不同型号的 CPU 所能完成的指令集是一样的。

目前主流的 CPU 均为多核处理器。CPU 内部有多个计算单元，即多个"核"。CPU 通过内部架构完成计算指令任务的分配，但从 CPU 外部使用角度来看，多核 CPU 仍以一个完整的 CPU 形态被使用。由于 CPU 的计算速度非常快，频率极高，目前操作系统对 CPU 的使用是按时间片轮转的方式进行的。对于单 CPU 机器，在操作系统中虽然同时执行多个进程，但是这些进程实际上分别各占用一段 CPU 时钟，各个进程的计算指令在 CPU 中是顺序执行的，由操作系统进行顺序控制，并允许通过中断等手段进行"插队"，只是由于 CPU 频率极快，所以感觉上好像是"同时"在被执行。

（1）CPU 虚拟化的含义

CPU 虚拟化是指虚拟化软件提供与使用物理 CPU 一致的接口，以接收计算指令和返回计算结果。与直接使用物理 CPU 不同的是，通过虚拟化接口接收的计算指令不再是直接交予 CPU 执行，而是作为物理机上一个进程的计算指令被调度。因此，CPU 虚拟化本质上是 CPU 计算指令序列的调度问题。例如，在物理机上安装了两台虚拟机，两台虚拟机上分别安装操作系统和执行应用程序。虚拟机上的应用程序运行在虚拟机操作系统上，虚拟机分别形成包含应用程序和自身操作系统的指令序列，然后两台虚拟机的指令序列汇总提交到物理机上，和物理机上其他应用程序和物理机操作系统的指令序列一起，由物理机操作系统进行重新排序运行。

在 x86 体系结构[17]下，CPU 的计算指令有 4 个运行级别：Ring0 ~ Ring3，其中，Ring0 级别拥有最高权限，可以无限制执行各种指令。操作系统内核通常属于 Ring0 级别，可以使用核心指令，比如直接控制和修改 CPU 状态等，实现控制中断等功能。Ring3 级别最低，一般的应用程序均为 Ring3 级别，不允许执行一些核心指令，如果需要做，比如要访问磁盘、写文件等，就需要通过操作系统进行相应的功能调用。操作系统在调用时，CPU 的运行级别会发生从 Ring3 到 Ring0 的切换，跳转到调用对应的操作系统内核代码执行，由操作系统内核完成相应的访问，完成之后再从 Ring0 返回 Ring3。这个过程也称作用户态和内核态的切换。

当使用虚拟机之后，虚拟机的操作系统对应的指令级别应如何设置成为一个具有争议的话题。一方面，虚拟机的操作系统相比虚拟机上的应用程序显然应该具有更高的优先级别；另一方面，虚拟机的操作系统属于虚拟机上运行的程序，属于物理机上的一种应用程序，相比物理机上的操作系统，两者不应该在一个优先级别上。如果按照常规的设置方式，将虚拟机上的操作系统作为物理机的一种应用程序，那么应该属于 Ring3 级别，但是这样将无法将虚拟机的操作系统和虚拟机的应用程序相区分；而将虚拟机的操作系统按照操作系统的优先级别设置为 Ring0，则又无法与物理机上的操作系统相区别。因此，常见的解决方案通常是按照应用程序、虚拟机操作系统和物理机操作系统的次序将指令级别区分开来。

（2）CPU 虚拟化的方式

根据 CPU 指令级别设置的不同，CPU 虚拟化可以分为全虚拟化、半虚拟化和硬件辅助虚拟化（图 4-6）。

① CPU 全虚拟化。采用这种方式时，通过软件模拟物理主机的硬件设备，当虚拟机的操作系统执行核心指令时，由于虚拟机的操作系统并不具有执行指令的权限，因此会触发异常。Hypervisor 捕获异常将该指令拦截，翻译成物理机的指令，提交到物理机硬件完成指令计算任务，再将结果返回虚拟机，通过翻译、模拟处理异常，使得虚拟机操作系统认为自己的指令执行正常。这个过程中每个虚拟机的核心指令都被单独翻译执行，可以进行很好的隔离、封装和管控，虚拟机的操作系统感觉就像在物理机上执行一样。但是执行过程中需要经过复杂的异常捕获和处理流程，要对 Hypervisor 和虚拟机之间的内存空间进行保护和执行环境切换，执行性能会受到很大的影响。

② CPU 半虚拟化。为了提高执行性能，关键是要解决执行虚拟机操作系

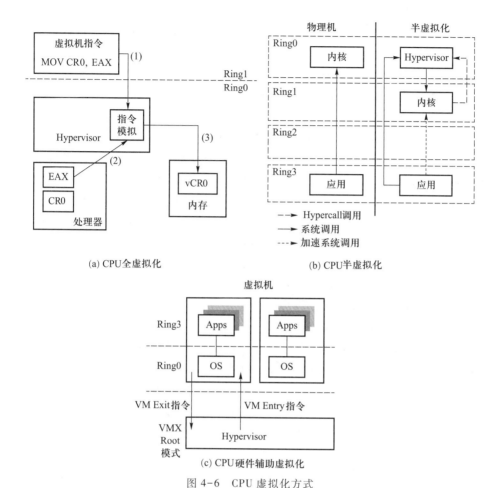

(a) CPU全虚拟化 (b) CPU半虚拟化

(c) CPU硬件辅助虚拟化

图 4-6　CPU 虚拟化方式

统核心指令时因缺少权限导致的异常和异常处理过程。半虚拟化是对虚拟机的操作系统内核进行改造，使得虚拟机操作系统内核能够共享物理机底层硬件调用，这样当虚拟机操作系统执行核心指令时，由于被替换成对 Hypervisor 的物理机硬件调用，因此可以有效地提高执行效率。除 CPU 之外，Hypervisor 层也可以提供直接对内存、磁盘等其他硬件的访问。采用 CPU 半虚拟化最大的优点是提高了执行效率，缺点是需要修改虚拟机操作系统的内核，相当于虚拟机上安装了特殊的定制版操作系统，其部署使用的灵活性和便利性都受到影响。

③ CPU 硬件辅助虚拟化。虽然虚拟化本身是软件层面的解决方案，但由于硬件上通常封装了对应的应用软件并对外提供硬件使用的软件接口，而虚拟化的重点也是对硬件访问方式的管控，随着虚拟化技术的不断发展，硬件厂商也参与其中，针对虚拟化环境对硬件进行了优化。实际上，通过硬件执行在效率上较软件调用具有压倒性的巨大优势，将广泛公用的软件"硬化"集成在硬件之中，是一个显而易见的能够提高效率的解决方案。CPU 硬件辅助虚拟化是指 CPU 硬件厂商在 CPU 中增加了相应的处理模块[18,19]。当虚拟机要执行一条核

心指令时会引发一个中断，虚拟机会被挂起并且 CPU 会被分配给 Hypervisor 检查引发虚拟机中断的指令，根据被挂起时所保存的信息，CPU 硬件模仿虚拟机的 CPU 状态并执行相应的核心指令，操作完毕后 Hypervisor 恢复虚拟机的状态并继续执行。通过 CPU 硬件辅助虚拟化，将原本是软件层面进行的操作转为通过硬件模拟实现，极大地提高了效率并分担了虚拟化层的压力。

2. GPU 虚拟化

除了 CPU 之外，现在服务器中常见的计算设备还包括 GPU。GPU 是计算机系统中图形图像相关运算的处理单元[20]。GPU 是计算机系统中图形显示系统的核心，也是连接计算机和显示终端的纽带。早期的显卡只包含简单的存储器和帧缓冲区，只起到计算机在显示终端显示的图形的存储和传递作用，显示图形的生成需要 CPU 通过计算产生。如今随着操作系统和应用软件的复杂度提高，CPU 的计算任务繁重，显示分辨率越来越高，显示内容也越来越精细化，尤其是一些三维图形的构建和光影粒子效果的渲染等，单靠 CPU 来完成已经无法满足显示计算需求。现在的显卡都包含图形计算处理的功能，不再仅是简单存储图形，这样可以极大地减轻 CPU 的负担并提高计算机整体的显示能力和显示速度。而 GPU 则是显卡中负责计算的功能模块。

CPU 负责处理计算机的各种计算逻辑，由于计算问题各异，所以 CPU 主要面向通用型计算，包含个数相对较少但单体功能强大的计算单元 ALU。为了处理复杂的计算逻辑，有复杂的控制单元负责各种逻辑跳转，通过大缓存 Cache 提高重用，提高计算执行效率，其计算场景是低延时计算场景。而 GPU 与 CPU 不同，是专门处理图形计算的计算单元，计算量虽然很大，但是计算逻辑和计算方式基本固定，计算任务相对单一，主要是矢量运算。因此相比于 CPU，GPU 具有数量多但是单体功能较弱的计算单元，控制单元和缓存很小，相比于 CPU，GPU 面向的是大吞吐量、高延时的计算场景。CPU 和 GPU 的架构对比如图 4-7 所示。

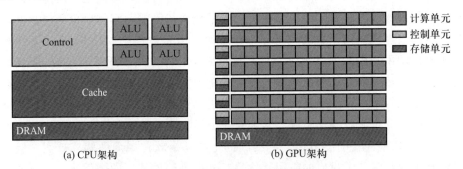

图 4-7 CPU 和 GPU 的架构对比

CPU 擅长逻辑控制，可以完成具有复杂计算步骤和复杂数据依赖的计算，比如一个复杂的逻辑运算。而 GPU 擅长海量重复多次简单的计算，比如大量的加法、乘法(矢量运算的核心)。相比于 CPU，因为计算任务更加简单和单一化，GPU 执行一次计算任务的功耗更低。

根据 GPU 的架构特点，由于人工智能深度学习领域进行人工神经网络模型训练时主要是进行向量计算，因此 GPU 是比 CPU 更加适合的计算单元，目前主要是用 GPU 来承担深度学习计算任务。同样，在区块链领域，由于其核心的计算任务也是此类运算，因此目前也主要是用 GPU 来进行"挖矿"。

GPU 的工作方式主要有基于通用图形函数库及 GPU 自带编程框架两种。目前业界通用的图形函数库主要有 OpenGL[21] 和 DirectX[22]，通过编写渲染语言控制 GPU 内部渲染器完成计算。OpenGL 是 SGI 公司开发的计算机图形处理系统，其应用程序类似 Java 语言程序，无须面向运行环境特定的操作系统和平台，可以在任何一个遵循 OpenGL 标准的环境下运行并产生相同的显示效果。DirectX 是由微软公司开发的多媒体编程 API，包括显示、声音、输入和网络 4 类模块，为程序开发人员提供一种共同的硬件编程接口，使开发者不必针对特定硬件再去编写对应的适配程序。在显示应用方面，DirectX 根据 GPU 的功能不断进行扩充和版本更新，以确保提供与 GPU 相匹配的功能。

GPU 自带编程框架主要由 GPU 硬件厂商提供，代表性的如 NVIDIA 公司的计算机统一设备体系结构(compute unified device architecture，CUDA)[22]。CUDA 是一种通用的并行计算架构，包含 CUDA 指令集架构以及 GPU 内部的并行计算引擎。开发人员可以使用 C 语言为 CUDA 编写程序，CUDA 3.0 开始支持 C++ 和 FORTRAN 语言。CUDA 中包括一台主机(host)和若干台设备(device)或协处理器(co-processor)。主机由 CPU 执行，负责处理复杂的事务逻辑和串行逻辑；设备或协处理器由 GPU 执行，负责并行化执行逻辑相对简单但计算量巨大的需要并行处理的任务。CPU、GPU 各自拥有相互独立的存储器地址空间。

根据 GPU 的工作方式，类似 CPU 的虚拟化思想，GPU 的虚拟化可分为虚拟显卡、显卡直通和显卡虚拟化三种方式。

（1）虚拟显卡

虚拟显卡的核心思想是将待处理的计算数据从虚拟主机传送至物理主机，由物理主机完成计算任务之后将计算结果(如生成的图像)反馈给虚拟主机，再由虚拟主机进行显示。采用虚拟显卡的虚拟化技术包括：虚拟网络控制台(virtual network console，VNC)[24]、Xen[25] 虚拟显卡共享帧缓冲区，以及独立于虚拟机管理器的图形加速系统 VMGL(VMM-independent graphics acceleration)[25] 等。

① VNC 是将完整的窗口界面通过网络传输到另一台计算机的屏幕上进行显示。VNC 包括 VNC Server 及 VNC Viewer。用户需要将 VNC Server 安装在远程实际完成图形计算的计算机上作为图形计算服务器，然后在显示终端上安装执行 VNC Viewer。

② Xen 虚拟显卡共享帧缓冲区是指由 Xen 虚拟机提供的虚拟显示存储空间。物理机和虚拟机共享该帧缓冲区，由物理机基于特权域的 VNC 服务器将更新的显示内容放入缓冲区内，再由虚拟机通过 VNC 协议获取并显示。

VNC 和 Xen 虚拟显卡共享帧缓冲区模式缺少能使虚拟机访问图形硬件能力的机制。因此，这些虚拟的显示设备都是通过使用 CPU 以及内存的方式对图形数据进行计算处理。

③ VMGL 通过前端-后端虚拟化机制，对 OpenGL 的 API 进行虚拟化。VMGL 在虚拟机操作系统中部署了一个与标准 OpenGL 库接口相同的伪库，这个伪库实现了指向物理机的远程调用，来取代原有标准 OpenGL 库直接调用本地物理硬件。虚拟机本地的所有 OpenGL 调用都被转换成对物理机的服务请求，物理机的操作系统需要安装标准的 OpenGL 库，通过响应请求使用 GPU 完成计算，并将执行结果反馈给虚拟机进行显示。对于物理机而言，VMGL 在调用本地 OpenGL 库时与本机自己调用 OpenGL 库一样，物理机无须进行针对虚拟机平台的任何改动。

（2）显卡直通

显卡直通也称为显卡穿透，是指虚拟机需要进行图形处理计算时，将虚拟机所在的物理机的 GPU 单独分配给该虚拟机，使得该虚拟机在短时间内独占物理机 GPU 的使用权限完成其计算任务。显卡直通方式逻辑上是使用虚拟机的 GPU，但实际上则是直接使用了物理机的 GPU。这种独占设备的分配方式保存了 GPU 的完整性和独立性，省去了额外的调用环节，在性能方面与非虚拟化条件下接近，可以用来进行与使用物理机 GPU 几乎相同的计算。但由于显卡直通实际上是由虚拟机的操作系统直接使用物理机的原生驱动和硬件，缺少必要的中间层来跟踪和维护 GPU 状态，无法增加额外的管控逻辑，所以这种方式不支持实时迁移等虚拟机高级特性。此外，显卡直通需要显卡设备进行相应的适配，兼容性较差。

代表性的显卡直通技术包括 Xen 的 VGA Passthrough[27] 和 VMware 的 VMDirectPath I/O 框架[28]。Xen 的 VGA Passthrough 基于 Intel 设备虚拟化 Intel VT-d 技术，将显卡暴露给虚拟机，在虚拟机中实现显卡的 VGA BIOS、文本模式、I/O 端口、内存映射、VESA 模式等，以支持直接访问。类似地，VMware 的 VMDirectPath I/O 框架也给虚拟机提供了一种可以绕开 Hypervisor 管理的直接访问物理机 I/O 设备的接口，通过该技术将显卡设备直接暴露给虚拟机使用。虽然 Xen 和 VMware 使用技术不同，但其实现的效果都是一样的，即将物理显卡设备直通给某一虚拟机使用，以完成虚拟机进行显示和渲染等计算任务。

（3）显卡虚拟化

显卡虚拟化是指将 GPU 的时间进行切片之后，分配给多台虚拟机使用。目前主要的显卡虚拟化技术是 NVIDIA 公司的 vCUDA（virtual CUDA）。vCUDA 在虚拟机中建立物理 GPU 的逻辑映像虚拟 GPU，支持多机并发、挂起恢复等虚拟机高级特性。vCUDA 包括三个模块：CUDA 客户端、CUDA 服务端和 CUDA 管理端。其实现原理是：在虚拟机层面通过 CUDA 客户端对虚拟机中 CUDA 的访问进行拦截，通过重定向的方式发送到 CUDA 管理端，由 CUDA 管理端进行重新分组排序，再由 CUDA 服务端调用物理机的原生 CUDA 库访问实际的 GPU 资源。

4.2.2 存储虚拟化

存储虚拟化是指在存储设备上加入一个概念逻辑层，通过概念逻辑层访问存储资源，方便系统调整存储资源的分配，提高存储资源利用率，为终端用户提供更好的存储性能和易用性。存储虚拟化主要包括内存虚拟化和磁盘虚拟化。

1. 内存虚拟化

内存虚拟化是指将虚拟化技术应用于内存之上，通过增加虚拟化管理层完成对内存资源的使用。内存（memory）用于暂时存放 CPU 中的运算数据，是计算机中 CPU 与外部存储器之间进行数据交换的纽带。计算机中所有程序的运行都在内存中进行，操作系统将需要运算的数据调入内存中供 CPU 进行运算。内存是 CPU 能够直接寻址的存储空间，CPU 运算结束后会将结果传送出来保存在内存之中。早期计算机受限于制造、成本等各种原因，可使用的内存存储容量极为有限，为了扩充内存容量，由操作系统划分一部分特定的磁盘空间作为虚拟内存使用，由操作系统统一管理。这种虚拟内存是将单机上其他存储空间充当内存空间使用。内存虚拟化是指利用虚拟化技术，由 Hypervisor 管理物理机的内存空间供虚拟机使用。

对于计算机而言，操作系统通过存储管理部件（memory management unit, MMU）管理使用内存。x86 体系结构计算机在使用内存时，使用逻辑地址到机器地址映射的方式访问。机器地址是指真实内存硬件的物理地址，是地址总线上传输的可以被北桥芯片[1]直接映射访问到实际内存条存储空间的地址编号。逻辑地址是操作系统提供给应用程序使用的线性地址空间。应用程序通过逻辑地址使用内存，逻辑地址通过段选择符、段描述符、页号和页内地址偏移量映射，转化为物理地址真正访问的内存物理存储空间中的数据。

[练习]了解 x86 体系结构下操作系统是如何分配和使用内存的。

在使用虚拟化技术之后，由于物理机和虚拟机上分别有操作系统，两者使用内存的方式相同，都是逻辑地址和机器地址映射的方式，因此虚拟机在使用内存时就存在了 4 个层次的地址概念，称为物理机的机器（物理）地址（host physical address, HPA）、物理机的逻辑（虚拟）地址（host virtual address, HVA）、虚拟机的机器（物理）地址（guest physical address, GPA）和虚拟机的逻辑（虚拟）地址（guest virtual address, GVA）。这 4 个层次的映射关系为 GVA-GPA-HVA-HPA，其中 HVA-HPA 与计算机直接使用内存一样，由物理机的操作系统负责。在虚拟机中，每个进程有一个由虚拟机操作系统内核维护的页表（page table）用于 GVA-GPA 的转换，称作虚拟机页表（guest page table, GPT）。

（1）北桥芯片负责 CPU 和内存之间的数据交换，南桥芯片负责控制各种外接设备的 I/O。

对于内存虚拟化而言，需要 Hypervisor 来实现和管理 GPA-HVA 映射。内存虚拟化过程如图 4-8 所示。

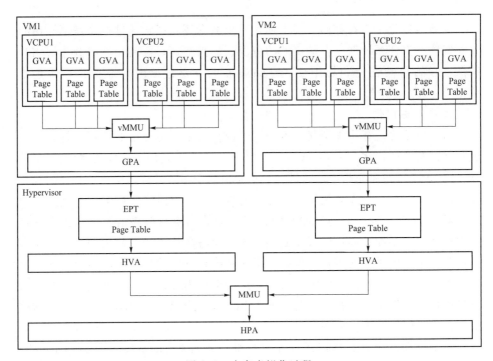

图 4-8　内存虚拟化过程

通过上述过程不难发现，虚拟机每次使用内存时都需要 Hypervisor 介入，并由软件进行多次地址转换。由于内存使用是为 CPU 提供数据交换，内存本身是高速的存取设备，增加多层转换会使其效率非常低。为了解决这个问题，又有如下两种解决方案：软件解决方案，即影子页表，以及硬件解决方案，即扩展页表和嵌套页表。

（1）影子页表

影子页表（shadow page table，SPT）[29] 简化了地址转换的过程，由 Hypervisor 为虚拟机的操作系统内存页表设计一套对应的影子页表，然后将其装入物理机的存储管理部件中，完成从 GVA 到 HPA 的直接映射。Hypervisor 层的软件将虚拟机内部的内存页面设置为写保护状态，当虚拟机需要修改内存时会产生一个内存页面异常，该异常被 Hypervisor 捕获，然后 Hypervisor 根据存储管理部件中的影子页表映射关系计算 GVA 到 HPA 的映射关系，将其写入对应的影子页表。由于虚拟机中的每个进程都有自己的虚拟地址空间，这就意味着 Hypervisor 要为虚拟机中的每个进程内存页表都维护一套对应的影子页表，当虚拟机进程访问内存时，需要将该进程的影子页表装入物理机的存储管理部件中完成地址转换。KVM、VMware 等虚拟机均采用了影子页表。

影子页表虽然简化了内存映射过程，减少了地址转换的次数，但是本质上还是靠纯软件方式实现，Hypervisor 需要承担大量的影子页表的维护工作。尤其是当支持的虚拟机数量较多，虚拟机上运行的进程数量较大时，Hypervisor需要为各个虚拟机上的每个进程都维护一个影子页表，影子页表本身需要占用大量的物理机内存空间，同时 Hypervisor 需要频繁地捕获内存页面异常，也加重了 CPU 的负担。为了改善该问题，硬件厂商提出了通过将软件逻辑固化到硬件的方式，将映射计算工作交由速度更快的硬件完成，基于硬件辅助进行内存虚拟化，从而大大提升了效率。代表性的技术包括 Intel 公司的扩展页表（extended page table，EPT）[30] 和 AMD 公司的嵌套页表（nested page table，NPT）[31]。

[练习] 了解一下 CPU 是如何使用内存的，以及 CPU 缺页异常的概念。

（2）扩展页表和嵌套页表

扩展页表和嵌套页表的本质是一种在硬件上固化的扩展存储管理部件，是从硬件上同时支持 GVA-GPA 和 GPA-HPA 地址转换的技术。其中 GVA-GPA 映射仍然由虚拟机操作系统维护，Hypervisor 会为每个虚拟机维护 GPA-HPA 的映射。当虚拟机中的某个进程需要访问内存时，CPU 会访问负责存放内存地址的 CR3 寄存器页表来获取 GPA 地址，然后通过扩展页表/嵌套页表完成 GPA-HPA 的映射，获得 GPA 对应的 HPA 并访问内存。如果通过扩展页表/嵌套页表没有查找到相应的 GPA-HPA 映射，则会抛出一个 EPT violation 异常，在 CPU 内产生缺页异常，交由虚拟机的操作系统中断处理程序处理。中断处理程序产生的 EXIT_REASON_EPT_VIOLATION 异常由 Hypervisor 捕获，Hypervisor 负责分配物理机内存建立 GVA-HPA 的映射并保存到扩展页表/嵌套页表中，以便下次访问时使用。

与影子页表相比，影子页表中 Hypervisor 需要为各台虚拟机上的每个进程都维护一个影子页表，而扩展页表/嵌套页表则解耦了 GVA-GPA 转换与 GPA-HPA 转换之间的依赖关系，使得每台虚拟机只需要一个 GPA-HPA 映射表，极大地减少了内存开销。当虚拟机中发生了内存页面异常，可直接由虚拟机的操作系统处理，也减少了 CPU 的开销。

2. 磁盘虚拟化

磁盘是目前计算机的主要存储设备，用于保存用户数据，磁盘断电后可以保持数据不丢失。逻辑卷是目前操作系统最直接的存储控制方式，在磁盘上划分若干存储空间形成一个卷，通过卷来管理维护和操作存储空间。文件系统是操作系统用来区分和组织存储设备上数据的方法和结构。数据根据特定的数据结构被组织成文件，不同类型的文件具有不同的数据结构和读写方式。文件系统指定了命名文件的规则，以及根据文件目录结构找到文件对应的磁盘存储空间的路径格式。

对于磁盘虚拟化，虚拟机所拥有的磁盘从逻辑上看是虚拟机的磁盘，但实际上数据可能保存在本地物理机或者通过网络连接的其他存储设备上。本地物理存储主要采用逻辑卷管理（logical volume management，LVM），而通过网络连接的存储，根据磁盘数据存储的特点，磁盘虚拟化主要可以分为面向存储空间和面向存储内容两大类。面向存储空间的硬盘虚拟化目前主要是面向存储块进行虚拟化和管理。磁盘的读写以扇区为基本单位，磁盘上的每个磁道被等分为若干个弧段，每个弧段称为扇区，磁盘的物理读写以扇区为基本单位。扇区是磁盘最小的物理存储单元，操作系统将相邻的扇区组合在一起，形成一个存储块，块是操作系统中文件系统读写数据的最小单位。这类硬盘虚拟化代表性的技术是存储区域网（storage area network，SAN）[32]。面向存储内容的硬盘虚拟化目前主要是面向文件进行虚拟化和管理。随着技术的进一步发展，为了更加通用地表示数据，还出现了面向数据对象等其他新的方式。文件或数据对象是磁盘上具体存储的数据内容。这类硬盘虚拟化代表性的技术是网络附接存储（network attached storage，NAS）[33]。

存储区域网是一种专门为存储建立的独立于 TCP/IP 网络之外的专用存储网络，通过交换机连接存储设备形成一个存储网络供用户访问。它支持通过网络从远程对存储空间的访问，可以看作是一种存储空间服务。网络附接存储是一种远程文件服务。文件访问被重定向到使用网络附接存储远程协议的存储设备来执行文件的读写等操作，实现文件共享和集中数据管理。从使用者角度来看，存储区域网主要用于块的输入/输出，网络附接存储主要用于文件的输入/输出。当然，由于文件的访问最终仍然需要磁盘的访问，网络附接存储最终会在文件被存储的存储设备上将文件的输入/输出请求转换为存储块的访问。存储区域网和网络附接存储都实现了数据的集中存储与集中管理，对传统的单机使用磁盘进行了扩展。随着技术的发展，对磁盘存储块的访问和块上数据的组织结构（如文件）的访问越来越趋于统一，二者的界限也越来越模糊。

这里主要介绍一种将多块独立的磁盘组织成一个大的逻辑上的磁盘系统，从而能够方便地通过增加磁盘数量扩充存储容量，实现比单块磁盘存储性能更好和可靠性更高的技术——廉价磁盘冗余阵列（redundant arrays of inexpensive disks，RAID）[34]。对于使用网络实现对文件组织的分布式文件系统，将在第 6 章云存储中具体阐述。

廉价磁盘冗余阵列是在若干磁盘之上增加了一个逻辑管控层，通过读写管控将多个独立的磁盘组织在一起，对外以一个逻辑上的整体呈现，统一接收读写请求，然后将读写请求根据管控逻辑分发到具体的磁盘进行操作，再汇总各个磁盘的反馈统一向外界进行响应。根据管控逻辑的不同，RAID 技术可以进一步被细分为 RAID0、RAID1、RAID10/RAID01、RAID3、RAID5 等。

（1）RAID0

RAID0 将多块磁盘组合成一个大的存储阵列，当存储数据时，将数据根据固定存储容量或磁盘数量等逻辑进行切块存储，每个数据块分别存放在一个磁盘上，允许一个磁盘存放多个数据块，但每个数据块只存放在一个磁盘上。例如，当要存储一份数据 A 时，根据固定存储容量将数据切分成 8 份，当前阵列中假设有 2 块磁盘 Disk1 与 Disk2，则每块磁盘上放 4 份，数据块 A1、A3、A5、

A7 放在磁盘 Disk1 上，数据块 A2、A4、A6、A8 放在磁盘 Disk2 上（图 4-9）。这样，对于整个磁盘阵列来说，其存储总容量理论上是阵列中所有磁盘总容量之和。磁盘阵列的数据读写性能根据数据划分后存储的磁盘数量 N，理论上是单块磁盘的 N 倍。例如上述例子中一份数据被保存到两块磁盘上，在进行数据读写时，这两块磁盘可以分别进行读写，通过并行的方式，每块磁盘上需要读写的数据量是原先由一块磁盘完成整份数据存储读写数据量的一半，理论上读写性能是单块磁盘的两倍。

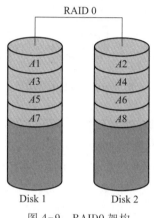

图 4-9 RAID0 架构

RAID0 可以方便地通过横向扩展，以增加阵列中磁盘数量的方式扩充总存储容量和提高存储性能。其缺点是由于没有任何数据校验和冗余备份机制，存储的可靠性无法保障，甚至随着磁盘数量的增加反而可能降低。当一份数据被切分后分别存放在 N 个磁盘中时，只要有任意一个磁盘出现故障，就会导致整份数据无法访问。当切分存放的磁盘数量越多时，无法访问的概率就越大。

（2）RAID1

与 RAID0 相对应的方式是 RAID1。RAID1 也是将多块磁盘组合成一个存储阵列，但是与 RAID0 不同的是，RAID1 中的各块磁盘是一种镜像备份的关系。也就是说，假设阵列中有 3 块磁盘，当存储一份数据时，这 3 块磁盘各自分别存储一份完整的数据（图 4-10）。所以对于 RAID1 模式而言，增加磁盘数量并不能扩充阵列的总存储容量，只是增加了数据在阵列中的备份数量。对于读写性能而言，RAID1 并不能提高写数据的性能，而且可能由于木桶原理（需要等待最慢的备份写完）而导致写性能的下降；但是读数据的性能可能由于具体的读管控逻辑得到提升（同时从多个备份中并发读，各读一部分，但需要进一步管控）。

RAID1 的好处是数据的可靠性能够得到提升。数据在阵列中被冗余备份存储了多份，只要有一份完整数据的存在（即不是所有的磁盘都同时损坏），就可以保障数据的正常读写。

（3）RAID10/RAID01

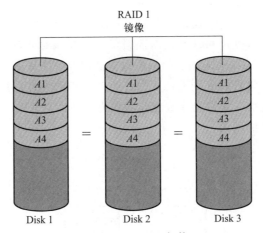

图 4-10　RAID1 架构

RAID1 虽然提高了数据存储的可靠性，但是由于存储空间无法扩展，存储性能提升也有限。而 RAID0 则与 RAID1 相反，二者优劣互补，折中的解决方案是将两者相结合，代表性的方案有 RAID10 和 RAID01。RAID10 是 RAID1+RAID0，是先将若干磁盘构成一组 RAID1，再将若干组 RAID1 按 RAID0 方式组织在一起，形成 RAID10。RAID01 是 RAID0+RAID1，是先将若干磁盘构成一组 RAID0，再将若干组 RAID0 按 RAID1 方式组织在一起，形成 RAID01。

RAID10 和 RAID01 兼具 RAID0 和 RAID1 的优点，既能够保证数据存储的可靠性，又能够通过横向扩展的方式扩充整个阵列的存储容量，提高阵列的读写性能；缺点是数据冗余备份的成本较高，镜像存储的方式冗余量过大，消耗了大量的存储空间，而且冗余份数为固定值，无法根据实际情况（如磁盘质量、使用寿命等）进行调整。

[练习]思考存储的本质需求是什么，是必须将数据原样不动的存储起来，还是读取时可以读取与写入相同的内容即可？（意味着实际存储的内容可以与写入的内容不一样。）

（4）RAID3

工程是为了达到某种目的，通过组织人力、物力、财力，运用有关的科学知识和技术手段进行相应生产活动的过程。完成工程一般可以经历从无到有、从有到好和从好到省三个阶段。首先是以达成目的为目标，先完成工作，能够达成目的即可。然后再逐渐提高技术水平和熟练程度，能够更好地实现目标，达到更高水平。接下来再进一步提高技术水平和熟练程度，并通过其他替代手段，在保障达成目的水平的基础上减少消耗的人力、物力和财力。

对于磁盘阵列技术，RAID0 和 RAID1 可以看作是分别为了达成弹性扩展存储容量、提高读写性能、提高可靠性等目的的从无到有的手段。RAID10 和 RAID01 可以看作是为了兼顾各种目的从有到好的手段，但缺点是成本较高。

RAID3 则可以看作是从好到省的一种手段。

对于 RAID10 或 RAID01 而言，造成成本较高的核心缺陷是 RAID1 进行数据备份时采用的是镜像备份的方式，即将原有数据复制存储进行备份。这种备份方式在需要提高可靠性时可以方便地通过增加备份数量满足，例如针对某一份数据，可以额外存储一份数据进行备份，即 1∶1 方式；或者额外存储两份数据进行备份，即 2∶1 方式；根据可靠性要求，可以进一步增加备份数量，实现 $n∶1$ 方式。但是这种方式最大的缺陷是备份方式最少也是 1∶1 方式，如今存储设备的故障率已经很低，因此虽然对可靠性有要求，需要进行备份，但考虑到成本问题，无须进行这么高比例的备份。需要采用 1∶m 的方式时，RAID1 无法实现。

由于制造技术的提高，即便是个人计算机磁盘的损坏也是极小概率的事件，服务器专用磁盘的可靠性更高。而可靠性是一个相对的概念，理论上是无法达到100%可靠的，具体的解决方案实际上是可靠性的成本和损失之间的一种平衡。RAID3 是一种 1∶m 方式的备份，即通过一份校验数据同时备份 m 份数据，允许 $m+1$ 份数据（被备份的数据和校验数据）最多可以同时损坏一份，损坏的任意一份数据均可通过恢复机制恢复，但如果同时损坏两份数据及以上则会导致 RAID3 失效。

RAID3 的具体实现方式类似于 RAID0，也是将多块磁盘组合成一个大的存储阵列，当存储数据时，将数据根据固定存储容量或磁盘数量等逻辑进行切块存储，每个数据块分别存放在一个磁盘上，允许一个磁盘存放多个数据块，但每个数据块只存放在一个磁盘上。例如，当要存储一份数据 A 时，根据固定存储容量将数据切分成 6 份，当前阵列中假设有 3 块磁盘，则可以将数据块 $A1$、$A4$ 放在磁盘 Disk1 上，数据块 $A2$、$A5$ 放在磁盘 Disk2 上，数据块 $A3$、$A6$ 放在磁盘 Disk3 上。但是与 RAID0 不同的是，RAID3 根据冗余配置参数 m，另外还有冗余校验盘负责存放冗余校验数据块。例如 $m=3$，意味着通过 1 份数据去备份 3 份数据，数据块 $A1$、$A2$、$A3$ 对应一个冗余校验块 $A_{p(1-3)}$，数据块 $A4$、$A5$、$A6$ 对应一个冗余校验块 $A_{p(4-6)}$，在本例中用磁盘 Disk4 作为冗余校验盘存放这两个冗余校验数据块（图 4-11）。

需要注意的是，根据冗余配置参数，需要用一个盘去冗余备份其他 m 个盘，所以一个冗余校验块要对应分别来自其他 m 个盘上的各一个数据块，而不是对应同一个盘的多个数据块。磁盘在实际存储数据时写入的是二进制内容，假设数据块 $A1$ 是 010101，数据块 $A2$ 是 110000，数据块 $A3$ 是 101101，通过二进制求和（无须进位）可以计算出起到备份作用的校验块 $A_{p(1-3)}$ 是 001000，它代表着 1∶3 的备份。这样，无论哪份数据损坏，RAID3 的管控逻辑都可以根据其他 3 份数据将损坏的那份数据通过二进制计算还原回来。还原过程需要区分是校验数据的损坏还是原始数据的损坏，因为还原计算逻辑会有不同。RAID3 可以根据实际情况支持对备份参数 m 的调整，比如当数据的可靠性要求较低时，可以通过增加 m 的取值提高校验块的备份效率；如果数据的可靠性要求较

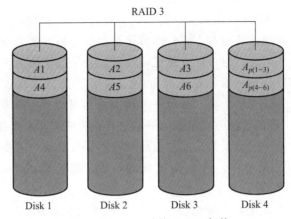

图 4-11　$m=3$ 时的 RAID3 架构

高，也可以通过减少 m 的取值方式提高整体的可靠性；当 $m=1$ 时 RAID3 变成 1∶1 的镜像备份，如果需要进一步增加可靠性可以改为采用 RAID1 方式。

RAID3 是对 RAID0 和 RAID1 在整体存储性能、存储容量、可靠性和成本等方面的另一种折中方案，通过增加校验盘进行 1∶m 的备份。RAID3 的缺陷是由于所有的校验块都存放在校验盘中，根据 RAID3 的管控逻辑，任何原始数据的修改都会导致校验块内容的变化。因此当 m 的数量较大时，与存放原始数据的数据盘相比，校验盘将会变得非常繁忙，校验盘的频繁读写和大量的 I/O 开销会导致其效率下降和更容易损坏。

（5）RAID5

RAID5 负载均衡逻辑对 RAID3 进行了进一步改进，将原始数据块和校验数据块均匀分布到不同的磁盘中。比如仍然采用 1∶3 的备份方式，由 4 块磁盘组成一个 RAID5 阵列。对于数据 A，切分成三份 $A1$、$A2$、$A3$，校验数据 A_p；可以将 $A1$ 放在 Disk1 上，$A2$ 放在 Disk2 上，$A3$ 放在 Disk3 上，A_p 放在 Disk4 上。对于数据 B，切分成三份 $B1$、$B2$、$B3$，校验数据 B_p；可以将 $B1$ 放在 Disk1 上，$B2$ 放在 Disk2 上，$B3$ 放在 Disk4 上，B_p 放在 Disk3 上。对于数据 C，切分成三份 $C1$、$C2$、$C3$，校验数据 C_p；可以将 $C1$ 放在 Disk1 上，$C2$ 放在 Disk3 上，$C3$ 放在 Disk4 上，C_p 放在 Disk2 上。对于数据 D，切分成三份 $D1$、$D2$、$D3$，校验数据 D_p；可以将 $D1$ 放在 Disk2 上，$D2$ 放在 Disk3 上，$D3$ 放在 Disk4 上，D_p 放在 Disk1 上。这样，将校验数据块分散到不同磁盘，将校验工作量由各个磁盘均摊(图 4-12)。

[练习] 根据相对于 RAID0 和 RAID1 的 RAID3 的核心设计思想，以及相对于 RAID3 的 RAID5 的核心设计思想，体会面向达成需求为目标和解决问题的基本逻辑思维在 IT 技术中的应用。

其他常见的 RAID 技术还包括 RAID2、RAID4、RAID6、RAID5E、RAID5EE、RAID50 等。

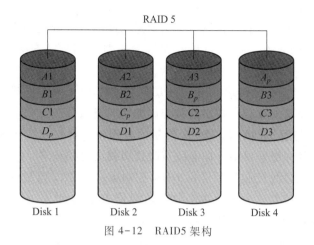

图 4-12   RAID5 架构

4.2.3   设备与 I/O 虚拟化

设备与 I/O 虚拟化是指向虚拟机提供软件方式模拟的操作系统对外接设备的 I/O 接口，将虚拟机对外接设备的操作指令转译到物理机来进行访问的方式。实际上，除了 CPU 和内存的虚拟化之外，对计算机其他设备的虚拟化访问都可以通过设备与 I/O 虚拟化的方式进行。例如，第 4 章 4.2.1 小节中介绍的 GPU 虚拟化的一种实现方式，即利用 Intel VT-d 或 VMDirectPath I/O 框架对显卡的访问实现。

设备与 I/O 虚拟化主要涉及对虚拟设备和共享的物理设备之间的 I/O 请求路径的管理。相对于直接访问物理硬件的方法，基于软件的 I/O 虚拟化及管理具有更丰富的特性和更简化的管理方式。以网络 I/O 的虚拟化为例，利用虚拟网卡和虚拟交换机可以为各台虚拟机创建虚拟网络，虚拟网络之间的数据传输实际上是通过软件手段完成，同一台服务器上不同虚拟机之间进行数据交换虽然逻辑上是通过网络进行，但实际上无须消耗服务器的物理网络带宽。

Hypervisor 通过软件方式虚拟化物理硬件的 I/O 接口，为虚拟机呈现一系列标准的虚拟设备，这些虚拟设备模拟了各种计算机外设硬件，将虚拟机对硬件的访问请求翻译成对物理硬件设备的请求，这样将虚拟机配置成运行在虚拟硬件上，与实际真实的物理硬件无关，可以有效地提高虚拟机对各种不同厂商、不同类型硬件设备的兼容性，使得虚拟机可以在不同平台之间进行迁移而无须做出改动。代表性的方式包括 Intel VT-d 和 VMDirectPath I/O 框架等，本小节主要以 Intel VT-d 为例介绍设备与 I/O 虚拟化[35]。

计算机在进行设备的 I/O 访问时，现在主要通过直接存储器访问（direct memory access，DMA）方式进行操作。直接存储器访问方式是由 DMA 控制器控制内存和外部设备之间直接进行数据传送，访问传输前，CPU 把总线控制权交给 DMA 控制器，在结束访问传输后，DMA 控制器再把总线控制权交回给 CPU，在传送过程中不需要 CPU 的参与，无须 CPU 直接控制传输，CPU 也不需要采取中断处理方式进行现场保留和恢复。直接存储器访问通过硬件为内存和设备 I/O 开辟了一条直接传输数据的通道，能够极大地提高设备 I/O 数据传输效率和 CPU 的效率。一个完整的直接存储器访问传输过程包括如下 4 个步骤：

① 直接存储器访问请求。CPU 对 DMA 控制器初始化，向设备 I/O 接口发出操作命令，设备 I/O 接口提出直接存储器访问请求。

② 直接存储器访问响应。DMA 控制器对设备 I/O 接口提出的直接存储器访问请求判别优先级及屏蔽，向总线裁决逻辑提出总线请求。当 CPU 执行完当前总线周期释放总线控制权后，由 DMA 控制器获得总线控制权，然后总线裁决逻辑输出总线应答，表示直接存储器访问请求已经响应，通过 DMA 控制器通知对应的设备 I/O 接口开始直接存储器访问传输。

③ 直接存储器访问传输。DMA 控制器获得总线控制权后，CPU 即刻挂起或只执行内部操作，由 DMA 控制器输出读/写命令，直接控制内存与设备 I/O 接口进行数据传输。

④ 直接存储器访问结束。当完成数据传输后，DMA 控制器释放总线控制权，向设备 I/O 接口发出结束信号。当设备 I/O 接口收到结束信号后，一方面停止 I/O 设备的工作，另一方面向 CPU 提出中断请求，使 CPU 从不介入的状态解脱，并执行一段检查本次直接存储器访问传输操作正确性的代码。最后，CPU 带着本次操作结果及状态继续执行原来的程序。

Intel VT-d 是 Intel 公司支持直接设备 I/O 访问的虚拟化技术，通过管理物理机设备的 I/O 访问，使 Hypervisor 将物理机特定 I/O 设备的访问分配给特定客户操作系统。VT-d 是一个位于 CPU、内存和 I/O 设备之间的硬件设备，其主要功能是将 I/O 设备的直接存储器访问请求和中断请求重定向到 Hypervisor 设定好的虚拟机中。当 VT-d 重定向硬件设备启用时，它会拦截位于其下所有 I/O 设备产生的中断请求和通过直接存储器访问方式对虚拟机内存访问的请求，然后通过查找中断重定向表或 I/O 页表的方式，重新定位中断转发的目标本地高级可编程中断控制器或 I/O 设备访问的目标主机物理内存地址。

Hypervisor 负责 I/O 设备的分配，即将指定 I/O 设备和相应的虚拟机对应起来，并且负责建立中断重定向关系表和 I/O 地址转换页表，并将这些转换关系的配置设置到 VT-d 硬件设备上，而 I/O 设备发起的中断请求或者直接存储器内存访问请求中带有相应设备的 ID，这样 VT-d 硬件单元就可以通过硬件查找的方式将不同的 I/O 设备中断和内存访问请求重定向到相应的虚拟机上，从而达到隔离不同虚拟机 I/O 设备的目的。

需要注意的是，在 Intel 公司的虚拟化中，计算机网络的虚拟化是由 Intel VT-c 完成。

4.2.4　网络虚拟化

计算机网络的作用是将多台计算机连接起来，使得机器之间能够进行数据交换。在传统网络环境中，一台物理机包含一个或多个网卡又称网络接口卡（network interface card，NIC），简称网卡。物理机通过网卡与外部网络设施如交换机、路由器等连接，以便与其他物理机进行数据交换。网卡在计算机中相对于 CPU 和内存而言，也属于一种 I/O 设备，因此可以采用虚拟化方式进行虚拟化，将一张物理网卡虚拟成多张虚拟网卡(vNIC)对应给多台虚拟机使用，Hypervisor 利用相应的调度手段将物理网卡接收到的数据分配给对应的虚拟机实现虚拟网卡功能，或者将物理网卡分时分配给虚拟机。

由于网络的特殊性，网络的虚拟化除了如何物理机内部实现物理机网卡资源的虚拟化之外，还包括如何组织多台虚拟机形成一个虚拟网络。由于虚拟机无法直接连接到物理交换机，虚拟机之间可能存在同主机内和跨主机之间的通信，这种通信需要采用虚拟以太桥（交换机）（virtual ethernet bridging，VEB）方式实现。代表性的解决方案是 Open vSwitch(OVS)。

OVS[35] 是一种以软件形式存在于虚拟网络中的交换机，它与传统的网络部署中的物理交换机充当的角色相似，可进行划分局域网、搭建隧道、模拟路由等操作。OVS 主要包含三个基本组件：OVS-vswtichd、OVSdb-server、OpenvSwitch.ko。OVS-vswtichd 组件运行在操作系统用户态，负责基本的转发逻辑、地址学习、外部物理端口绑定等，以及基于 Openflow 协议对交换机进行远程配置和管理。OVSdb-server 组件是存储 OVS 的网桥等配置、日志以及状态的轻量级数据库。OpenvSwitch.ko 组件运行在操作系统内核态，主要负责流表匹配、报文修改、隧道封装、转发上送和维护底层转发表。

[练习] 扩展阅读了解 OVS 的技术细节。

OVS 是一种第三方的产品级解决方案，Linux 操作系统集成了 KVM 虚拟机，也自带相应的解决方案。

TAP/TUN 是 Linux 内核实现的一对虚拟网络设备，TAP 工作在开放系统互连（open system interconnection，OSI）网络模型第二层，TUN 工作在该模型的第三层。Linux 内核通过 TAP/TUN 设备向绑定该设备的用户程序发送数据，反之，用户程序也可以像操作物理网络设备那样，向 TAP/TUN 设备发送数据。虚拟机的虚拟网卡功能可以基于 TAP 实现，类似于网卡与光纤以太网接口卡（fiber ethernet adapter）的关系，将虚拟机的每个虚拟网卡都与一个 TAP 设备相连。当一个 TAP 设备被创建时，在 Linux 设备文件目录下会生成一个对应的字符设备文件，用户程序可以像打开一个普通文件一样对这个文件进行读写。比如，当对这个 TAP 文件执行写操作时，相当于 TAP 设备收到了数据，并请求内核接受它，内核收到数据后将根据网络配置进行后续处理，处理过程类似于普通物理网卡从外界收到数据。当用户程序执行读请求时，相当于向内核查询 TAP 设备是否有数据要发送，有的话则发送，从而完成 TAP 设备的数据发送。TUN 属于开放系统互连网络模型第三层的概念，数据收发过程和 TAP 类似，只是需要指定一段 IPv4 地址或者 IPv6 地址并描述相关的配置信息，其数据处理过程也是类似于普通物理网卡收到 IP 报文数据的处理过程。此外，Linux 内核实现的虚拟网络设备还有桥接器（bridge），不同于 TAP/TUN 的单端口设备，桥接器的实现为多端口，其本质是一个虚拟交换机，具备和物理交换机类似的功能。桥接器可以绑定其他 Linux 网络设备作为从设备，并将这些从设备虚拟化为端口，当一个从设备被绑定到桥接器上时，就相当于真实网络中的交换机端口上插入了一根连有终端的网线。

实际上，组成虚拟网络的可以是虚拟机，也可以是物理机，或者物理机＋虚拟机混合，因为对于虚拟网络而言，连接到网络上的机器是虚拟的还是物理的对于虚拟网络本身并没有影响。代表性的虚拟网络包括虚拟局域网（VLAN）[37]和虚拟专用网络（VPN）[38]。

1. 虚拟局域网

在交换式以太网出现后，同一交换机的所有端口处于不同的冲突域，工作效率得到了很大的提高。但是所有端口处于同一广播域，导致一台计算机发出广播帧，局域网中所有的计算机都能够接收到，使局域网中有限的网络资源被无用的广播信息所占用。虽然使用路由器可以控制广播帧的传播范围，但是由于路由器的端口较少，无法同时支持数量更多的局域网，同时大部分中低端路由器使用软件控制数据包转发，导致转发性能有限，因此使用路由器来隔离广播并不理想。为了解决此问题，美国电子电气工程师学会（IEEE）制订了 802.1Q 协议标准，即虚拟局域网技术标准，允许网络管理员根据实际应用需求，把同一物理局域网内的不同用户逻辑地划分成不同的广播域，即在物理局域网内划分出多个虚拟局域网，一个虚拟局域网内部的广播和单播流量都不会转发到其他虚拟局域网中，可以极大地缩小广播域范围。

虚拟局域网是一组逻辑上的设备和用户，这些设备和用户相互之间的通信就好像它们在同一个网段中一样。虚拟局域网可以为信息业务和子业务以及信息业务间提供一个符合业务结构的虚拟网络拓扑架构，并实现访问控制功能。与传统的局域网技术相比，虚拟局域网技术更加灵活。

划分虚拟局域网的主要方式包括以下几种：

① 按端口划分。可以通过交换机的端口划分虚拟局域网，例如交换机的第 1、3 号端口被定义为 VLAN1，第 4、5 号端口被定义为 VLAN2，第 6—8 号端口被定义为 VLAN3，虚拟局域网之间通过交换机的各个端口进行通信。这种划分模式将虚拟局域网限制在了一台交换机上，不同交换机之间无法跨交换机形成一个虚拟局域网。新的端口虚拟局域网技术允许跨越多个交换机的多个不同端口进行划分，不同交换机上的若干个端口可以组成同一个虚拟网。以交换机端口来划分虚拟局域网的配置过程简单明了，是目前最为常用的一种建立虚拟局域网的方式。

② 按介质访问控制地址（medium access control address，MAC）划分。这种划分方法是对每个介质访问控制地址的主机都配置它属于哪个虚拟局域网，根据每个主机的介质访问控制地址来划分。这种划分方法最大的优点是当用户物

理位置移动时，即从一个交换机换到其他的交换机时，虚拟局域网不用重新配置。这种方式是面向用户的虚拟局域网设置方法，其缺点是初始化时所有的用户都必须进行配置，当用户数量较多时配置工作非常烦琐，而且当用户更换设备时需要进行重新配置。此外，由于用户连接的交换机端口各异，因此每一个交换机的端口都可能存在很多个虚拟局域网组的成员，导致交换机执行效率降低。

③ 按网络层划分。这种方法是根据每个主机的网络层地址或协议类型划分虚拟局域网。虽然这种划分方法是根据网络地址，比如 IP 地址，但它不是路由，与网络层的路由毫无关系。这种划分方法的优点是用户物理位置的改变不会影响已经划分配属的虚拟局域网，而且根据协议类型划分可以方便网络管理者对不同虚拟局域网进行差异化管理。此外，这种方法不需要附加的帧标签来识别虚拟局域网，这样可以减少网络的通信量。这种划分的缺点是效率相对较低，因为检查每一个数据包的网络层地址需要消耗大量处理时间。

④ 按 IP 组播划分。这种方法将虚拟局域网扩大到了广域网，认为一个组播组就是一个虚拟局域网，因而这种方法具有更大的灵活性，而且也很容易通过路由器进行扩展。当然这种方法不适合局域网。

⑤ 基于规则划分，也称为基于策略划分。这种方法是最灵活的虚拟局域网划分方法，具有自动配置的能力，能够把相关的用户连成一体。网络管理员需要在网络管理软件中确定划分虚拟局域网的规则或属性，当一个站点加入网络时，将会被自动感知并分配到正确的虚拟局域网中。同时，对站点的移动和改变也可以自动识别和跟踪。采用这种方法可以方便地通过路由器扩展网络规模，有的产品还支持一个端口上的主机分别属于不同的虚拟局域网。自动配置虚拟局域网时，交换机中的软件自动检查进入交换机端口的广播信息的 IP 源地址，然后自动将端口分配给一个由 IP 子网映射成的虚拟局域网。

⑥ 按用户定义、非用户授权划分。这种方法是指为了适应特别的虚拟局域网，根据具体的网络用户的特别要求来定义和设计虚拟局域网，允许让非虚拟局域网群体用户进行访问，在得到管理认证(例如通过密码等方式)后加入虚拟局域网。

[练习]通过 IP 地址 192.168.1.1 进入路由器设置页面，进行各种网络管控设置。

2. 虚拟专用网

虚拟专用网(VPN)的功能是在公用网络上建立专用网络，进行加密通信。虚拟专用网属于远程访问技术，常见的应用场景是让身在异地的人员通过公共网络来访问内部的私有网络。解决方法就是在内网中架设一台虚拟专用网服务器，外地人员在当地连上互联网后，通过互联网连接虚拟专用网服务器，然后通过该服务器进入内网。为了保证数据安全，虚拟专用网服务器和远程用户机器之间传输的数据需要进行加密处理。实际上虚拟专用网使用的是互联网上的公用链路，只是利用加密技术在公网上封装出一个数据通信隧道。

　　虚拟专用网的基本工作原理是在内网内部设立一个虚拟专用网的网关，该网关一般采用双网卡方式，外网卡使用外网 IP 接入互联网，内网卡使用内网 IP 接入内网。需要接入虚拟专用网的外网设备会由网络管理员进行设置，一方面告知外网设备用户使用外网设备时需要连接的虚拟专用网网关，另一方面在虚拟专用网网关内会设置允许的外网设备信息，虚拟专用网网关根据网络管理员设置的规则，确定对数据进行加密还是直接传输。外网设备发送的数据包经过加密发送到虚拟专用网网关，由虚拟专用网网关进行处理后发送到对应访问的内网设备，然后将内网设备返回的信息经过加密封装再发送回外网设备。常见的虚拟专用网的隧道协议主要有 PPTP、L2TP 和 IPSec，其中 PPTP 和 L2TP 协议工作在开放系统互连网络模型的第二层、IPSec 协议工作在第三层。

　　[练习] 阅读了解 PPTP、L2TP 和 IPSec 的技术细节。

4.3　容器虚拟化

　　传统的虚拟化面向操作系统，Hypervisor 需要建立一整套可以用来执行虚拟机操作系统的独立环境，建立的虚拟机需要安装操作系统之后才能使用。这意味着从物理机到最终需要执行的应用程序中间要经过物理机操作系统、Hypervisor 和虚拟机操作系统等多个层次，这些层次使得整个使用和管理过程非常烦琐，带来了巨大的额外资源开销。

1. 容器的概念

　　在计算机中，容器(container)是指可以支撑(容纳)应用程序运行的独立环境。容器虚拟化面向应用程序，依托物理机的操作系统(也称宿主机操作系统)，将操作系统的资源进行划分，把应用程序执行所需的各种相关资源打包成单个独立的执行环境(即容器)，使得容器间的资源相互隔离，同一容器内的资源可以共享使用，但不同容器间的资源不能共享使用。

　　容器技术是一种轻量级的、可移植的虚拟化技术。由于容器无须虚拟机再安装操作系统，而是共享宿主机的操作系统，利用宿主机操作系统的核心系统层功能实现隔离，所以资源消耗比传统 Hypervisor 建立虚拟机并安装操作系统的方式要少得多。容器将应用程序所需的相关程序代码、函数库、环境配置文件等都打包起来建立执行环境，执行环境虽然由宿主机操作系统支持，但又不与具体的宿主机绑定，仅是一个资源集合的概念。对于容器内部的应用程序而言，宿主机的更换并不会对容器环境造成改变，因此容器可以被移植到不同的宿主机上。

　　容器技术的思想与沙盒(sandbox，或称沙箱)[37] 的思想类似。沙盒最初是在计算机安全领域为了测试一些来源不可信、具破坏力或无法判定程序意图的程序的执行效果所创建的一种程序执行的隔离环境。由于程序执行会产生的后果未知，尤其是一些可能存在潜在风险的程序，所以沙盒需要严格控制其中的程序所能访问的资源和具有的权限，并通过比如强制回收、释放等手段将沙盒使用的资源还原成原有状态。沙盒相当于一个从计算机中独立出来的可还原的环境，这个环境中的所有改动对沙盒外的内容不会造成任何影响。沙盒技术通常被计算机技术人员广泛用于测试可能带病毒的程序或是其他恶意代码。

2. Linux 容器

Linux 容器（Linux Container，LXC）[38]是一种操作系统层、轻量级的虚拟化解决方案。它将应用软件执行所需的环境打包成一个软件容器，内含应用软件本身的代码以及执行所需的操作系统核心和库，通过统一的命名空间和共享应用程序接口分配不同软件容器的可用硬件资源，创造出应用程序的独立沙箱运行环境。Linux 容器将由单个操作系统管理的资源划分到孤立的组中，每个容器包含若干资源，容器间的资源互相隔离，无法共享使用。容器资源由容器内进程共享，应用程序看到的操作系统环境被分隔成独立区间，包括进程树、网络、用户 ID，以及挂载的文件系统等。

Linux 容器的常用命令如下：

① lxc-checkconfig

功能：检查系统环境是否满足容器使用要求。

② lxc-create

功能：创建 Linux 容器。

格式：lxc-create -n NAME -t TEMPLATE_ NAME。

③ lxc-start

功能：启动容器。

格式：lxc-start -n NAME-d。

④ lxc-info

功能：查看容器相关的信息。

格式：lxc-info -n NAME。

⑤ lxc-console

功能：附加至指定容器的控制台。

格式：lxc-console -n NAME -t NUMBER。

⑥ lxc-stop

功能：停止容器。

⑦ lxc-destroy

功能：删除处于停机状态的容器。

⑧ lxc-snapshot

功能：创建和恢复快照。

[练习]使用 Linux 容器创建容器并练习使用，了解 Linux 容器的各种功能。

Linux 容器在资源管理方面依赖于 Linux 内核的 cgroups 子系统。cgroups 子系统是 Linux 内核提供的一个基于进程组的资源管理框架，可以为特定的进程组限定可以使用的资源。cgroups 提供类似文件的接口，在/cgroup 目录下新建一个文件夹即可新建一个 group，可以对该 group 进行资源配额的设置和度量，在 group 的文件夹中新建 task 文件并将进程 pid 写入该文件，即可实现对该进程的资源控制。

　　Linux 容器在隔离控制方面依赖于 Linux 内核的 namespace 特性，为进程、网络、文件、消息、分时操作、用户等设置相应的标签，标记分属哪个容器，实现隔离。相同 namespace 下的进程号 pid 不能重复，但是不同 namespace 的进程可以有相同的进程号 pid，例如每个 namespace 中有自己的 pid = 1 的初始进程。每个 namespace 中的进程只能影响同 namespace 或子 namespace 中的进程。每个 net namespace 有独立的网络设备、IP 地址、IP 路由表和/proc/net 目录。Linux 容器中的进程交互还是采用 Linux 进程间常见的交互方法，例如信号量、消息队列和共享内存，但要求具有相同 namespace 的进程间可以交互，不同 namespace 的进程间不能直接交互。mnt namespace 允许不同 namespace 的进程看到的文件结构不同。类似 Linux chroot，Linux 容器将一个进程放到一个特定的目录执行，每个进程单独放到相应目录中，不同容器会改变程序执行时所参考的根目录位置，因此分属不同 namespace 的进程所看到的文件目录被隔离开，所能看到的文件架构不同。分时操作 uts（UNIX time-sharing system）namespace 允许每个 Linux 容器拥有独立的 host name 和 domain name，使容器在网络上可以被视作一个独立的节点而非主机上的一个进程。类似原来一台计算机可以有多个用户，Linux 容器通过 user 将用户的创建下沉到容器一级，使得每个 Linux 容器可以有不同的 user id 和 group id。user 可以以容器内部用户身份而非以主机上的用户身份在容器内执行程序。

　　[练习] 了解 Linux 的 cgroups 和 namespace 的相关功能。

　　Linux 容器与宿主机使用同一个内核，不需要指令级模拟和即时编译，由宿主机本地操作系统运行指令，且不需要任何专门的解释机制，避免了准虚拟化和系统调用替换中的复杂性，性能损耗小。Linux 容器在隔离的同时还提供共享机制，以实现容器与宿主机的资源共享。Linux 容器是 Linux 系统下创建容器的技术手段，创建的容器可以被其他开源容器管理工具所使用。代表性的工具包括 Docker 和 Proxmox VE 等。最初版本的 Docker 也是基于 Linux 容器技术，在 0.9 版之后 Linux 容器不再是唯一且默认的运行环境。Proxmox VE 在 4.0 版也开始使用 Linux 容器技术。

　　Docker[39] 是 PaaS 提供商 dotCloud 开源的一个最早基于 Linux 容器的高级容器引擎，是基于进程容器的轻量级虚拟机解决方案。Docker 基于 go 语言并遵从 Apache 2.0 协议开源，源代码托管在 Github。Docker 让开发者可以打包其应用以及依赖包到一个可移植的容器中，然后发布到任何流行的 Linux 机器或 Windows 机器上。

Docker 使用客户端–服务器架构模式，使用远程应用程序接口来管理和创建 Docker 容器。Docker 客户端发送相关服务请求如创建、运行、分发容器等，Docker daemon 作为服务端接受并处理来自客户端的请求。Docker daemon 一般在宿主机后台运行，等待接收来自客户端的消息。Docker 客户端和服务端既可以运行在一台机器上，也可分别部署在不同机器上，通过 socket 或者 RESTful API 进行通信。

Docker 的核心概念包括镜像、仓库和容器。Docker 镜像是一个只读的容器模板，用来创建 Docker 容器。Docker 仓库用来存储 Docker 镜像，是上传或下载镜像的公共或私有空间，公共的 Docker 仓库由 Docker Hub 提供。Docker 容器包含应用程序运行所需的所有环境。每个 Docker 容器都是使用 Docker image 创建的，可以运行、启动、停止、移动和删除。每个 Docker 容器都是一个独立和安全的应用平台。

Docker 是对容器的高级封装，提供各种辅助工具和标准接口使得容器更加简洁易用。Docker 提供的额外管理功能包括标准统一的打包部署运行方案、历史版本控制、镜像的重用和共享发布等。Docker 容器通过 Docker 镜像创建，只需构建一次即可在各种平台上运行。

[练习] 了解 Docker 的相关功能。

4.4 广义虚拟化

虚拟化的本质如图 4-13 所示。

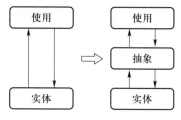

图 4-13　虚拟化的本质

传统的资源使用是在现实世界通过资源物理实体的相关访问接口直接访问使用资源实体，而虚拟化则是在物理实体之上增加了一个抽象层，使用资源时不再直接访问资源物理实体本身的接口，而是访问抽象层提供的抽象接口，由抽象层再调用资源物理实体。增加了一个抽象层之后，由于使用时访问的是抽象层提供的抽象接口，因此只要抽象层提供的接口不发生变化，无论抽象到实体的映射如何变化，比如底层物理实体进行更换等，使用到抽象的交互是不变的。这使得上层的使用可以不受底层实体变化的影响，因此可以屏蔽底层物理实体的差异，为上层的使用带来便利；同时，底层实体可以根据实际使用情况进行调整，保证上层的使用，也使得底层实体得以替换和维护。此外，由于增加了抽象层，使得很多资源使用的管控逻辑，比如白名单、黑名单、资源使用配额限制、资源使用共享和隔离策略等可以在抽象层完成，给资源的使用提供额外的扩展功能。

本章主要介绍了计算机资源，如 CPU、内存、磁盘、I/O 设备、网络等是如何虚拟化的。实际上，被虚拟化的可以不仅仅是计算机资源，现实世界的各种资源都可以通过上述手段进行虚拟化，即更加广义的虚拟化，然后通过计算机利用互联网访问在 IT 世界中虚拟化的资源。

以日常生活中较为常见的打车为例。出租车是一种现实世界的非 IT 资源。传统的打车是在现实世界中直接访问。出租车司机在车辆可以载客时亮起空车标识，在道路上行驶并观察路边是否有乘客要打车。需要打车的乘客在路边观察到来车以及车辆具有空车标识可以载客时，向出租车招手示意，出租车司机观察到之后靠边停车，乘客上车开始使用资源。上述资源使用过程是图 4-13 左侧所示的传统的在现实世界直接使用资源物理实体的模式。通过使用过程的描述不难发现，整个使用过程需要司机和乘客在现实世界中靠观察来获取是否有资源到来、资源是否空闲以及是否有资源使用需求的信息。如果司机和乘客在彼此的视界范围之外，比如距离过远、被遮挡甚至是当前没有注意到，都会导致资源无法被使用。

如果采用图 4-13 右侧所示的虚拟化使用模式，即在 IT 世界中建立对资源物理实体的描述和访问使用接口，通过该接口访问使用资源物理实体，则可以有效地解决上述问题。现在的各种打车应用软件实际上就是这样的一种使用模式。出租车在打车应用软件上被 IT 化地表示描述，例如车辆的 ID（如车牌号）、司机的信息、车辆当前的位置、车辆的载客状态等。出租车资源的使用访问接口由传统的现实世界自然观察方式变成在抽象世界的信息访问接口。乘客通过打车应用软件发布打车需求，提供上车地点和目的地、用车时间等信息，一定范围内的出租车司机即可在打车应用上看到用车信息，根据自身情况选择是否提供资源。通过抽象的方式使用资源一方面能够充分利用信息通信技术在信息发布、检索、传输等方面的快速、低成本优势，打破传统现实世界信息交互的局限性；另一方面可以增加管控逻辑，例如打车时仅允许距离乘客一定范围内的出租车司机看到相关信息，或距离近、评价等级高的司机在抢单时有更高优先级等。

现在的图书馆管理也是采用相同的模式。早期的图书馆借书方式需要读者直接在图书馆书架上按照图书分类号进行查找，效率较低。现在的图书馆则通过图书管理系统进行管理，当有新书进馆时，首先需要在系统中进行"建账"，建立的"账"即是物理图书在虚拟世界 IT 系统中的表示，然后借书、还书等相关的管理操作都可以通过账的操作完成。用户通过自行提取或者快递配送方式获得真实的图书。

除了上述示例之外，类似使用相同模式的还有餐饮行业演变成外卖服务、传统零售行业卖场演变成各种电商平台等，现实世界中的各种资源都可以使用这种模式，将传统行业与 IT 结合起来，形成一种创新模式。"互联网+"模式[40]就是"互联网+传统行业"的一种创新模式，利用信息平台和互联网，使得互联网与传统行业进行融合，创造传统行业的新发展机会。"互联网+"代表着一种新的经济形态，以优化生产要素、更新业务体系、重构商业模式等途径来完成经济转型和升级，使得传统行业能够适应当下的新发展，以产业升级提升经济生产力，从而最终推动社会不断地向前发展。

思考题

1. 开发移动终端应用时，安卓 APP 是否可以在苹果手机上运行，反之是否可以？安卓 APP 是否可以在各种安卓系统上运行？考虑不同厂商手机屏幕大小、形状、硬件等差异，如何保障适配性？

2. 什么是服务器？

3. 服务器的常见管理问题有哪些？

4. 什么是冯·诺依曼结构？

5. 什么是 CISC，什么是 RISC？

6. 你听说过的 CPU 架构有哪些，多核 CPU 是如何工作的？

7. 什么是 CPU，什么是 GPU，CPU 和 GPU 有什么区别？

8. CPU 虚拟化有哪些方式，工作原理分别是什么？

9. GPU 虚拟化有哪些方式，工作原理分别是什么？

10. 操作系统是如何使用内存的？

11. 内存虚拟化有哪些方式，工作原理分别是什么？

12. 什么是 SAN，什么是 NAS，两者有什么区别和联系？

13. 代表性的 RAID 技术有哪些，工作原理分别是什么？

14. 什么是设备与 I/O 虚拟化，Intel VT-d 的工作原理是什么？

15. Linux 网络虚拟化的工作原理是什么？

16. 什么是 VLAN，VLAN 的划分方式有哪些？

17. 什么是 VPN，VPN 的工作原理是什么？

18. 什么是容器虚拟化？

19. 什么是 LXC，LXC 的基本工作原理是什么？

20. 虚拟化技术在现实世界其他行业领域的各种资源使用上可以进行什么应用？

第5章 虚拟化资源管理工具

在上一章中我们学习了虚拟化技术的基本概念和一些代表性的虚拟化技术，各种资源在虚拟化之后，需要通过虚拟化资源管理工具来将虚拟化后的资源汇总成资源池，然后为用户提供服务，进行资源的取出和收回。

5.1 虚拟化资源管理工具概述

微视频：
虚拟化资源
管理工具概
述

虚拟化技术使得用户可以在逻辑层面使用资源，无须关心资源的具体底层实现。在使用资源时，需要虚拟化资源管理工具来实现资源的部署和使用管理。虚拟化工具是基于虚拟化技术为用户提供以虚拟化方式使用资源的模式，虚拟化资源管理工具是在虚拟化工具的基础之上，对虚拟化资源的使用进行管理，两者之间的关系类似于数据库系统和数据库管理系统。IaaS 核心的资源管理服务即可基于虚拟化资源管理工具进行实现。

截至 2020 年底，我国国内市场份额最大的商用 IaaS 服务是阿里云，世界上市场份额最大的商用 IaaS 服务是亚马逊公司旗下的 AWS（Amazon Web Services）。阿里云和 AWS 均以服务的方式实现各种功能，开放各种功能的 Web Service 接口，通过面向服务的体系结构（SOA）以松耦合的方式进行服务集成。以 AWS 为例，AWS 在不同层次上提供了多种服务。在访问层上，AWS 提供了应用程序接口（API）、管理控制台和各种命令行等服务；在通用服务层上，AWS 提供了身份认证、监控、部署和自动化等服务；在 PaaS 服务层上，AWS 提供了并行处理、内容传输和消息服务等服务；在 IaaS 服务层上，AWS 提供了计算 EC2、存储 S3/EBS、网络服务 VPC/ELB 等。AWS 以 Web Service 接口管理一切服务，通过认证、授权区分用户，形成了一整套 IaaS 层服务的接口标准，构建了完整的 IaaS 云服务生态系统，支持用户通过服务接口调用方式更高效地使用各种服务构建自己的应用。AWS 是典型的商用版产品，为广大用户搭建了一个商用的 IaaS 平台。

从底层硬件的角度来看，目前已有多种虚拟化技术供用户选择，例如 KVM、Xen、ESX、ESXi、Hyper-V 等。用户除了选用商用产品之外，还产生了基于这些虚拟化技术构建自己私有云的需求，这种需求促进了开源虚拟化资源管理工具的产生。构建私有云，同样是以松耦合的思想，通过组合组件、模块和服务从而构成整个系统，同时需要组件、模块和服务功能内聚以便小团队独立维护，进行独立的设计、开发和演进。代表性的开源虚拟化资源管理工具包括：Eucalyptus、OpenNebula、CloudStack 和 OpenStack 等。

1. Eucalyptus

Eucalyptus(Elastic Utility Computing Architecture for Linking Your Programs To Useful Systems)[42]起源于美国加利福尼亚大学圣巴巴拉计算机科学学院的一个研究项目，是一种开源的软件基础结构，通过计算机集群实现弹性的云计算。Eucalyptus 现在已经商业化，但仍然按开源项目维护和开发。Eucalyptus 基于 Xen 和 KVM 虚拟机，企业版支持 vSphere ESX/ESXi。

Eucalyptus 采用松耦合组件化的架构，这些组件使用简单对象访问协议 (SOAP)进行消息传递和通信。Eucalyptus 包含以下几个主要组件(图 5-1)：

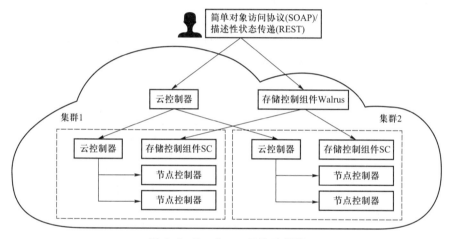

图 5-1 Eucalyptus 架构示意图

① 云控制器(cloud controller，CLC)。云控制器是 Eucalyptus 的核心控制组件，负责管理控制整个系统。云控制器是用户和管理员进入 Eucalyptus 的主要入口，所有客户端通过基于简单对象访问协议或描述性状态传递(REST)的应用程序接口与云控制器通信，由云控制器负责将各种请求转发给对应的组件并收集组件的响应反馈到对应的客户端。

② 节点控制器(node controller，NC)。节点控制器负责控制物理机操作系统及相应的 Hypervisor，如 Xen 或 KVM 等，根据用户请求产生相应的虚拟机实例。

③ 集群控制器(cluster controller，CC)。集群控制器负责管理 Eucalyptus 内部集群的虚拟实例，控制虚拟实例的全生命周期。集群控制器基于访问控制协议或描述性状态传递的应用程序接口接收服务请求，与集群内部各个节点的节点控制器交互，将生成虚拟实例的请求分配到具体实际提供资源节点的节点控制器。

④ 存储控制组件 Walrus 和 SC(storage controller)。Walrus 和 SC 联合提供

Eucalyptus 的存储服务。Walrus 也是基于简单对象访问协议或描述性状态传递的应用程序接口接收服务请求，将请求发送给 SC，SC 基于 Amazon 的 S3 接口提供虚拟机的相关数据存储内容，存储内容可以是公共或者私有，以压缩和加密格式存储，当某个节点基于镜像启动实例时被访问和解密。

基于 Eucalyptus 搭建的云环境可以包含来自一个或多个物理集群的计算资源，其中一个集群是连接到相同局域网的一组服务器。在一个集群中可以有一个或多个节点控制器管理虚拟实例的实例化和终止。Eucalyptus 的各个组件可以采取分布式部署的方式，分别部署在不同的服务器上。

2. OpenNebula

OpenNebula 是 2005 年欧洲研究学会发起的虚拟基础设备和云端运算计划的虚拟化管理层的开源实现，支持 Xen、KVM、VMware ESXi 等虚拟机，基于这些虚拟机允许用户构建自己的云环境，包括私有云、公有云和混合云。此外，OpenNebula 还提供云适配器可以与 Amazon EC2 协同管理混合云。

OpenNebula 也采用松耦合组件化的架构(图 5-2)。OpenNebula 的基本架构主要分为三层：工具层、核心层和驱动层。

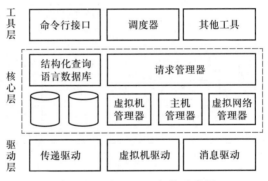

图 5-2　OpenNebula 架构示意图

① 工具层。OpenNebula 提供了许多优秀的工具，例如命令行接口(command line interface，CLI)、调度器，或者是使用 XML-RPC 接口开发的第三方工具。用户可以很方便地利用这些工具来控制 OpenNebula 管理的虚拟资源，系统向这些接口开放了所有功能，使用者在定制进程之前或之后都可以很容易地进行整合。

② 核心层。该层有很多重要部件，包含虚拟机管理器(VM manager)、主机管理器(host manager)、虚拟网络管理器(virtual network manager)、请求管理器(request manager)、结构化查询语言数据库(SQL pool)等。其中，虚拟机管理器用于管理和监控虚拟机，虚拟网络管理器负责管理虚拟机的 IP 地址和 MAC 地址，主机管理器的主要功能是管理云平台中的物理主机和监控主机的运行状态。上述三个管理器都是通过调用驱动层的接口来实现各自功能的。请求管理器对外提供了一个基于 XMP-RPC 的接口，用于响应工具层发来的各种请求并调用对应的组件来执行具体操作。用户可以通过请求管理器请求操作

OpenNebula 内核的绝大部分功能。结构化查询语言数据库存储了所有物理主机和虚拟机的监控数据和相关配置信息，以及镜像文件的位置、虚拟网络的信息等。该数据库一般是一个简单的 SQLite 数据库或 MySQL 数据库。当然，用户也可以根据自己云平台的具体需求通过脚本或者软件更改数据库的位置。

③ 驱动层。该层是整个架构的最底层，主要包含一些直接与底层操作系统进行交互的驱动程序。其中，传递驱动用来管理在存储系统上的镜像文件。存储系统一般是共享式文件系统，如 Network File System（NFS）或 Internet Small Computer System Interface（iSCSI）。如果不用共享式文件系统，也可以考虑采用通过安全外壳（secure shell，SSH）协议来对镜像进行简单的复制。虚拟机驱动负责管理运行在物理主机上的虚拟机，内核层中的虚拟机管理器其实也是通过虚拟机驱动来控制虚拟机的。消息驱动通过 SSH 协议在各个物理主机上远程复制和执行，主要功能是获取物理主机和虚拟机的运行状态。

OpenNebula 是一种轻量级的虚拟化资源管理工具，采用无代理模式管理虚拟化资源。它支持使用共享存储设备提供虚拟机镜像服务，使得每个计算节点都能访问到共享的虚拟机镜像资源。当用户需要启动或关闭虚拟机时，Open-Nebula 通过 SSH 协议登录到计算节点，在计算节点上直接运行虚拟化管理命令，因此 OpenNebula 无须在计算节点上安装额外的软件或服务进行管控代理，能够降低整个系统的复杂性。

3. CloudStack

CloudStack 是由 Cloud.com 开发的开源 IaaS 软件，被思杰公司（Citrix）收购后捐献给 Apache 基金会。CloudStack 基于 Java 支持多种 Hypervisor，包括 Xen、KVM、Hyper-V 以及 ESXi 等，通过多租户管理方式支持用户对虚拟化资源进行管理，搭建自己的云服务。

如图 5-3 所示，CloudStack 也采用多模块松耦合的系统架构，提供原生自定义以及支持 AWS 兼容应用程序接口的方式进行功能访问。CloudStack 的核心功能包括 Hypervisor 上的实例管理，网络编排服务（如 DHCP、NAT、防火墙和 VPN 等），计算、存储和网络等资源的监控和报告反馈，用户管理。CloudStack 资源管控的核心概念如下：

① 管理服务器：CloudStack 资源管理的核心，也称管理节点。整个 Cloud-Stack 的 IaaS 平台管控工作统一集中汇总在管理节点进行处理，包括接收和响应各种操作命令，以及负责管理和监控整个 IaaS 平台的工作状况等。

② 主机：CloudStack 中物理资源的最小单位节点，也称计算节点。主机用于提供物理的真实计算资源，比如一台物理服务器。

③ 集群：由一组相同硬件型号或使用方式的计算节点组成的资源集群。CloudStack 为了简化管控的复杂性，通常要求将型号相同的计算节点组成集群。

④ 机架：对应现实世界中的机柜，是组织若干计算节点的逻辑单元。机架包含交换机、服务器和存储设备，主机需要和机架在相同网段才能加入机架。

⑤ 区域：CloudStack 中最大的资源组织单元，相当于现实中的数据中心。

一个区域包含一个或多个机架。

⑥ 主存储与二级存储：CloudStack 中的存储方式。主存储与集群关联，为相应集群中主机的全部虚拟机提供磁盘卷。一个集群至少有一个主存储，且在部署时位置要临近主机以提供高性能。二级存储与区域关联，它存储模板文件、ISO 镜像和磁盘卷快照[50]。

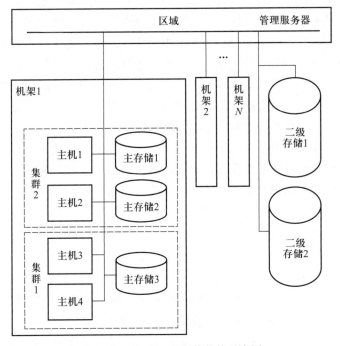

图 5-3　CloudStack 系统架构示意图

4. OpenStack

OpenStack 最早是由美国航空航天局(NASA)的 Nova 项目和 Rackspace 公司的 Swift 项目合作研发并发起的一个开源的云计算管理平台项目，现在发展成为一系列软件开源项目的组合，提供实施简单、可大规模扩展、丰富、标准统一的云计算管理平台，方便用户快速构建私有云和公有云并提供可扩展的弹性的云计算服务。OpenStack 提供类似于 Amazon EC2 和 S3 的云基础架构服务，以开源社区的方式运营。

（1）OpenStack 的基础功能架构

OpenStack 的基础功能架构如图 5-4 所示，主要包括资源层、管理层、集成层、逻辑层(控制层)和展示层。

① 资源层为上层功能提供底层物理资源支持和访问，主要包括计算资源、存储资源和网络资源三大模块，分别提供计算、存储和网络功能。

② 管理层提供管理功能，主要包括监控和管理员应用程序接口。其中，监控提供各种监控和管理功能，管理员应用程序接口则提供超级管理员功能接口。

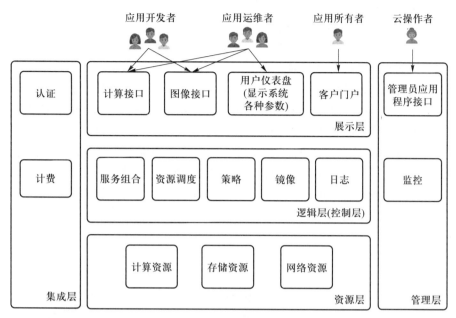

图 5-4 OpenStack 的基础功能架构示意图

③ 集成层主要包括认证和计费。其中，认证负责用户和服务访问的认证授权，保障集成时的权限控制；计费则用于资源的使用计量和计费。

④ 逻辑层（控制层）是 OpenStack 的核心组件，包括服务组合、资源调度、策略、镜像和日志。其中，服务组合（Orchestration）的英文原意为管弦乐编曲，在服务计算中延伸为服务组合。类似管弦乐编曲将多种乐器的演奏汇总为一种混响效果，服务组合将各种功能各异的服务通过流程编排，形成一个功能更为强大的组合服务对外提供。用户在使用组合服务时感受到的是一个服务整体，无须关心隐藏在其中的复杂服务流程编排和逻辑管控。资源调度负责调度各种资源，当有服务需求时决定由哪些设备来具体提供服务资源。策略定义了各种管控策略，镜像负责管理镜像，日志负责记录与生成日志。

⑤ 展示层主要包含各种应用程序接口和可视化图形界面及操作台，如计算接口、图像接口、用户仪表盘（user dashboard）和客户门户（customer portal），用于与用户的交互和展示。

（2）OpenStack 的核心功能模块

OpenStack 的核心功能模块有：Openstack Compute（Nova）、Image Service（Glance）、Identity（Keystone）、Dashboard（Horizon）、Network Connectivity（Neutron）、Block Storage（Cinder）、Openstack Object Storage（Swift）。其中：

① Nova 负责整个集群的计算服务，包括调度服务、策略服务和对应的计算接口。

② Glance 负责提供镜像服务，包括镜像存储管理和镜像应用程序接口。

③ Keystone 负责提供认证授权服务。

105

④ Horizon 负责提供用户交互服务，包括云管理人员交互和云端用户交互。

⑤ Neutron 负责提供网络服务。

⑥ Cinder 和 Swift 负责提供存储服务，分别实现了面向存储空间管理的块存储和面向存储内容管理的对象存储。

其他管理模块还包括提供编排组织服务的 Heat、提供监控计量服务的 Ceilometer 等。Openstack 通过各种模块以服务调用的方式构建松耦合的虚拟化资源管理系统，为用户提供 IaaS 基础服务。

OpenStack 有多种常见的部署方式，如单节点部署、双节点部署和多节点部署(图 5-5)。单节点部署是指将所有管控功能和资源都部署在一台机器上；双节点部署是指将管控节点和计算节点分别部署，通过内部管理网络连接；多节点部署是对资源部署的进一步拆分，包括管控节点、计算节点、存储节点、网络节点等。

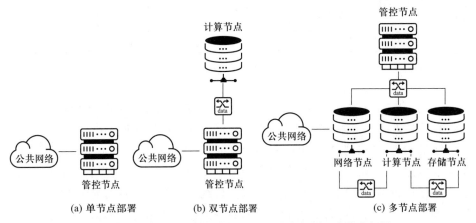

图 5-5　OpenStack 的单节点部署、双节点部署和多节点部署

综合各种开源的虚拟化资源管理工具不难看出，松耦合模块化是这些工具的主要架构特征，将各种管理功能独立成相应的模块，将模块的各种功能封装成网络服务接口对外提供服务，整个系统通过服务组合的方式形成完整的业务逻辑链条，实现对虚拟化资源的各种管理功能。

虚拟化资源管理工具本质上是一套管理系统，管理的对象是虚拟化了的 IT 资源。虚拟化资源管理工具从逻辑上将各种资源汇聚在一起，形成资源池，使得管理人员能够对各种资源进行分配和回收，并对资源的使用情况等进行监控，用户可以方便地申请和获得虚拟化资源。虚拟化资源管理工具通过与底层物理节点的 Hypervisor，如 KVM、Xen、Hyper-V、VMware ESXi 等进行交互，调用其功能部署生成具体的虚拟机供用户使用。本章以 OpenStack 和 Kubernetes 为例，介绍虚拟化资源管理工具对虚拟机和容器的管理。

5.2　虚拟机管理

本节主要以 OpenStack 为例，介绍虚拟化资源管理工具对虚拟机的管理。

5.2.1　镜像管理

镜像是 IaaS 中的核心概念，是计算、存储服务的载体。对于虚拟化资源管理而言，其核心任务是满足用户对各种 IT 资源的服务需求，根据用户的资源需求将所需的资源打包成整体（如虚拟机或容器），以服务的方式提供给用户。用户需求的 IT 资源涉及多个种类，如 CPU、内存、磁盘、网络等，每种资源的需求数量（配额）不同，对于用户而言，单独的资源很难发挥效能，各种资源需要打包整合之后才能使用；对于资源提供方而言，每种资源单独管理的开销十分巨大。

微视频：
镜像管理

在涉及多种资源的提供和管理时，将多种资源打包提供是人们经过长期实践探索之后总结出的一种切实可行而又简单高效的管理模式。例如通信领域的手机资费套餐，为满足用户的通信需求，将各种服务（如通话、短信、网络流量）和其他服务（如来电显示、彩铃等）汇总打包，从而形成一个套餐，能够方便服务的提供方进行管理、计量和计费。在餐饮领域，套餐或桌餐也是快速响应大量顾客的常用方式。在 IaaS 云服务中，镜像就是各种资源整合打包的载体。

1. 镜像管理中的实例概念

实例（instance）是镜像管理中的一个重要概念，顾名思义，实例就是实际的例子。镜像是一个资源的固定搭配组合模板，是一种抽象化的概念描述，而实例则是根据镜像的具体资源分配所创建出的真实可用的资源组合。例如，在某台物理机上根据镜像的资源配置要求创建出一台部署启动了的虚拟机，该虚拟机就是一个实例。

在现实世界中，物理计算机的型号有具体的配置参数，不同型号的计算机配置不同，型号就是一种资源组合的抽象描述。针对同一型号可以生产出若干台实际的计算机，这些相同型号的计算机是不同的个体实体，但是配置完全一样。在虚拟世界中，镜像和实例就类似于现实世界中型号和同型号的各台计算机。基于镜像可以创建出若干该镜像的实例，这些实例的资源配置符合镜像的配置要求，各个实例完全相同。

通过镜像和实例，虚拟化资源管理（如资源的分配、回收等）从细粒度的具体的各种资源层面被提升抽象到了粗粒度的资源组合层面。这样，一方面更加贴近用户的实际使用需求，用户通常无法只直接使用单一类型资源，各种资源需要组合在一起形成虚拟机或容器才能共同发挥作用；另一方面，资源管控的粒度过于精细将会带来额外的不必要的管理成本，粗粒度的资源管控能够有效地降低管理的复杂程度，节约管理开销。

2. 镜像管理的主要操作

镜像承载了用户所需的资源组合，由于不同用户对资源的需求不同，因此在进行虚拟化资源管理时，根据用户差异化的需求会产生大量的资源组合，这些镜像需要进行合理的组织和管理。镜像的管理主要包括创建镜像、删除镜像、修改镜像以及查询镜像等操作。通过镜像管理，可以方便用户在创建虚拟机时查找或建立自己需要的镜像。

[练习] 结合本书实验 1 体验镜像在虚拟机创建时的作用。

在创建虚拟机时，除了虚拟机的硬件配置信息之外，镜像还包含了虚拟机的软件内容，如操作系统、应用软件和相关数据等。对于计算机而言，硬件需要软件才能发挥其功能，用户对 IT 资源的需求即使仅是硬件需求，也要包含能够驱动硬件功能的基础软件（例如操作系统）才能发挥硬件的作用。考虑到虚拟机上所安装的软件内容的个性化差异，加上硬件配置的差异，待管理的镜像内容更为丰富和复杂。

因为还包含虚拟机的软件内容，镜像文件本身通常较大，在管理时如果直接在镜像文件自身上进行管理控制效率较低。元数据（metadata）是描述特定对象的描述数据，其目的是用于标识识别对象、评价对象以及追踪对象在使用过程中的状态变化等，方便进行对象的发现、查找、组织和管理。在管理系统中，对于对象的管理实际上是对于对象的元数据进行管理，然后通过元数据与对象本身的映射关系，实现对对象的管理。镜像管理也是一样，常见的做法是将镜像的实际内容数据和元数据采用分布式的方式分别存储，镜像文件本身采用文件系统或者对象存储系统进行存储；采用更为方便、高效的数据管理工具（如数据库）存储镜像的元数据，对镜像的元数据进行管理，然后通过元数据和实际内容数据的映射，建立完整的镜像管理方案。

（1）创建镜像

由于镜像分为元数据和内容数据，完整的创建镜像过程包括元数据的创建和镜像文件本身的创建两部分。

① 创建元数据。

在创建镜像时，一方面要在元数据层面创建一条新的元数据记录，保存新创建的镜像的相关元数据信息。元数据的常见内容包括 ID、名称、创建者、创建时间、镜像相关的各种状态位等相关标识信息，也可以包含软硬件配置等相关的描述信息，以及镜像文件的存储信息，如存储方式、存储工具和具体的存储文件名和存储文件路径等。元数据可以通过数据库以数据库表的形式存储，方便用户进行各种高效率的增、删、改、查操作。

② 创建镜像文件。在创建镜像时，另一方面要在镜像内容层面创建一个新的镜像文件。镜像文件可以是用户通过工具新生成，或者将一个已有镜像文件上传，创建的新的镜像文件的存储路径、命名、创建状态等相关信息是元数据的一部分。考虑到数据量的差异，通常元数据的创建效率很高，比如仅在数据

库表中插入一条新的记录，其速度要远快于镜像文件的创建。因此创建镜像的两个步骤可以采用同步机制，也可以采用异步机制实现。采用同步机制意味着元数据创建完毕之后需要等待镜像文件的创建，只有两者都创建完毕之后才反馈创建成功。采用异步机制则允许两个步骤不需要都完成，只需要在元数据中增加一个描述镜像文件创建状态的状态标识位，当元数据创建完毕时即可反馈创建成功，在后续查询中就已经能够被查询到，允许元数据创建完毕而镜像文件尚未创建，通过状态位进行标识。这时的镜像相当于仅有一个元数据信息，可用于仅需要元数据的管理场景，但无法被用于创建虚拟机等需要镜像文件的管理场景，需要等待镜像文件真正被创建好之后，修改了状态位才能被正常使用。

（2）删除镜像

与创建镜像相同，删除镜像也包括元数据的删除和镜像文件本身的删除两部分。

① 删除元数据。对于元数据删除而言，又可以分为逻辑删除和真实删除两个阶段。所谓逻辑删除实际上仅是对元数据的对应状态位进行标记，或者将该条记录从业务表中移动到其他的暂存表或者中转表中。逻辑删除后用户在查询显示时该条记录对用户不可见，但该条记录仍然存在于元数据库中，只是通过技术手段使得用户不可见。真实删除则是在元数据库中将该条元数据记录删除。通过逻辑删除和真实删除两个阶段，可以避免误删或者允许用户在删除之后的一定条件内再将数据找回。对于用户而言的删除是逻辑删除，逻辑删除之后真实删除之前实际上数据仍然存在，还可以很方便地还原回来。在逻辑删除之后，可以通过一定的数据回收或者垃圾清理机制驱动真实删除，常见的如时间机制，比如过 7 天之后如果没有找回则自动真实删除（相关机制详见第 6 章云存储）。真实删除意味着数据已经真正被删除无法找回了。

② 删除镜像文件。镜像文件的删除也可以参照元数据的删除流程分为逻辑删除和真实删除两个阶段。由于用户的相关管理操作首先是对元数据进行操作，因此逻辑删除是元数据的逻辑删除驱动镜像文件的逻辑删除，即先进行元数据的逻辑删除然后再进行镜像文件的逻辑删除。实际上由于两者均为打标记，执行的速度均很快，差异不大。为了减少元数据的管理复杂程度（异步时元数据中需要额外的状态位或状态标识用于标识不同的删除状态组合），两者通常也可以同步进行。但是在真实删除时，由于两者执行效率的差异，可能会产生垃圾残留，例如元数据已经被真实删除，此时镜像文件真实删除出错，但由于元数据已被删除无法重新定位查找到对应的镜像文件进行镜像文件真实删除，导致垃圾镜像文件出现。这种情况下通常采用同步方式同时进行删除（此时需要额外的同步机制保障二者合并作为原子操作被同时执行）。如果采用异步方式，则可以先进行镜像文件的真实删除，然后再进行元数据的真实删除。

（3）修改镜像

同理可知，镜像修改也包括元数据的修改和镜像文件本身的修改。但是与镜像的创建和删除不同，镜像修改有时需要二者关联均对应进行修改，有时可以仅需要修改镜像的元数据信息而无须改动实际的镜像文件。例如对镜像进行重命名操作，这时仅需要在镜像元数据中对镜像名称进行修改即可，而镜像文件本身甚至镜像文件在文件系统中存储的文件名都不用修改。需要注意的是，通常不存在仅修改镜像文件但元数据不发生变化的情况。

（4）查询镜像

查询镜像通常情况下是指对镜像的元数据进行查询，供用户查找符合查询条件的镜像信息。基于数据库存储的镜像元数据，可以通过数据库 SQL 语言编写查询语句进行查询。

（5）使用镜像

在创建虚拟机使用镜像时，首先访问镜像元数据，根据元数据可以查询镜像文件具体的存储文件名以及存储文件路径等，然后定位到镜像文件的具体存储节点读取访问具体的镜像文件。

3. OpenStack 提供的镜像管理服务功能模块

Glance 是 OpenStack 中提供镜像存储管理服务的功能模块，其基本结构如图 5-6 所示。其中，Glance-API 是基于描述性状态传递协议方式的操作镜像的服务接口，Glance-Registry 提供存储、处理和检索镜像元数据的功能，Glance-Database 用以存储镜像元数据，镜像文件本身通过 Glance Stores 进行存储。

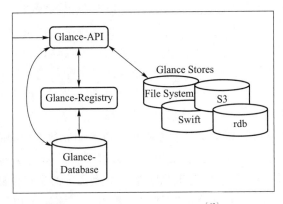

图 5-6　Glance 的基本结构[43]

Glance 在进行镜像管理时，镜像的主要状态标识如下：

① 排队。这是一种初始化镜像状态。在镜像文件刚被创建时，在 Glance 数据库中已经保存了镜像标识符，但还没有上传至 Glance 中，此时的 Glance 对镜像数据没有任何描述，其存储空间为 0。

② 保存。这是镜像的原始数据在上传中的一种过渡状态，它产生在镜像数据上传至 Glance 的过程中。一般来讲，Glance 收到一个镜像请求后才上传镜像。

③ 激活。这是当镜像成功上传完毕后的一种状态，它表明 Glance 中可用的镜像。该状态是镜像在正常使用时的常规状态，意味着镜像已经被完整地创

建了，包括元数据和镜像文件，可以被正常使用。

④ 未激活（deactivated）。该状态表示当前镜像禁止被非管理员用户访问。

⑤ 死亡。当镜像上传失败或镜像文件不可读时，Glance 将镜像状态设置成死亡状态。

⑥ 删除。该状态表明一个镜像文件马上会被删除，只是当前 Glance 中仍保留该镜像文件的相关信息和原始镜像数据。

⑦ 延迟删除（pending_ delete）。该状态类似于删除状态，虽然此时的镜像文件没有被删除，但镜像文件是不可用的，镜像将会被延时删除。处于该状态的镜像将根据回收策略在一段时间之后转为删除状态。

图 5-7 描述的是 Glance 中镜像的状态转换过程。当将镜像制作好后，执行上传操作，首先进入排队状态（这里针对的是同一时间有多个镜像上传），然后进入保存状态上传镜像，如果上传失败则回到排队状态或进入死亡状态。当上传成功后，将从保存状态进入激活状态，上传的镜像可以被正常使用。有时镜像文件小，网速快，部分镜像可以直接进入激活状态。管理员也可以将处于激活状态的镜像停止，即进入未激活状态，或将未激活状态的镜像恢复重新进入激活状态。在上述状态转换图中，我们可以将处于任何状态的镜像直接删除，此时镜像的状态就会从原先状态过渡到删除状态。正常情况下，一个镜像一般会经历排队、保存、激活和删除等若干状态，其他几种状态则是只有镜像出现异常情况时才会出现。

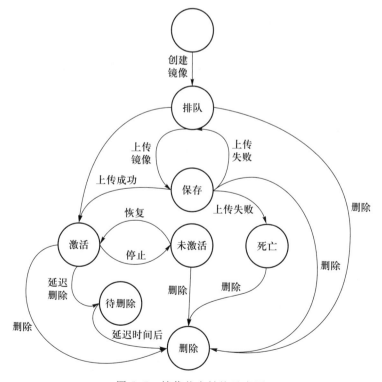

图 5-7　镜像状态转换示意图

5.2.2 计算管理

微视频：
计算管理

计算管理是虚拟化资源管理最为核心的功能。计算管理基于镜像管理中的镜像，调度分配具体的资源提供给用户。虚拟化资源管理的目的是满足用户对IT资源的服务需求，用户需要的是可以使用的虚拟机或者容器实例，镜像是对这些实例的抽象描述，是计算管理的基础，也是计算管理调度分配资源的重要依据。镜像描述了用户所需要的资源集合是什么，计算管理则负责根据镜像实际提供这些资源。

1. 计算管理的主要职责

（1）资源分配

计算管理的主要职责之一是进行资源的分配。一方面用户有资源的需求，最简单的需求就是基于某个镜像的一个实例，复杂的需求可以为若干个实例，这些实例分成若干类别，每个类别分别对应一个镜像，相同镜像的实例所需的资源是相同的。例如用户需要 5 台虚拟机，其中 3 台配置为 A 的，2 台配置为 B 的，那么意味着需要镜像 A 的 3 个实例、镜像 B 的两个实例。另一方面资源池中有若干台负责提供实际资源的物理机器，资源池之前可能已经承担了一定的用户资源需求，即已经分配了一部分资源。当新的用户需求到来时，计算管理根据用户需求以及当前资源的分配使用情况，决定由具体的哪些物理机器负责创建并提供用户所需的各个实例。

（2）生存周期管理

计算管理的另一项主要职责是进行实例的生存周期管理。对于用户而言，实例是满足用户对虚拟化资源需求的载体，虚拟化资源管理的核心就是实例的提供和管理。计算管理负责管理实例的整个生存周期过程，根据用户对于虚拟化资源的使用过程，实例的生存周期可以根据具体的管理需要划分为多个阶段，不同的管理策略对应的阶段划分各有不同。生存周期的主要阶段大致包括创建、使用、暂停和删除。

① 创建是实例生命周期的开始，在资源分配之后，被分配到任务的物理机器根据所分配的实例任务，调用本机安装的 Hypervisor 的相应接口，根据镜像创建具体的虚拟机或者容器实例。

② 使用是实例生存周期过程中的主要阶段，实例被创建的目的是提供给用户使用，用户在使用实例时，对实例各种资源的使用通过虚拟化技术转化为对启动实例的物理机的资源的使用。

③ 暂停是指用户当前暂时不再使用实例，但一段时间之后可能会继续再次使用，此时实例进入暂停阶段。

④ 删除是实例生命周期的终止，实例的删除意味着以后用户无法再使用该实例。

从资源管理分配的角度来看，创建意味着资源要分配提供给用户，删除意味着用户不再继续使用实例，资源可以被回收再分配。使用过程中实例对应的资源被用户占用，而暂停的处理过程则较为复杂，由于用户当前暂时不使用实例，从提高资源利用率的目的出发，此时可以将资源回收，等用户再次使用实例时重新分配。这种方式可以避免在暂停过程中对实例资源占用而导致的资源浪费，因为此时用户实际上并不需要使用资源，但是由于需要重新分配资源和启动相关环境，虽然资源管理效率和物理机性能的提升可以降低恢复启动的响应时间，这种方式的恢复启动过程相较不回收资源的方式仍然相对较长。从提高资源响应速度的目的出发，也可以在暂停时不回收资源，分配给用户的资源暂时闲置。这种方式虽然会导致一定的资源浪费，但是当用户恢复使用时，可以快速地进行响应，提高响应速度。为了优化管理，一方面减少资源浪费，提高资源重用，另一方面提高用户体验，减少响应时间，在进行实例生存周期管理时，可以对实例的暂停根据用户的实际使用情况进行进一步细分，针对暂停时间的长短采取不同的回收策略。

2. OpenStack 提供的计算管理服务功能模块

Nova 是 OpenStack 中提供计算管理服务的功能模块，Nova 模块的功能架构和主要组件如图 5-8 所示。

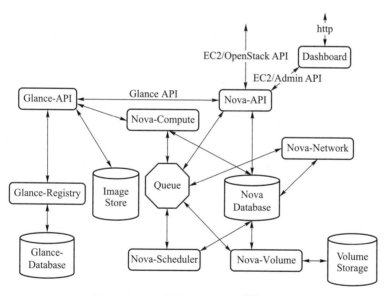

图 5-8　Nova 模块的功能架构[42]示意图

（1）Nova-API 组件

Nova-API 是基于描述性状态传递协议方式的计算管理服务接口，负责接收和响应来自外部的应用程序接口调用请求。Nova-API 是 Nova 模块的门户，所有对 Nova 的服务请求都需要通过 Nova-API 来进行处理。用户在使用计算管理服务时可以通过命令行的方式直接调用 Nova-API，也可以通过图形化界面工具 Dashboard 访问，Dashboard 提供了操作 OpenStack 的图形化管理控制台，用户在管理控制台上的各种操作（主要是各种功能的点击）会被 Dashboard 转换为相应的应用程序接口调用命令发送到相应的模块，其中计算管理相关的命令

113

发送到 Nova-API 执行。Nova-API 收到服务请求后首先检查命令调用是否合法有效，包括参数检查等，然后通过消息队列根据服务请求调用 Nova 的其他功能组件，最后将其他组件的调用返回结果再返回给调用端(通过命令行调用的客户端或 Dashboard)。Nova-API 对外提供了计算服务的统一接口，封装隐藏了内部细节。接口采用描述性状态传递方式，便于与第三方进行服务集成。Nova-API 支持多实例部署方式，即可以同时运行多个 Nova-API 进程接收服务请求，避免单个 Nova-API 出现故障或因请求过多拥塞导致的服务不可用/响应慢等情况。

(2) Queue 组件

Queue 是消息队列组件，负责协调 Nova 模块中各个功能组件之间的消息交互。Nova 模块内部也是组件化松耦合的方式，各个组件之间通过消息队列进行信息交互。消息队列的作用是对传统的消息发送方和接收方进行解耦，使得消息的传递不再由发送方直接发送给接收方，而是通过消息队列进行中转。消息发送方将消息发送给消息队列并标记消息主题，消息接收方通过订阅消息主题选择需要接收的消息内容，当有新消息到来时消息队列负责保存消息并通知消息接收方前来接收。消息队列将传统的同步消息发送变成了异步消息发送，消息发送时不再需要消息接收方直接接收，而是通过消息队列缓冲，待消息接收方有空的时候再去接收，这样可以有效地缓解由于消息发送和处理之间速度不匹配造成的拥塞问题，同时也更加有利于一对多或者多对多的消息发送场景。OpenStack 默认使用 RabbitMQ 作为消息队列。

(3) Nova-Scheduler 组件

Nova-Scheduler 是 Nova 模块中的调度组件，负责完成 OpenStack 计算管理的资源分配任务。其核心任务就是提供虚拟机的调度服务，根据用户的服务需求，在创建实例时决定由哪个计算节点负责运行哪个虚拟机实例。Nova 通过/etc/Nova/Nova.conf 中的参数 scheduler_driver 配置 Nova 具体使用哪个调度器，默认参数 scheduler_driver=filter_scheduler。Nova 也支持使用第三方提供的调度组件，通过参数配置调用即可。Nova-Scheduler 在进行资源调度时主要分为过滤和优选两个步骤。过滤是通过配置过滤器 filter 过滤掉不满足条件的计算节点。根据用户需求所创建的虚拟机实例包含多种类型的资源，如 CPU、内存、磁盘等，因此可以使用对应的过滤器对计算节点的资源使用情况进行过滤。比如通过 CoreFilter 检查计算节点当前可用的 vCPU 数量、通过 RamFilter 检查可用的内存量、通过 DiskFilter 检查可用的磁盘空间等。通过过滤后剩下的是满足条件的节点，可以将虚拟机实例分配给过滤后的任意节点，然后通过优选策略，如通过权重计算器计算选择权重值最大的计算节点来创建虚拟机实例。

(4) Nova-Compute 组件

Nova-Compute 是 Nova 模块中的虚拟机管理组件，该组件被部署在各个计算节点上，与节点上的 Hypervisor 一起完成对计算节点上的虚拟机实例的生存周期管理。Nova-Compute 负责响应 Nova 模块中对虚拟机实例的各种服务请求，包括 launch、shutdown、reboot、suspend、resume、terminate、resize、migration、snapshot 等。例如，Nova-Scheduler 经过调度之后产生由某个计算节点负责创建虚拟机实例的消息发送到消息队列，该计算节点上的 Nova-Compute 获取到该消息后在计算节点上创建虚拟机实例。Nova-Compute 响应实例的请求通过调用运行在计算节点上的 Hypervisor 的应用程序接口实现。

（5）Nova-Database 组件

Nova-Database 是 Nova 模块中的数据库组件。Nova 模块负责计算管理，对于管理系统而言需要对相关管理内容进行存储，例如管理对象的基本信息、状态等。Nova-Database 通过数据库的数据表存储管理相关数据，并提供数据库的相关操作接口。Nova-Database 主要使用的数据库是 MySQL。OpenStack 在 G 版本开始增加了一个 Conductor 组件封装了各种数据库操作，各个组件对 Nova-Database 中的数据库操作都通过 Conductor 组件实现。

（6）Nova-Network 和 Nova-Volume 组件

Nova-Network 和 Nova-Volume 分别是 Nova 模块中负责管理网络和磁盘数据卷的组件。Nova-Network 负责管理虚拟机的网络连接，包括虚拟机之间的网络拓扑以及虚拟机与外部网络的连接，使得各个虚拟机之间可以互相通信以及允许虚拟机能够访问 Internet。Nova-Volume 负责虚拟机的数据持久化存储管理，OpenStack 通过磁盘数据卷实现虚拟机实例数据的持久化存储，以便在实例关闭之后不会丢失数据。目前 OpenStack 提供了 Neutron 模块和 Cinder 模块分别实现网络管理和存储管理功能，相关功能将在本章 5.2.4 小节和 5.2.5 小节进行阐述。

3. Nova 模块的部署架构

Nova 模块的部署架构如图 5-9 所示。Nova 模块在部署时可以分为云控制器（Cloud Controller）和计算节点（Compute Node）两部分。其中：

① 云控制器是 Nova 模块中负责管理控制的组件，包括 Nova-API、Queue、Nova-Scheduler、Nova-Database 和 Nova-Volume 等组件。

② 计算节点在 Nova 模块中具体负责执行计算管理和提供计算资源。计算节点上需要安装 Nova-Compute、Hypervisor 及 Nova-Network 等组件。

对于整个 OpenStack 而言，Nova 模块虽然只有一个，但是该模块在实际部署时可以使用多台机器进行部署，包括一个云控制器和一个或多个计算节点。在 OpenStack 中，Nova 模块需要与图形化界面工具 Dashboard 模块的 Horizon、认证授权模块 Keystone 以及镜像管理模块 Glance 交互，这些模块可以部署在一起，也可以部署在不同的机器上。整个 OpenStack 系统是采用完全松耦合的模式，各个模块的功能以服务接口 REST API 的方式供其他模块调用，可以方便地进行弹性扩展。对于计算管理本身而言，Nova 模块也是一个松耦合的模块，整个集群计算资源的数量和能力可以通过增加计算节点数量的方式进行弹性扩展。

4. Nova 模块的工作流程

在虚拟机创建时，Nova 模块的工作流程如图 5-10 所示。

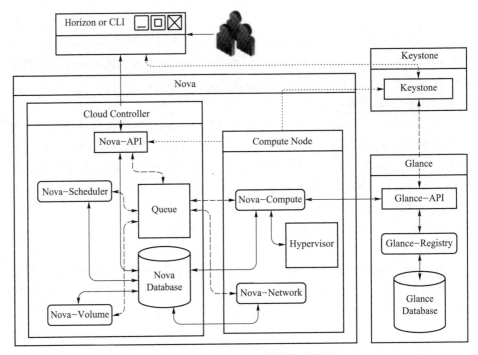

图 5-9　Nova 模块的部署架构示意图

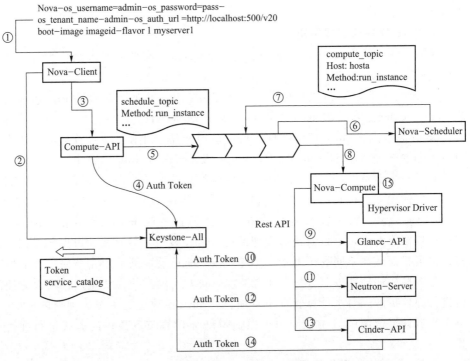

图 5-10　虚拟机创建过程

① 用户通过命令行或者图形化界面工具 Dashboard 提交创建虚拟机命令，该命令由 Nova-Client 端提交。

② 提交的命令首先被发送到认证授权模块 Keystone-All 进行认证授权，经过认证授权之后拿到令牌 Token 和可以访问的服务列表 service_catalog，服务列表中包含了下一步需要访问的服务 Compute-API，然后 Nova-Client 将命令和认证授权 Token 信息提交到 Compute-API。

③ Compute-API 收到来自 Nova-Client 提交的命令和认证授权 Token 信息之后，到认证授权模块 Keystone-All 对 Token 进行校验，校验确认后向消息队列发送一条消息，消息的主题是 Nova-Scheduler 订阅的主题，消息的内容是创建虚拟机实例及相关描述信息。

④ Nova-Scheduler 从消息队列处获取 Compute-API 发送给它的消息，经过调度算法对创建虚拟机实例任务进行分配，将任务分配给某个计算节点，然后向消息队列发送一条消息，消息的主题是对应计算节点 Nova-Compute 订阅的主题，消息的内容是创建虚拟机实例及相关描述信息。

⑤ 被分配任务的计算节点的 Nova-Compute 从消息队列处获取 Nova-Scheduler 发送给它的消息，根据创建虚拟机实例的镜像信息和认证授权 Token 信息，向镜像管理模块 Glance-API 发送获取镜像文件的服务请求，镜像管理模块 Glance-API 到认证授权模块 Keystone-All 对 Token 进行校验，校验确认后响应该服务请求提供镜像文件。

⑥ Nova-Compute 根据创建虚拟机实例的网络信息和认证授权 Token 信息，向网络管理模块 Neutron-Server 发送创建网络的服务请求，网络管理模块 Neutron-Server 到认证授权模块 Keystone-All 对 Token 进行校验，校验确认后响应该服务请求为虚拟机实例创建相应的网络环境。

⑦ Nova-Compute 根据创建虚拟机实例的存储信息和认证授权 Token 信息，向块存储管理模块 Cinder-API 发送数据卷服务请求，块存储管理模块 Cinder-API 到认证授权模块 Keystone-All 对 Token 进行校验，校验确认后响应该服务请求为虚拟机实例提供存储的数据卷。

⑧ Nova-Compute 在镜像、网络、存储都就绪后，调用节点本地 Hypervisor 的相应 API 创建并启动虚拟机实例。

[练习] 结合本书实验 1 体验 Nova 在 OpenStack 虚拟机创建时的作用。

通过上述过程可以发现，Nova 模块是整个 OpenStack 进行虚拟化资源管理和向用户提供虚拟化资源的核心模块，用户对虚拟化资源的请求通过 Nova 模块调用其他模块共同协作进行响应和提供。在整个过程中，如果需要跨模块访问，各个模块均需要到认证授权模块 Keystone-All 对认证授权 Token 信息进行校验。

5.2.3 权限管理

在虚拟化资源管理中，不同用户对各种资源在使用方式、数量等方面的权利各不相同，需要根据业务实际情况设置各种约束条件对其进行限制。

1. 权限管理的核心内容

由于权限设置涉及用户、资源、功能、约束逻辑等诸多维度，为了准确而高效地满足各种权限管控业务的需要，虚拟化资源管理中权限管理的主要核心内容可以分为认证、目录、令牌和策略 4 部分。

（1）认证

认证是一种信用保证形式，通常是指被认证对象经过认证活动确认具有一定的信用资质。对于虚拟化资源管理而言，认证的作用是确定用户以及定义用户所具有的权利。描述认证的核心内容主要包括用户、租户和角色。

① 用户。用户是功能、资源等被限制使用对象的使用者。用户可以是具体的某个人，也可以是一段程序。用户是认证的核心对象，认证的目的就是确认用户是谁，进而对其权限进行管控。在软件系统中，需要有唯一标识用户 ID 来表征用户。有些系统中用户名即用户标识 ID，有些系统中用户名则类似用户昵称，仅是用户自己起的一个称谓，系统中实际采用另一种 ID 来标识不同的用户。"用户名+密码"是常见的用于进行用户认证的一种手段，用户名相当于告诉系统用户是谁，而密码则是证实该用户的一种凭证手段。如果系统仅靠用户名+密码进行用户认证，这意味着只要用户名和密码匹配即可证实是该用户，也就是说任何人只要知道了用户名对应的密码进行登录，系统均认为是该用户。为了提高安全性，系统通常可以增加或采用一些其他识别手段，常见的有设备识别手段，用于识别用户常用的登录设备是否相同；行为识别手段，用于识别用户行为习惯（如时间、地点、操作方式等）是否相同；生物识别手段，如指纹、掌纹、唇纹、虹膜、声音、面部特征等是否相同。无论采取哪种识别手段，其核心目的均是确保当前登录的用户的确是用户本身，而非其他用户伪装。

② 租户。租户是服务中可以被访问或使用的资源的集合。对于模块化松耦合的系统，各种功能被封装成服务供用户使用，服务使用时伴随着资源的提供。权限管理的一个重要功能即判断对某些资源是否拥有相应的权限。由于某项服务在使用时可能需要多种类型不同数量的资源，这些资源的使用权限是相同的，为了简化管理，根据业务需要，将相应的资源打包形成一个集合，这个集合就是租户。用户和租户是不同的两个概念，二者之间是多对多的关系，一个租户对应多个用户，意味着该组资源可以供多个用户共同使用；一个用户对应多个租户，意味着该用户可以同时拥有多组资源。认证通过用户和租户的绑定约束表示用户对资源使用的限制条件。

③ 角色。角色是用户能够对租户资源进行的操作的集合。角色代表了一系列被允许执行的操作。一方面，角色需要跟资源建立关系，说明角色允许操作的资源是什么；另一方面，角色需要跟用户建立关系，说明哪些用户可以对资源进行什么操作。权限管理的核心任务就是定义清楚在什么条件下什么用户可以对哪些资源进行何种操作，并保障被允许的操作可以进行以及不被允许的操作不能进行。角色是常见的用来进行认证定义的对象，通过用户与角色的绑定

赋予用户对资源进行操作的权限。用户与角色之间也是多对多的关系,一个角色对应多个用户,意味着这些用户的角色相同,拥有相同的权限;一个用户也可以拥有多个角色,代表该用户同时拥有多个角色对应的权限。

通过认证,系统一方面可以确定操作的来源具体是哪位用户,另一方面通过用户和租户以及角色的关联关系,可以明确用户能够使用的资源和进行的操作,以便进行管控。

(2)目录

目录提供了用户可以访问的服务的列表。对于模块化松耦合的系统,各种功能被封装成服务供用户使用,用户通过服务访问资源和执行各种操作。用户经过认证之后,不同用户所能被允许访问的服务不同,这种差异即为权限管理的体现。对于用户而言,用户在使用服务时有两种可能,一种是用户并不知道自己可以使用的服务有哪些,也不清楚有哪些服务、分别是什么;另一种是用户知道自己想要使用的服务是什么,但是可能不清楚该服务是否被允许使用,因此需要一个列表向用户展示其所有可用的服务。

模块化松耦合的系统在部署时有利于弹性可扩展,分布式的系统通常采用横向扩展的方式提升系统能力。横向扩展意味着相同的服务可能有多个提供源,因此在描述可访问的服务时,也需要提供服务的具体访问接口,这个访问接口被称作端点(endpoint)。端点的常见描述方式是一个统一资源定位符(uniform resource locator,URL)地址。根据业务实际使用需要,端点 URL 还可以进一步细分为面向公共访问的 public-URL、面向私有访问的 private-URL 和面向超级管理员访问的 admin-URL。

(3)令牌

令牌是用户经过认证之后获得的一种信用凭证。权限管理需要对用户进行认证,用户通过认证之后即可根据预定义的业务逻辑获得对应的权利。当用户行使这些权利时,需要提供拥有该权利的证明。令牌是系统认证模块为用户颁发的认证证明,用以证明用户具有行使对应权利的权限。通常令牌是一串加密的字符串,带有一定的描述信息,每个令牌拥有唯一标识。令牌在使用时,有的令牌包含了用户信息、授权信息等一系列相关信息;有的令牌只是一个标识,令牌与用户的关联关系、权限信息等单独存放。前者令牌本身的数据量较大,加解密时间较长,但是通过令牌即可获得相关信息,执行管控时较为便捷;后者令牌的数据量较小,加解密时间短,但获取令牌之后还需额外的信息访问才能获取权限管控所需的相关信息,使用起来相对更为复杂。

系统在对用户进行授权时,虽然某些系统为了简化操作允许设置永久权限,但是更为安全和常见的做法是对授予的权利设置一个有效时间,用户在有效时间内可以行使权利,超出时间后则被中止。因此令牌管理通常需要一个临时/永久状态位,如果是临时令牌还需要额外字段对令牌的有效期进行描述。用户在行使权利时,权利的提供方会对用户的令牌进行核验,确保用户真正拥有行使某项权利的权限。因此令牌通常需要包含核验状态位,用于标记是否已

119

经被核验过。较为简单便捷的一种核验令牌方式是，向令牌的发放方核验是否为该用户发放了允许其使用某种权限的令牌。

[**练习**]联想现实中非 IT 领域的类似应用场景，例如通行证，体会令牌的作用和基本使用过程。思考现实场景中令牌使用时可能的弊端和可行的解决方案。

（4）策略

策略用于定义权限管理规则以及提供规则的执行引擎。权限即是对权利的限制，用于规范权利使用需要满足的约束条件。在权限管理中，约束条件通常通过规则的方式进行表示。策略定义的规则大致可以分为面向角色的规则、面向租户的规则、面向特定字段的规则，以及面向全局的规则。面向角色的规则主要是对用户的角色约束，例如"当进行数据删除操作时，要求用户角色必须为管理员才可以进行"。面向租户的规则主要是对用户的租户资源约束，例如"同时拥有资源 A 和 B 时才允许进行操作 C"。面向特定字段的规则主要是基于权限管理相关数据字段定义的约束，例如"当状态位 A = TRUE 时允许进行操作 B"。面向全局的规则通常不针对具体用户或特定的角色、租户，而是面向通用的全局性信息，例如"仅允许在 9：00—17：00 进行操作 A"。常见的规则定义包括对某些字段取值范围的定义、对字段取值逻辑运算的定义等。复杂的权限管控业务逻辑可以通过简单规则的逻辑组合实现。

2. OpenStack 提供的权限管理服务功能模块

Keystone 是 OpenStack 中对虚拟化资源进行权限管理的服务功能模块，其包含的核心概念如下[43]：

① 用户：拥有账户的凭证，用于与一个或多个项目或者域相关联以便建立权限。

② 组：用户的集合，用于表示与一个或多个项目或者域关系相同的一组用户。

③ 项目：OpenStack 中用于表示一组可用资源的单位。OpenStack 将一组资源打包成一个项目，项目与用户建立关联，表示用户对相关资源具有权限。早期 OpenStack 中使用租户（tenant）表示资源，现在改用项目表示。

④ 域：OpenStack 中表示资源限额的单位，包括用户、组和项目。

⑤ 角色：OpenStack 中表示与用户-项目对关联的元数据。

⑥ 令牌：标识用户或者用户-项目对的凭证。

⑦ 附加信息：与用户-项目对关联的键值对元数据的集合。

⑧ 规则：定义了一组执行一个动作的约束要求。

⑨ 目录：OpenStack 中表示用户可访问的服务的列表。

⑩ 端点：定义了服务的访问路径。

用户创建虚拟机实例时 Keystone 的权限管理过程如图 5-11 所示。具体如下：

① 用户/API 发送创建一个实例的请求，将自己的认证信息发送给 Keystone。认证成功后 Keystone 发给用户/API 一个临时令牌和一个 Keystone 服务的服务目录。

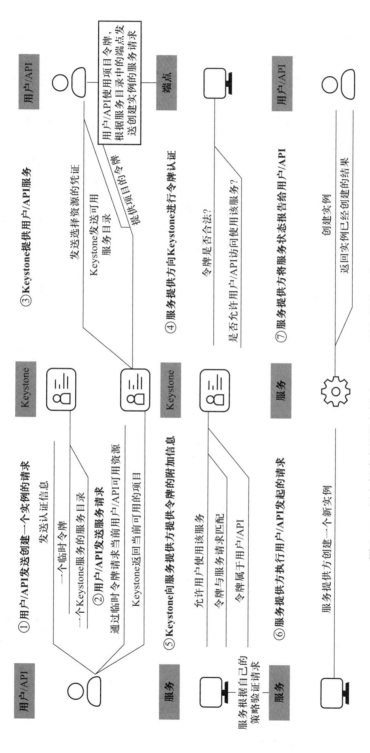

图 5-11 用户创建虚拟机实例时 Keystone 的权限管理过程

　　② 用户/API 通过临时令牌向 Keystone 发送服务请求，请求当前用户/API 可用资源，Keystone 返回当前可用的项目。

　　③ 用户/API 向 Keystone 发送选择的资源的凭证，告知 Keystone 用户/API 所属的项目。Keystone 收到请求后，发送该项目的令牌和可用的服务目录给用户/API。用户/API 使用该项目的令牌，根据服务目录中的端点发送创建实例的服务请求。

　　④ 服务提供方向 Keystone 进行令牌认证，包括令牌是否合法、根据用户/API 的角色决定是否允许用户/API 访问使用该服务。

　　⑤ Keystone 向服务提供方提供令牌的附加信息，若认证令牌是合法的，则令牌是属于用户/API 的，令牌与服务请求是匹配的，允许用户/API 使用该服务。

　　⑥ 服务提供方执行用户/API 发起的请求，创建实例。

　　⑦ 服务提供方将服务状态报告给用户/API，返回实例已经创建的结果。

　　根据上述过程，图 5-10 所示的虚拟机创建过程中的认证过程如图 5-12 所示。

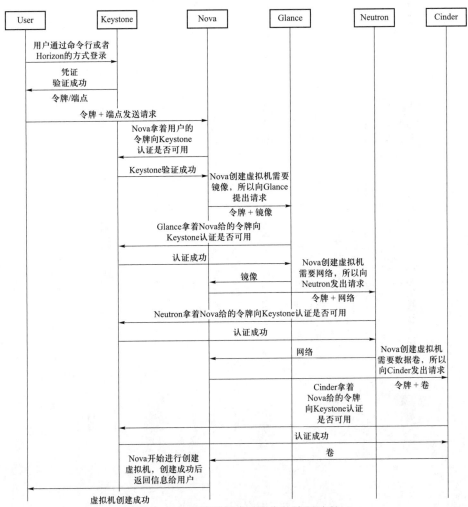

图 5-12　虚拟机创建过程中的认证过程

5.2.4 网络管理

虚拟化资源管理中的网络管理是为虚拟机构建网络服务，使得虚拟机能够像物理机一样使用网络。网络管理通过各种服务应用程序接口为虚拟机提供各种网络连接和寻址功能，能够模拟物理机的各种网络拓扑连接结构，并对虚拟机的网络访问进行各种管理控制。网络管理通过控制数据的发送/接收，使得用户可以根据自己的业务自定义符合业务需求的网络并使用。

[**练习**]根据计算机网络中物理机的网络管理实现过程，思考虚拟机网络管理的实现过程。

1. OpenStack 提供的网络服务功能模块

Neutron 是 OpenStack 中为虚拟机提供网络服务的功能模块。本小节介绍 Neutron 模块的功能架构、网络管理架构，以及该模块提供的网络模式。

Neutron 模块的功能架构如图 5-13 所示。其中：

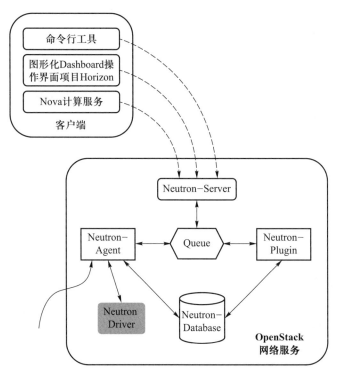

图 5-13　Neutron 模块的功能架构示意图

① Neutron-Server：Neutron 的主服务进程。该模块仅有一个并运行在集群控制节点之上，对外提供服务应用程序接口，负责响应来自客户端的 Neutron 服务请求，并根据请求内容通过消息队列调用网络插件（plugin）进行处理，最终由节点的各种代理（agent）完成请求。

② Queue：消息队列。Neutron 内的各模块也是采用服务化松耦合的方式进

行协调通信，Queue 通过订阅发布的方式支持 Neutron-Server、Neutron-Plugin、Neutron-Agent 之间进行消息传递。

③ Neutron-Plugin：Neutron 中实现虚拟网络模拟服务的功能组件，采用插件式实现，便于后续新增各种新的服务功能时可以简单地进行扩展。Neutron 中现有的核心插件包括实现基础虚拟网络功能（如实现子网、端口等）的 Core Plugin，实现 Core Plugin 之外基础网络功能（如路由器、防火墙、安全组、负载均衡等）的 Service Plugin，实现路由服务的 L3 Router Service Plugin 等。

④ Neutron-Agent：Neutron 中负责实现插件的代理模块。该模块通过使用物理设备或者虚拟化技术完成实际的操作任务，处理插件传来的请求，在网络端口上真正实现各种网络功能。插件和代理需要配套使用，每个插件有对应配套的代理负责实际执行。

⑤ Neutron-Database：Neutron 中负责存储 OpenStack 网络状态信息的数据库，存储的信息包括网络、子网、端口、路由等。

Neutron 的客户端可以使用 Neutron 服务的应用程序，包括命令行工具、图形化 Dashboard 操作界面项目 Horizon、Nova 计算服务等。

2. Neutron 模块的网络管理架构

OpenStack 在部署时可以采取集群部署的方式，通过多机部署方便地实现横向弹性扩展。Neutron 模块在部署时也支持多机集群部署的模式。在云控制节点上部署 Neutron-Server 和 Core Plugin，在其他计算节点上部署 Core Plugin 和其他所需的插件和代理，云控制节点和计算节点通过 Core Plugin 建立连接。当网络节点规模很大、网络负载很高时，还可以增加仅负责处理网络管理功能的网络节点，云控制节点仅保留 Neutron-Server，将插件和代理部署到网络节点。Neutron 的网络管理架构如图 5-14 所示。

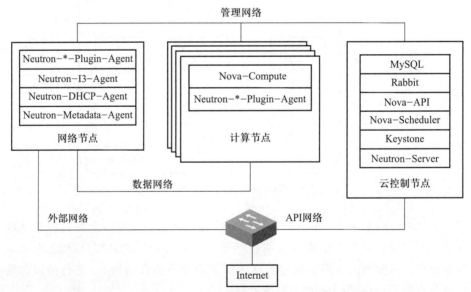

图 5-14　Neutron 模块的网络管理架构示意图

Neutron 的网络可以进一步细分为管理网络、数据网络、API 网络和外部网络。其中管理网络用于 OpenStack 各节点模块之间的内部通信，数据网络用于云中各个虚拟机之间的数据通信，API 网络负责暴露和提供 OpenStack 的各种 API，外部网络是公共的或者 Internet 可以访问的网络。

3. Neutron 模块提供的网络模式

Neutron 提供的网络模式主要包括 Flat 模式、Flat DHCP 模式和 VLAN 模式。

① Flat 模式是一个平面网络，所有虚拟机实例均属于同一网络。Flat 模式为虚拟机实例指定了一个子网，规定所有虚拟机实例所能够使用的 IP 段，即形成一个 IP 池。当用户创建虚拟机实例时，Neutron 从当前有效的 IP 地址池中为虚拟机实例分配一个固定 IP，在虚拟机启动时注入虚拟机镜像。Flat 模式需要手动配置好网桥，所有虚拟机实例均与同一个网桥连接，网桥与实例组成一个虚拟网络，网络控制器所在的节点作为默认网关，对虚拟机实例进行 NAT 转换实现与外部的通信。

② Flat DHCP 模式与 Flat 模式类似，也是构建一个 IP 池并分配给虚拟机实例，所有的实例在计算节点中和一个网桥连接。Flat DHCP 模式的控制节点的配置功能更为丰富，能够通过动态主机配置协议（dynamic host configuration protocol，DHCP）自动为虚拟机实例分配 Flat 网络的固定 IP 和回收释放 IP。

③ VLAN 模式通过支持 VLAN 标签（IEEE 802.1Q）的交换机将若干虚拟机实例分为一组形成一个项目，为每个项目分别创建 VLAN 和网桥，不同项目的虚拟机实例分属不同的 VLAN，同一项目的所有虚拟机实例连接到同一个 VLAN。每个项目分别获得只能从 VLAN 内部访问的私有 IP 地址，形成项目的私网网段。通过 VLAN 可以模拟各种复杂的现实网络连接拓扑。

5.2.5 存储管理

存储管理主要可以分为存储空间管理以及存储内容管理。存储空间管理主要根据用户的存储空间需求，从存储空间资源池中划分相应的存储空间分配给用户，并根据权限保证存储空间被正确地使用。常见的存储空间组织单位是卷，即将若干存储空间划分成一个卷，然后管理卷和虚拟机之间的挂载关系。用户在使用存储空间时会将数据按照一定组织方式存储于存储空间中，例如将数据保存成各种类型的数据文件，文件管理就是最为常见的一种存储内容管理。

微视频：
存储管理

1. OpenStack 提供的存储空间管理服务功能模块

Cinder 是 OpenStack 中为虚拟机提供存储空间管理的服务功能模块。Cinder 模块的功能架构如图 5-15 所示。其中：

① Cinder-API：提供 Cinder 模块服务功能的应用程序接口，负责接收和响应来自客户端的应用程序接口调用请求。Cinder-API 接收到服务请求后首先检查传入的参数是否合法有效，如果合法有效则通过消息队列将请求发送到其他

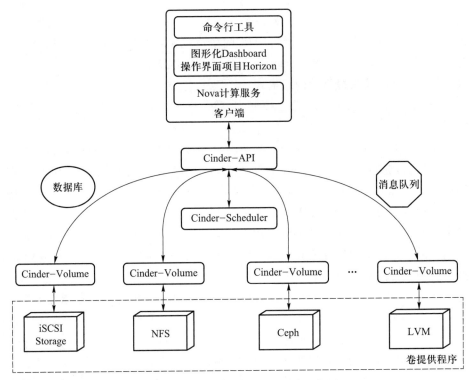

图 5-15　Cinder 模块的功能架构示意图

组件，调用相应的组件处理服务请求，然后将其他组件返回的结果返回给客户端。

② Cinder-Scheduler：类似于 Nova 模块中的 Nova-Scheduler，该组件是 Cinder 模块中的调度组件。整个集群可以包含多个存储节点提供存储空间，以便集群的存储资源可以横向弹性扩展。当需要创建卷时，Cinder-Scheduler 根据用户的需求、存储节点的属性以及当前资源的使用情况，综合选择一个最适合的节点来创建卷。

③ Cinder-Volume：该组件运行在各个存储节点之上，负责执行 OpenStack 对卷的各种操作。Cinder-Volume 调用存储节点具体的卷驱动访问存储设备。常见的卷驱动包括 Linux 的逻辑卷管理（logical volume manager，LVM）、网络文件系统（network file system，NFS）、分布式存储 Ceph、iSCSI 等。Cinder-Volume 通过卷驱动实现对卷的生存周期管理，包括卷的 create、extend、attach、snapshot、delete 等操作。

④ 消息队列：Cinder 内的各模块也是采用服务化松耦合的方式进行协调通信。消息队列通过订阅发布的方式支持 Cinder 内部各个组件之间进行消息传递。

⑤ 数据库：负责存储 Cinder 中的卷管理信息，包括卷的定义信息、分配信息和状态信息等。

根据各个组件的功能，Cinder 模块也支持多机集群部署的方式，将访问接口和管理控制相关组件(如 Cinder-API 和 Cinder-Scheduler 等)部署在控制节点上，在各个存储节点上部署 Cinder-Volume。Cinder 模块支持通过增加卷驱动的方式扩展模块可以访问的存储设备类型。

Cinder 的客户端可以使用 Cinder 服务的应用程序，包括命令行工具、图形化 Dashboard 操作界面项目 Horizon、Nova 计算服务等。

2. OpenStack 提供的存储对象管理服务功能模块

Swift 是 OpenStack 中为虚拟机提供存储对象管理的服务功能模块。数据在 Swift 中的存储按照对象(object)而非文件的方式进行组织。对象包括对象元数据和对象实际的内容数据。对象通过容器进行封装，以便进行批量操作和管理。需要特别注意的是，Swift 中对象的容器与第 4 章虚拟化技术及本章 5.3 节容器管理中所说的容器并非同一概念。Swift 中对象的容器类似文件系统中文件的文件夹，是对象的一种封装管理手段；而第 4 章和本章 5.3 节中提到的容器是本书中默认的容器概念，是指容器技术的容器。用户对于 Swift 中容器的使用权限通过账户 Account 实现。同样需要特别注意的是，Swift 中的账户也并非传统意义上的个人账户，而是 Swift 中的一种权限管控概念，用来进行对象的隔离。Swift 中的账户对应多个 Swift 中的容器，代表对容器内的各个对象具有相应的操作权限。用户与 Swift 中的账户可以建立多对多的映射，并通过映射获得对容器内各个对象的相关操作权限。

(1) Swift 模块的功能架构

Swift 模块的功能架构如图 5-16 所示。其中：

① 负载均衡：负责将来自客户端的服务请求按照配置策略分配给代理服务器。

② 代理服务器：提供 Swift 模块服务功能的应用程序接口，负责接收和响应来自客户端的应用程序接口服务请求，并将请求的结果返回给客户端。代理服务器收到客户端的服务请求后首先要提交到认证服务器进行身份认证，被认证后的服务请求会增加认证令牌作为头部信息。用户的服务请求根据访问对象及其对应的 Swift 账户和容器被发送到对应的对象服务器、账户服务器和容器服务器。

③ 认证服务器：负责核验服务请求者的身份信息，核验通过后为服务请求提供一个具有一定时效性的对象访问令牌，令牌验证信息会保存在 Cache Server 中直至过期。

④ 缓存服务器：负责缓存对象的服务令牌及对应的对象、Swift 账户和容器等信息，但并不缓存对象存储的实际数据内容。

⑤ 对象服务器：存储对象的元数据和实际的内容数据，提供对象的相关存储服务，如增、删、改、查等。对象以二进制文件的形式存储，Swift 仅负责为用户保存数据，并不负责为用户打开文件，因此用户在读取对象数据内容之后需要自行完成数据的解析。

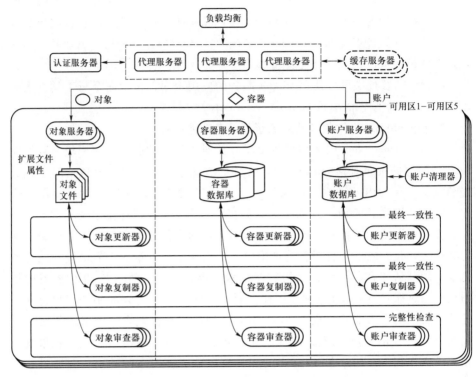

图 5-16　Swift 模块的功能架构

⑥ 账户服务器：提供 Swift 中的账户元数据信息、账户以及与账户所对应的容器列表。除此之外，账户服务器还提供一些账户的统计服务。Swift 中的账户信息通过 SQLite 数据库进行保存。

⑦ 容器服务器：提供 Swift 中的容器元数据信息、容器以及与容器所包含的对象列表。除此之外，账户服务器还提供一些 Swift 中的容器统计服务。容器服务器也使用 SQLite 数据库进行相关信息的保存。

⑧ 更新器、复制器和审查器：对象服务器、容器服务器及账户服务器内均提供更新器、复制器和审查器。更新器实现对象、容器或账户内容的更新。复制器检测本地副本和远程副本是否一致，采用推式（push）更新远程副本，即只会把本地数据推送到远程节点，不会从远程节点下载数据到本地。审查器检查对象、容器和账户的完整性，如果发现错误，文件将被隔离。

⑨ 账户清理器：移除被标记为删除的账户，删除其所包含的所有容器和对象。

（2）Swift 模块的部署架构

Swift 模块在部署时也可以采用多机集群部署的方式，代理服务器、认证服务器等可以分别部署在一个节点上，作为代理节点和认证节点。对象服务器、账户服务器和容器服务器可以部署在多个存储节点上提供具体的存储功能。Swift 模块的部署架构如图 5-17 所示。

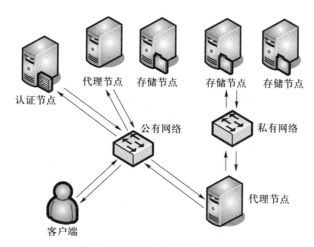

图 5-17　Swift 模块的部署架构

由于在 Swift 中数据可以采用分布式的方式进行存储，为了提高数据的可靠性，数据通常采用冗余方式进行存储，即一个对象分别在多个存储节点上各存储一份，从整个存储集群来看，一个对象存在多个副本。因此在进行存储的读写、更新、删除等操作时，需要考虑数据的同步和容错等。此外，由于存在多个存储节点，数据又存在多个副本，数据的存储任务需要相应的任务分配逻辑决定具体由哪个存储节点来存储什么数据。相关的实现方法将在本书的第 11 章控制策略与保障技术中进行具体阐述。

5.3　容器管理

目前用户在使用虚拟化资源时，主要的使用方式一种是通过虚拟机，另一种是通过容器。前面介绍的 OpenStack 是一种通过虚拟机使用虚拟化资源的开源管理工具，而通过容器使用虚拟化资源的代表性开源管理工具是 Kubernetes。

[练习]根据虚拟机和容器的区别，思考虚拟机管理和容器管理的区别。

微视频：
容器管理

容器管理的核心功能是根据用户的需求，通过调用容器引擎的方式帮助用户创建、配置、使用和关闭容器等，为用户提供容器的全生存周期管理，监控容器状态以及提供相应的可视化展示等。Kubernetes 的架构如图 5-18 所示。

Kubernetes 也是典型的多模块松耦合的架构方式，支持一主多辅的多节点集群化部署。一个正常运行的 Kubernetes 集群从功能性质上分可以分为控制节点（master）和工作节点（node）。

1. 控制节点

控制节点在集群中仅部署一套，主要负责响应用户请求、验证权限、分配任务等管控逻辑。控制节点包含若干个组件，如 etcd、调度器、API 服务器和管理控制器等，这些组件都只能运行在同一个控制节点上。由于集群中控制节

129

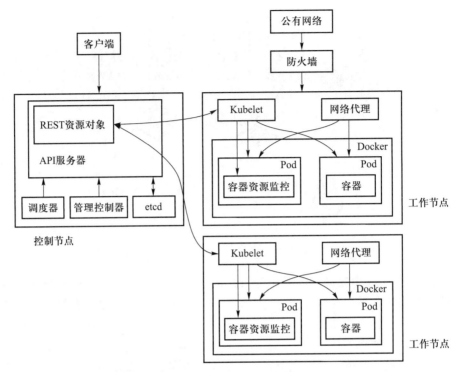

图 5-18　Kubernetes 架构

点只有一个，所以在多机部署时，通常不会在控制节点上运行用户的容器，而是将控制节点的资源全部用于整个集群的管控，降低由于控制节点瓶颈而导致的集群整体性能下降的风险。这种策略也是一主多辅式集群架构所采用的常见策略，即尽可能减少主节点的压力，以便主节点可以管控更多的辅节点，且方便集群通过增加辅节点数量来横向弹性扩展集群能力。我们将在本书后续章节中进一步学习一主多辅架构在云存储、批量计算、流式计算与图计算中如何进行使用。

控制节点中的主要组件简介如下：

① API 服务器：运行在控制节点上的一个 HTTP 服务器。作为 Kubernetes 集群的访问入口，它对外提供安全可靠的 Kubernetes API 服务，各种资源请求、调用操作都是通过 API 服务器提供的接口进行的。

② etcd：控制节点上所有需要持久化的数据都存储在一个 etcd 实例上。Kubernetes 除了使用 etcd 作为后台持久化存储的数据库外，还用于集群任务分发和工作协同。在 etcd 的 watch 机制的支持下，一旦发生配置数据的更新，协同工作的组件就能及时得到通知。etcd 是 Kubernetes 实现基于状态共享的集群调度器的重要一环。

③ 管理控制器：集群的运行管理控制器，是集群中处理常规任务的后台线程，包括节点控制器、副本控制器、端点控制器、Service Account 和令牌控制器。

④ 调度器：Kubemetes 的集群调度器，负责 Kubemetes 集群所有 Pod 在任何情况下的调度运行。

2. 工作节点

工作节点可能是物理机或虚拟机，具体取决于 Kubernetes 集群部署的环境。每个工作节点上运行的服务进程包括容器、容器资源监控、Kubelet 和网络代理(Kube-proxy)。在工作节点中，Pod 命名取自英文"豆荚"，是能够创建和部署容器的最小单元。一个 Pod 就是一个相对紧耦合的被调度到同一个宿主机上运行的容器组，它在容器化环境中构建了一个面向应用的虚拟主机模型，可以包含一个或多个容器。同一个 Pod 内的容器"命运共担"且共享一些资源，如存储卷和 IP 地址等，但 Pod 内的容器也独立拥有一些资源，如 CPU、内存等。存储卷就是挂载在一个容器的镜像(文件系统)上的目录，该目录下的数据可以被同个 Pod 中的容器共享[51]。

工作节点中的主要组件简介如下：

① Kubelet：工作节点的守护进程。每个工作节点会启动一个 Kubelet 进程，负责处理控制节点发送到本节点的 Pod 任务。Kubelet 还负责监控分配给本节点的 Pod 的运行情况，如安装 Pod 所需的卷、下载 Pod 所需的相关信息、监控 Pod 中运行的容器、定期执行容器健康检查等。Kubelet 根据监控到的 Pod 信息，定期向控制节点汇报本节点当前的资源使用情况。

② 网络代理：负责处理控制节点发送到本节点的服务请求。

③ 容器：Kubernetes 通常使用容器作为容器引擎，实际创建运行容器。Kubernetes 还可以通过扩展增加其他的容器引擎。

使用 Kubernetes 创建 Pod 的时序图如图 5-19 所示。

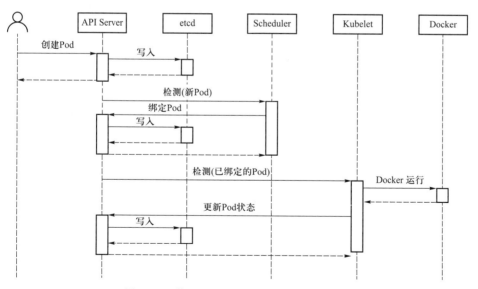

图 5-19　使用 Kubernetes 创建 Pod 的时序图

思考题

1. AWS 模式是什么，有什么优点？

2. IaaS 模式的核心需求有哪些？

3. 代表性的开源虚拟化资源管理工具有哪些？

4. 开源虚拟化资源管理工具的架构有什么特点？

5. Eucalyptus 的核心模块有哪些，分别有什么作用？

6. OpenNebula 的核心模块有哪些，分别有什么作用？

7. CloudStack 的核心模块有哪些，分别有什么作用？

8. OpenStack 的核心模块有哪些，分别有什么作用？

9. 镜像和实例有什么区别和联系？

10. 镜像管理由哪些核心内容组成，分别有什么作用？

11. OpenStack 的 Glance 模块的架构是什么？有哪些核心组件？分别有什么作用？

12. Glance 中镜像的主要状态有哪些，状态之间的转换关系是什么？

13. 计算管理由哪些核心内容组成，分别有什么作用？

14. OpenStack 的 Nova 模块的架构是什么？有哪些核心组件？分别有什么作用？

15. Nova 模块如何支持多机集群部署方式？

16. 使用 Nova 创建虚拟机时 Nova 的工作流程是什么？

17. 权限管理由哪些核心内容组成，分别有什么作用？

18. OpenStack 的 Keystone 模块中的核心权限管理概念有哪些，分别有什么作用？

19. 用户创建虚拟机实例时 Keystone 的权限管理过程是什么？

20. 虚拟化资源管理中网络管理的作用是什么？

21. OpenStack 的 Neutron 模块的架构是什么，有哪些核心组件？分别有什么作用？

22. Neutron 模块如何支持多机集群部署方式？

23. Neutron 提供的网络模式有哪些？

24. 什么是存储内容管理，什么是存储空间管理？

25. OpenStack 的 Cinder 模块的架构是什么？有哪些核心组件？分别有什么作用？

26. Cinder 模块如何支持多机集群部署方式？

27. OpenStack 的 Swift 模块的架构是什么？有哪些核心组件？分别有什么作用？

28. Swift 进行存储对象管理的核心概念有哪些，分别有什么作用？

29. Swift 模块如何支持多机集群部署方式？

30. 容器管理的作用是什么?
31. Kubernetes 的架构是什么? 有哪些核心组件? 分别有什么作用?
32. Kubernetes 模块如何支持多机集群部署方式?

第三部分　存储与计算

　　本部分将学习如何组织多台机器组成集群共同完成数据的存储与计算任务，以便集群可以通过增加节点数量的方式弹性扩展存储与计算能力，从而应对数据量的快速增长。本部分的主要内容包括云存储、批量计算、流式计算、图计算和典型存储与计算框架，并通过应用案例和计算实验学习云如何弹性实现数据的存储与计算。

第 6 章　云存储

　　文件是计算机组织、存储和管理数据的常用方式。传统的单机文件系统仅能使用本机的存储空间，存储能力的扩展依赖于本机存储空间的扩展，扩展能力有限。本章将在了解云存储基础知识的基础上，主要学习如何通过多机集群方式组成分布式文件系统，以便能够通过增加节点的方式弹性扩展集群的存储能力，以及如何通过多种数据组织方式实现非关系型数据的存储，此外，本章还以百度网盘为例，学习如何基于分布式文件系统和简单的管控逻辑构建云存储应用。

6.1　云存储基础

　　本节简要介绍存储的功能需求与非功能需求，云存储的概念，单机文件系统的设计思路，以及云存储的设计思路。

6.1.1　存储需求

　　在 IT 领域，存储是指将数据以某种格式记录在存储媒介上，以便再次使用时能够完整、正确地获取保存的数据[4]。从操作系统的角度来看，存储包括存储设备的访问管理，即存储器的管理；以及数据本身的组织管理，即文件系统。系统如何完成存储的技术细节通常对用户不可见。从用户的角度来看，存储的功能需求主要可以分为两个环节：

　　① 当用户存入数据时，系统能够给出正确的反馈，表示数据已被正确存入。例如，在文件系统中，当用户存入一个新的文件之后，在文件列表中可以看到新增了刚存入的文件并且存储空间被正常地占用。

　　② 当后续需要使用该数据时，该数据能够被正确地读取访问。例如，在文件系统中，用户再次打开之前存入的文件，文件能够被正常打开并且文件的内容是存入时的内容。

　　除了功能需求之外，存储的非功能需求主要包括存取效率，即读写速度要足够快；以及存储系统的可靠性和可扩展性等。

　　传统的单机操作系统中的文件系统可以满足个人用户小规模数据量的存储需求，是个人计算机中最为常用的数据存储解决方案。但是单机存储模式的可靠性和可扩展性都有较大的限制。在单机存储时，一旦硬件设备发生损坏或者当前无法访问，单机自身节点失效即意味着整个存储方案失效，用户的数据将无法访问。单机存储能力的扩展仅局限于纵向扩展，即本机能力的扩展，这种扩展形式容易受到单位硬件容量和接口插槽数量等限制，无法满足更大容量的弹性扩展。

虽然硬件本身的存储能力（如存储容量、I/O 速度等）也在快速发展，但是随着业务数据量的持续增长，例如信息系统的数据积累、更高清的摄像头拍出的照片、数量更多且种类更丰富的传感器捕捉到的数据等，人们对数据存储的需求增长非常迅速，大型系统的数据存储需求已经远远超过单机存储所能承受的能力范围。即使是面向个人存储应用场景，相当数量的个人用户的数据量也常常超过普通单机设备的存储容量。此外，考虑数据的分享、使用便利性等，使用由第三方提供的存储服务已经非常普遍，比如各种云盘、FTP 服务等。很多应用虽然表面上并不是存储服务，但是存储服务也是这些应用的核心功能之一，例如文库、电子相册、邮件系统、在线音乐/视频网站等。

对于用户而言，在使用这些应用时无须关注存储的具体实现，仅需使用应用提供的相关功能。例如录制一段视频之后将视频文件上传，上传成功后应用后台保存该视频，用户可以使用其他设备将该视频下载到本地使用，或者用户和应用平台可以将视频分享给其他用户，由其他用户下载到本地观看。

对于应用提供商而言，构建应用需要建立能够弹性扩容的存储方案，可以自行构建并管理运维一个数据中心，但这种方案成本较高；也可以直接购买和使用第三方的存储服务，通过按需使用、按用付费的方式节省成本。

云存储是把网络中的多种存储资源整合在一起，以存储服务的形式提供给用户使用的一种存储模式[4]。为了满足用户的存储需求，除了提供与单机存储类似的操作功能，如数据的存储、读取、删除以及提供重命名等相应管理操作，云存储需要多个节点共同组成存储集群进行实现，这种实现方式便于通过增加集群节点数量的方式横向扩展存储能力。同时，由于集群包含若干节点，某个节点损坏虽然导致该节点无法访问，但由于集群整体还有其他节点可以工作，因此可以通过技术手段保证仍然能够正常提供存储服务。云存储的核心技术是分布式存储技术[5]，即将数据按照一定的分布式算法分散存储在多台独立的存储节点上，实现多节点并行访问。云存储系统是一种并行分布式存储系统[5]，即采用可扩展的系统结构，利用多台存储服务器分担存储负荷，利用元数据服务器定位存储信息，它提高了系统的可靠性、可用性、存取效率和可扩展性。

云存储是一种存储服务，通过网络服务接口方式提供存储能力和相关操作。用户使用云存储可以直接使用其存储能力，或者基于其存储能力通过服务集成的方式开发其他应用。实现云存储，一方面需要依托现有的单机文件系统——虽然云存储通过集群方式实现，但是集群中的每个节点本身存储数据时仍然需要单机文件系统实现本机内部的数据存储；另一方面需要通过架构设计组织集群的多个节点共同完成存储功能，提供必要的管控机制实现冗余备份以及容错管理等。

6.1.2 单机文件系统

为了更好地理解云存储架构的设计思路产生过程，本小节简要介绍单机文件系统的设计思路，以便将其扩展延伸到云端多机集群环境。

现代计算机系统一般都采用多级层次化的存储结构，以缓解读写效率、存储成本和存储容量之间的矛盾。计算机系统中独立的存储器主要分为内存和外存。内存的读写速度快，容量小，价格昂贵，且其存储内容具有易失性，在计算机断电之后所存储的数据内容就会丢失，因此无法满足用户对数据的持久化存储需要。外存虽然读写速度不及内存，但是能够提供持久化的数据存储，存储容量大，且单位存储容量价格低。操作系统提供了文件系统方便用户存储和使用数据。数据被组织成文件存储到外存，类似前文所提到的服务化、虚拟化的思想，文件系统通过提供文件管理功能屏蔽了底层类型各异的存储媒介的操作细节，向用户提供统一的易于理解的文件操作，如文件的创建、删除、打开、复制等，便于用户使用。

1. 文件系统中对文件的标识和组织

文件系统中存储了大量文件，为了便于用户使用和对文件进行有效的管理，需要对文件进行合理的标识和组织。文件名是文件的标识名称，包括用户自定义的名称和文件扩展名两部分。例如，"helloworld. txt"中"helloworld"是用户自定义的名称，允许用户自定义设置，但需要满足一定的命名要求，例如不能包含一些有特殊性作用的符号。"txt"是文件扩展名（后缀名），是操作系统预定义的字符集合，用于标识文件格式和数据存储组织类型。操作系统除了提供文件的存储，还要为用户使用文件提供支撑，例如当用户双击某个文件时启动相应的应用软件打开该文件。扩展名可帮助操作系统建立用户使用文件的习惯，即用户通常通过哪个应用软件使用某种类型的文件。

[练习]复制一首硬盘存储的 mp3 格式的歌曲，将复制的歌曲名的扩展名删除，观察操作系统会给出什么提示，文件图标会有什么变化；双击删除扩展名的歌曲文件，观察操作系统会有什么响应；选择某音乐播放器播放该文件，观察会有什么现象。思考这些现象背后的原因。

2. 文件系统中文件的存储方式

文件存储了若干数据，因此文件有一定大小，存储文件需要占用外存设备一定量的存储空间。如何管理和使用存储空间，以及如何定位映射到文件的具体存储空间，是进行文件读写所要解决的一个关键问题。

假设一种最为简单的存储方式，即按外存设备存储空间顺序存放文件。如图 6-1(a)所示，当前存放了文件 A、B 和 C。如果用户对文件 A 进行修改，文件 A 所需占用的存储空间变大，此时有两种可能的解决方案：一种是仍然维持顺序存放的逻辑不变并保证文件占用的存储空间连续，那就需要将后续文件都向后平移，腾出空间以便完成文件 A 的存储，这种方式显然开销过大不便采用；另一种是在后续空余的存储空间中再开辟一部分作为文件 A 额外所需的存储空间，如图 6-1(b) 所示，这样代价较小，但是在使用文件 A 时需要额外的控制，标记文件 A 实际上包含了两个数据块以及分别所在的位置和拼接关系。当用户删除某个文件后，该文件对应的存储空间被释放，如图 6-1(c) 所示，文件 B 被用户删除后其存储空间被释放，这样会在顺序存放的存储空间中产生空余空间。如果仍然强行保持顺序存放，需要将后续文件向前平移，这种方式显然同样会因开销过大而不宜采用，因此需要允许存储空间存在一定的间隔而非强制必须连续。无论是文件随机分配存储空间还是顺序存放后删除某些文件，最终都可能产生这种存储间隔现象。如果在文件 A 和文件 C 中有一段空闲空间，当需要再存放一个文件时，例如文件 D，若文件 D 所需的存储空间比空闲空间大，则可能出现文件 D 被切割进行存储的现象，如图 6-1(d) 所示。

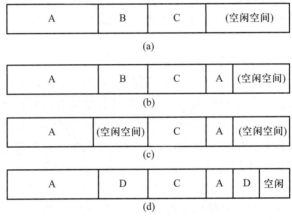

图 6-1　文件分块存储

理论上，一个文件占用连续的存储空间显然比占用若干不连续的存储空间在管控上要简便很多，但通过上述分析不难看出，保证完全连续在实际操作层面有较高难度。同时，考虑到外存设备存储空间的管理方式，例如操作系统通常把硬盘的若干扇区(硬盘的最小读写单元)组织成磁盘块/簇(操作系统针对磁盘的最小读写单元)进行使用，文件在存储时需要切块存放并记录具体占用哪些磁盘块/簇。

[练习]查阅操作系统的文件结构、寻址和索引等相关内容，了解文件读写的具体细节。

对于用户而言，是以文件作为最基本的操作单元来使用文件，而非文件的具体数据块，因此操作系统仅需为用户提供文件级别的操作功能，具体实现细节由操作系统完成而对用户不可见。

3. 文件系统的目录结构

用户在文件系统中可能需要存储大量文件，这些文件需要合理地组织以便用户管理和使用。文件系统提供文件目录作为管理文件的一种组织结构，目前常见的操作系统(如 Linux、Windows 和 UNIX 等)均采用树形文件目录。树形文件目录是一个树形结构，有唯一的根目录节点，目录节点可以拥有子目录节点。除根目录节点外，每个目录节点必须有且仅有一个父目录节点，文件仅能作为树的叶节点(图 6-2)。用户在使用文件系统时，可以通过文件夹和文件的相关操作来维护自己的文件目录。

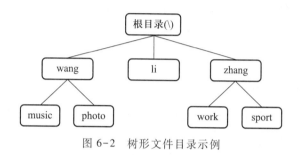

图 6-2　树形文件目录示例

[**练习**]操作计算机文件系统中的文件和文件夹，体会文件夹给文件管理带来的便利。

在树形结构目录中，对于任意一个文件而言，从根目录节点到该文件有唯一通路。在该路径上，从根目录开始，把全部目录节点名和文件名依次通过"/"连接起来，构成了该文件的路径名，称为绝对路径。

相较于硬盘的磁道、扇区或者磁盘块这种物理性存储描述，绝对路径是文件存储的逻辑性描述，是由用户自定义的便于理解和认识的一种描述方式。在现实生活中，我们也经常使用这种方式来标记位置。例如描述北京大学的位置，物理性描述是北斗定位坐标或者 GPS 定位坐标"北京大学位于北纬 39°59′26.94″，东经 116°18′12.63″，海拔 52.13 米"。这种坐标的方式虽然不存在二义性，但不便于使用。人们常用的是逻辑性定义的地址，例如"北京大学在北京市海淀区颐和园路 5 号"。这种描述方式易于理解和记忆，但是定义可能会产生变更，例如北京市陶然亭公园原位于北京市宣武区，现位于北京市西城区。

除了以上两种方式，另一种常用的描述方式是相对于某一个位置出发到达目的地的行进路线，例如"中关村地铁站是从北京大学东门出发向南 1 000米"。在文件系统中，从当前目录节点出发经过中间目录节点最终到达文件，把中间全部目录节点名和文件名依次通过"/"连接起来构成的路径名称为相对路径。当树形目录结构很大时，使用相对路径不必每次都从根目录节点开始，能够有效提高访问效率；另一方面，有时绝对路径的内容不便向用户提供，或者从根目录节点出发到当前目录节点的路径可能发生变化，使用相对路径更为便捷。例如在实验 1 的 PaaS 体验中开发一个新的应用，用户在编辑应用代码描述文件路径时，显然使用从应用开始的相对路径比使用绝对路径更为安全和方便。

综合上述内容，文件在存储时一方面要存储文件本身的内容数据，另一方面还要存储诸如文件名、创建者、创建时间、文件路径、文件大小、文件的具体存储细节等辅助信息，这些信息称为文件的元数据。元数据是指关于某数据的名字、意义、描述、来源、职责、格式、用途以及与其他数据的联系等信息。它提供了数据的描述信息或逻辑观点，因此亦有关于数据的数据之称[5]。文件系统通过文件的元数据对文件进行管理。元数据部分对用户可见，允许用户编辑，用户访问文件时，操作系统首先访问文件的元数据，然后根据元数据访问文件的内容。

6.1.3　云存储设计思路

单机存储的容量扩展有限，失效后存储的内容就无法访问使用，云存储需要提供能够按需获取的存储服务能力，例如满足用户更大的存储空间需求，更高的存储数据可靠性需求等。为了实现这种服务能力，需要一种能够弹性扩展的集群式架构。采用集群式架构一方面能够通过扩充集群节点数量进行存储容量等能力的快速扩展，当某一节点失效后集群仍然存在其他可用节点能够提供服务。

一种常见的集群式架构是一主多辅式架构。这种架构包含一个且仅有一个主节点，以及多个数量可变的辅节点。主节点负责整个集群的任务管理控制，是唯一的，因此可以全局性掌握整个集群中各个辅节点的任务分配和负载情况，方便进行整体的管理控制。辅节点完成具体工作任务，集群可以通过增加辅节点数量扩充整个集群能力。

云存储的一种解决方案可以借鉴单机存储的文件系统。传统单机文件系统中，文件元数据与文件内容数据集中在一个节点上存储，系统通过元数据访问文件数据，文件数据切块存放在单机存储设备上。云存储可以采用一主多辅的集群式架构，将整个集群看作是一个存储系统，由主节点负责存放文件元数据、维护整个文件系统的目录结构，并完成文件涉及元数据的各种操作；辅节点负责存放文件的内容数据，文件内容数据被切块分别存放在不同的辅节点上，文件涉及内容数据的各种操作由辅节点完成。整个集群的各个节点相互配合，共同完成存储系统中文件的各种访问操作。

云存储解决方案的进一步扩展是将上述思路泛化到各种数据存储的解决方案，整体方案均采用一主多辅式架构进行，整个集群是一个逻辑整体，完成存储整体功能，由集群响应用户的存储服务请求。存储服务的实现分为主节点功能和辅节点功能两部分。其中主节点负责整体服务请求任务的管理和控制，服务任务的具体实现由辅节点完成。具体而言，主节点负责服务任务的划分、派工以及任务完成情况的监督，将服务任务拆解成对辅节点的访问任务，根据辅节点的负载情况将任务分配到具体的辅节点上，并监控任务的完成情况。如果有辅节点当前无法访问，主节点可以重新派工以保障用户的服务请求能够被顺利完成。具体的容错机制将在第 11 章控制策略与保障技术中进行讨论。辅节点负责具体任务的执行，例如数据的存储、数据内容的读写访问等。辅节点的数量可变，通过增加辅节点的数量可以降低集群中辅节点的负载工作量，提升集群整体的服务能力。

6.2 分布式文件系统

分布式文件系统是通过计算机网络将不同节点相连共同组成的完整的有层次的文件系统[44]。分布式文件系统把数据分散到不同的节点上存储，通过冗余性设计，使得部分节点的故障不会影响整体的正常运行，能够有效地避免由于个别设备存储数据损坏或者故障导致数据无法使用的现象。分布式文件系统通过网络将大量计算机连接在一起，形成一个巨大的存储集群，集群之外的计算机只需要经过简单配置就可以加入分布式文件系统，使得集群具有极强的可扩展能力。本节以 Google 文件系统(Google file system，GFS)为例，介绍分布式文件系统的典型架构与读写操作。

微视频：
分布式文件
系统

6.2.1 典型架构

GFS 是 Google 公司为了存储海量搜索数据而设计的专用文件存储系统，其最初设计思想是基于廉价的存储硬件设备而非昂贵的高可靠存储硬件设备，以便降低单位存储空间的存储成本。由于大规模采用廉价的存储硬件设备，因此硬件出错甚至损坏被视作常规事件而非极低概率的异常事件。GFS 在进行整体架构设计时就充分考虑硬件错误或损坏情况并建立解决方案，通过参数化可配置的冗余和容错机制进行保障。集群整体的存储能力可以通过增加节点方式简单高效快速地扩充。

GFS 集群的存储容量巨大，单位存储空间成本相对较低且可靠性不高，主要适用于大规模数据，单次操作数据量巨大，而非小文件的频繁操作。其设计存储对象主要支持大尺寸的文件，尤其是 GB 甚至 TB 量级的文件。这类文件的应用场景主要是流式顺序读和追加式写入，而非随机位置的读写或者插入式写。这意味着 GFS 主要应对的是文件数据的持续记录，比如存档性质的应用，前面的内容一旦写完就无须再次改动，后续内容继续存储，而非可以随机返回前面某一位置进行数据插入或者修改之前产生的某一内容。在进行文件读取时也是按顺序依次稳步前进地连续读取，而非反反复复地来回读取或者随机跳转到某一位置的小规模读取。

1. GFS 的架构

GFS 的架构如图 6-3 所示。整个集群采用一主多辅式架构，包含一个主节点 Master 和若干辅节点 Chunkserver。主节点和辅节点通常都是运行 Linux 操作系统的服务器,各个节点自身的存储使用 Linux 文件系统在用户态下实现。
GFS 集群允许多个客户端(client)访问,客户端访问的是一个逻辑上的整体,这
个逻辑整体由多个节点组成,各个节点协同工作共同完成客户端的访问请求。

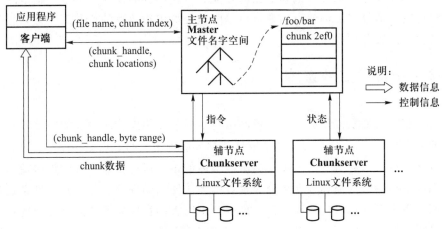

图 6-3　GFS 架构示意图[46]

在 GFS 中,一个文件根据自身大小被切分成若干固定长度的数据块保存,
每个块称为一个 chunk。为了管理方便,GFS 中 chunk 的大小不变,为 64 MB
的固定值。每个数据块拥有一个不变的全局唯一的 64 位标识 ID,称为 chunk_
handle。chunk_ handle 由主节点在块创建时分配,由于 GFS 集群仅有一个主节
点,因此可以保证在 GFS 集群中所有 chunk 的 chunk_ handle 具有全局唯一性。
文件的元数据保存在主节点,具体的内容数据即文件的 chunk 保存在各个辅节
点。chunk 在 GFS 集群中采用冗余的存储方式,即一个 chunk 在 GFS 中被保存
了多份,分别由不同的辅节点进行保存,这样当一个辅节点出现故障或者存储
的 chunk 内容发生损坏时,保证该 chunk 还有其他辅节点可以提供服务。GFS
通过参数控制冗余,通常冗余副本数是 3。客户端访问 GFS 集群的文件时首先
由主节点响应,完成对文件元数据的操作,返回文件对应的 chunk 信息,然后
客户端再分别访问各个 chunk 对应的辅节点完成 chunk 的读写,最终完成对
GFS 集群中文件的操作。

2. GFS 中主节点的任务

GFS 中的主节点负责整个集群的管控工作,具体包括以下任务:

① 存储 GFS 集群中各个文件的元数据。元数据的内容包括文件名、目录
结构、访问控制信息、文件的切块信息(即文件到 chunk 的映射)、chunk 的存
储分配信息(即 chunk 存储在哪些辅节点上)等。

② 监督辅节点状态和跟踪 chunk 的完好状况。主节点和辅节点通过周期性
心跳机制进行交互通信,以便及时了解当前集群内各个辅节点的工作状态。如
果辅节点本地存储的 chunk 数据发生损坏,辅节点通过心跳机制向主节点汇
报;如果发现有失效的辅节点或者损坏的 chunk,主节点将启动容错机制进行

处理。

③ 响应客户端对文件的读写请求并对元数据进行操作和管理。客户端对某一文件的读写首先访问主节点，由主节点响应并对文件目录进行管理与加锁，判断客户端是否具有操作文件的权限以及当前文件是否被加锁允许操作，客户端获得操作权限后由主节点读取或生成文件的元数据信息，如文件各个 chunk 的 chunk_handle 以及 chunk 的存储位置等返回给客户端，以便客户端进一步根据元数据信息访问辅节点进行文件各个 chunk 的读写。

④ 创建 chunk 信息及分配 chunk 存储任务。当创建新文件时，主节点根据文件的大小对文件进行切块，创建 chunk 信息并分配 chunk_handle，建立文件到 chunk 的映射。对于每一个 chunk，为 chunk 分配辅节点进行存储。当出现异常情况时，例如存储 chunk 的某个辅节点失效导致当前集群中 chunk 的可用数量小于规定阈值，主节点需要根据存储 chunk 的辅节点信息为 chunk 再额外分配辅节点。主节点在分配存储 chunk 的辅节点时要保证辅节点有足够的分布性，例如不在同一物理机器，也不连接相同的物理设备，如机架、网络设备、供电设备等，避免由于某一设备故障导致存储该 chunk 的各个辅节点均不可用。

⑤ 垃圾回收及数据块删除。当文件被删除时，主节点首先在操作日志中记录删除操作并将文件设置为隐藏，然后缓慢地回收隐藏文件进行删除。主节点负责对文件的元数据进行删除操作并通知辅节点删除相应的 chunk，如果当前辅节点无法访问，则等辅节点重新上线后再通知辅节点删除无用的 chunk。

3. GFS 中辅节点的任务

GFS 中的辅节点负责整个 GFS 集群文件内容，即 chunk 的存储和读写工作。具体包括以下任务：

① 存储 GFS 集群中各个文件的内容数据。GFS 中的文件被切分成多个 chunk，每个 chunk 在辅节点以本地文件的方式进行保存。GFS 集群可以通过增加辅节点的数量扩充存储能力。一个 GFS 集群通常包含多个辅节点，各个文件在多个辅节点之间采用交叉备份的方式存储，即各个辅节点上存储的 chunk 并不相同。每个辅节点上可能分别存储了多个文件的若干 chunk，并且根据 chunk 在 GFS 存储的冗余和分布原则，有多个辅节点分别存储同一个 chunk，一个辅节点上一般不会存储多份同一个 chunk。

② 与主节点周期性进行心跳通信汇报状态。通过心跳机制让主节点了解当前辅节点是否处于活跃可用状态，便于主节点进行任务分配。辅节点如果发现存储的 chunk 数据损坏，需要利用心跳机制汇报给主节点以便其进行协调处理（例如提供正确的 chunk 进行覆盖）等。

③ 响应客户端对 chunk 的读写请求并对 chunk 进行操作和管理。辅节点负责存储文件的 chunk，客户端对文件内容的读写通过对各个 chunk 的读写实现。辅节点负责响应客户端对自身存储的 chunk 的读写。当文件删除时，辅节点根据主节点的命令进行 chunk 的删除。

6.2.2　读写操作

GFS 集群的存储在用户态实现，在各个节点本身的文件系统操作基础上，通过增加管控实现逻辑上的分布式文件系统。GFS 集群虽然包含多个节点，但是这些节点整体整合成一个存储集群，客户端访问 GFS 时从逻辑上看到的是一个整体。与访问单机文件系统最大的区别是，单机文件系统操作文件的元数据和内容数据均由单机本身完成，而在 GFS 中是分别由不同节点完成。GFS 的文件读写流程具体如下：

1. 读文件

客户端在访问 GFS 集群时首先需要访问主节点(Master)获得 GFS 集群中的文件目录，通过文件目录浏览文件列表，输入需要读取的文件。由于 GFS 主要面向大尺寸文件的应用场景，因此允许客户端选择从某个位置开始顺序读取文件数据(而非必须从头开始)。客户端将希望读取的文件的文件名 filename 和读取位置偏移量 offset 提交给主节点。

主节点收到来自客户端的文件读取请求，进行权限判断，如果当前允许客户端读取文件，根据 filename 和 offset，通过文件的元数据信息找到对应的 chunk 文件以及存储这些 chunk 的当前可用辅节点(Chunkserver)，将这些信息返回给客户端。

客户端收到文件的 chunk 和辅节点信息后，将该信息缓存在本地。由于客户端可能会多次读取同一个 chunk，本地缓存可以避免频繁访问主节点，降低主节点的访问压力。由于 GFS 中的每一个 chunk 采用了冗余存储，每个 chunk 对应有多个辅节点，客户端根据距离辅节点的网络距离选取最近的辅节点读取 chunk。Google 数据中心采取连续 IP 地址的分配方式，可以根据 IP 地址的差异判断网络位置的远近。

辅节点收到客户端的 chunk 读取请求后，响应请求并进行 chunk 传输。由于 GFS 采用大尺寸且固定大小的数据块进行文件的存储，64 MB 的 chunk 无论是对于一次网络传输还是进行文件校验都显得过大。文件大小与一次网络传输的失败概率密切相关，文件增大导致传输失败的概率显著增加。文件越大进行文件校验的时间也越长，如果校验失败需要重新传输，也更加浪费传输带宽。为解决该问题，GFS 中每个 chunk 进一步被分成若干 64 KB 大小的 block，以 block 作为传输和校验单元，每个 block 有一个校验码。如果 block 校验未通过，会产生客户端错误，客户端选择其他辅节点读取该 chunk，同时辅节点会向主节点报告启动 chunk 容错机制。

客户端在读取 chunk 信息后会将读取到的信息保存在本地缓存中，由于可能读取多个 chunk，由客户端在本地完成 chunk 的拼接再返回给调用 GFS 文件的应用程序。

2. 写文件

GFS 主要面临的写场景是文件的创建写或者追加写。写文件的流程如图

6-4 所示。

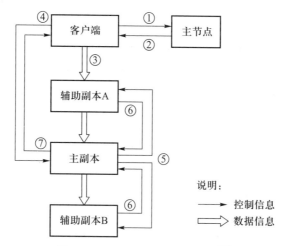

图 6-4　GFS 写文件流程示意图[46]

　　在写文件时，首先客户端访问主节点提交写请求。如果是创建新文件，主节点需要为文件创建元数据信息并切分 chunk 和分配存储 chunk 的各个辅节点；如果是追加写已有文件，主节点通过文件元数据的检索找出该文件最后一个 chunk 及对应的各个辅节点。

　　由于 chunk 在 GFS 存储中采用冗余方式，由多个辅节点分别各自独立保存一份完整副本，因此在写入 chunk 时需要这些辅节点都写入相同内容并且都要顺利完成写操作。保障该过程顺利执行需要一定的管控手段。GFS 采用一主多辅式架构，辅节点数量可变，可以通过增加数量降低每个辅节点的压力，而主节点只有一个，容易成为瓶颈。为了降低主节点的管控压力，在写入 chunk 时，GFS 会由主节点指定一个辅节点作为存储该 chunk 的各个辅节点的"领导者"，称为主副本（primary replica），其他辅节点称为次副本或辅助副本（secondary replica）。主节点授权主副本负责管控协调该 chunk 的各个辅节点完成 chunk 的写操作，这种授权不是持久的，而是在一定时间内有效，即存在有效期，称为租约期，租约期到期后需要由主节点重新指定。主节点找出客户端需要写入的 chunk 对应的各个辅节点后，如果当前该 chunk 已经指定了主副本，则直接返回主副本和次副本信息，如果未指定主副本，则指定一个主副本后将待写 chunk 及其对应的主副本和次副本辅节点信息反馈给客户端。

　　客户端收到来自主节点反馈的 chunk 及主、次副本辅节点信息后，开始进行 chunk 内容数据包的发送。各辅节点接收到数据后将数据写入本地的临时缓存中，这时数据并未真正存储到文件的 chunk 中，而是先缓存起来等待进一步控制消息。辅节点接收完所有数据向客户端进行反馈。

　　客户端收到所有辅节点返回的确认消息之后，意味着所有辅节点现在已经有了需要写入的数据。客户端向主副本发送消息通知主副本可以控制所有副本完成真正的写入工作，如果有辅节点迟迟不予反馈，超时后将导致写入失败。

主副本收到客户端的通知后，一方面在自己本地按照某一操作序列将缓存的数据写入 chunk，同时也通知其他次副本按照相同的操作序列写入。其他次副本收到主副本的通知后，将本地缓存的数据按照主副本的操作序列也写入本地 chunk，写入完成后向主副本反馈写入成功。主副本收到所有副本写入成功的消息后向客户端反馈写入成功。如果有副本在写入 chunk 时发生错误，比如磁盘剩余存储空间不足或磁盘故障等，会导致整体写入失败，由主副本向客户端返回写入失败。

客户端收到反馈成功后关闭写入过程。如果写入失败，客户端会重新发起写入过程。

6.3　非关系数据库 NoSQL

NoSQL 表示 Not Only SQL 或 non-relational，泛指非关系数据库。操作系统通过文件系统在外部存储设备上组织和存储数据，为了存储、管理、处理和维护数据，人们开发了数据库系统，主要包括数据库、数据库管理系统和数据库管理员[5]。根据数据组织模型的发展，对应于层次模型、网状模型和关系模型，数据库系统目前经历了层次数据库、网状数据库和关系数据库等多个发展阶段。数据库对数据的组织约束性强，可以保证数据操作的原子性（atomicity）、一致性（consistency）、独立性（isolation）和持久性（durability），即 ACID 特性，实现数据的高效插入、修改和检索，在各种管理系统和业务系统中有着广泛的应用。随着电子商务、社交网络等新兴应用领域的发展，尤其是各种 Web 2.0 应用（即由网络提供商提供应用内容转向由用户提供应用内容）的普及，传统关系数据库在数据存储和组织上对数据约束过强成为限制业务发展的瓶颈。NoSQL 作为关系数据库之外的一种补充，去掉了关系数据库的一些关系特性，使得数据操作更加灵活，可扩展性更强。目前较为成熟的代表性 NoSQL 数据库主要包括列族数据库、键值对数据库、结构化文档数据库和图数据库。

6.3.1　列族数据库

"表"是人们日常使用和组织数据最为常见的一种形式。现实生活中人们办理各种业务经常需要填写各种表格、编制各种业务报表等。关系数据库中的数据通过数据表进行组织、存储和管理。关系数据库对于表的结构约束过强，例如要求表中各行需要有相同的列，且对数据格式有严格的限制，这种限制使得数据库表在稀疏矩阵、变长字段等应用场景中的表现受到影响。数据库中一个表的存储行数及每行存储的数据量均有限制，当数据量过大时，数据库的表操作性能受到较大影响。

列族数据库打破了关系数据库中对表的约束限制，使其逻辑上仍然是一个表，但是实际存储时以表中的行作为基本存储单元。一个逻辑上的表被切分成若干个存储区域，每个存储区域包含若干行，最小的存储区域可以仅包含一行。通过这种方式，一个逻辑上的表可以不再完整地保存在一个存储节点之上，而是可以采用集群式架构由多个节点分别保存。例如采用一主多辅式架构，由主节点保存元数据信息，即逻辑上的表的基本信息、表包含的存储区域信息以及存储区域组成表的拼接关系；由辅节点分别保存各个存储区域并提供读写查询等操作。当存储区域增多时可以通过增加辅节点数量的方式进行扩展，减少每个节点负责的存储区域数量，降低每个节点的压力。

对于每个存储区域，存储区域内的各行具有一个可排序的行键（key），任意可排序的数据类型均可作为行键；每一行中的数据采用行键+列键方式存储。常见的列族数据库还包括时间戳，用以标记相同行键/列键内容的不同版本。存储内容可以采用字符串或者二进制码的方式存储，对存储内容的数据结构不做解析，具体数据结构实现由用户自行处理。

列是行数据的组织单元，是列族数据库访问控制的基本单位。在列族数据库中，一个列族是一系列具有相同数据类型的列的一个集合，列族中可以包含多个列。数据在被存储之前首先需要创建列族，根据列族定义列。数据中的一行通过行键与列族中的列映射关联进行描述，这种方式的优点在于每一行可以映射关联不同的列，允许不同行具有不同的列，而不是像关系数据库那样每一行必须包含所有的列。列族数据库的数据模型如图 6-5 所示。

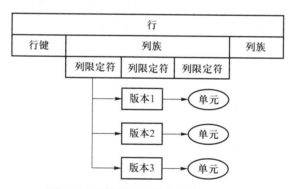

图 6-5　列族数据库的数据模型示意图

代表性的列族数据库包括 Google 公司的 Bigtable，Hadoop 的 HBase，Facebook 开源的 Cassandra 等。

6.3.2　键值对数据库

关系数据库和列族数据库对数据均采用"表"的方式进行组织，在实际应用场景中，除了表之外数据还可能呈现其他多种形态，需要一种更为灵活的组织方式。在使用数据时，一方面对数据需要一种标识和描述信息，类似关键字、文件名或者元数据，另一方面需要保存数据的具体内容信息。根据这种结构，可以通过键值（key-value）对的方式进行存储。其中 key 是数据的键，进行数据的标识和描述，用以区分不同的数据，便于进行数据的排序、检索等；value 是数据的值，存储具体数据内容，通过对 value 的读写实现对数据的使用。

　　键值对这种模式非常类似于现实世界中的快递，快递一方面有一个快递单信息，包括单号、寄件人、收件人等，另一方面有具体的快递物品。对快递的各种操作如分类、查询、排序等可以通过快递单信息完成，但最终寄送的是具体的物品。键值对又好比档案袋，档案袋的封面有档案描述信息，档案袋中是各种类型的文件材料。在 IT 领域，键值对模式也有多种类似的使用形式，比如计算机网络中的网络协议，许多网络协议有一个协议报文头，在网络传输时被解析用以进行标识和路由等，传输内容则作为协议数据包被打包传输。

　　在键值对数据库中，存储的基本数据单元是一个 key-value 对，其中 key 是一个字符串对象，value 可以是任意类型的数据。键值对数据库通常仅对 key 进行解析操作，通过 value 进行数据的操作。由于 value 可以是任意类型的数据，所以通常不支持对 value 的解析操作，如针对 value 的查询等。因为无法预知用户存储的 value 数据结构，对 value 的解析操作交由用户自行完成。键值对数据库的数据模型如图 6-6 所示。

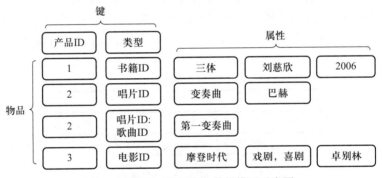

图 6-6　键值对数据库的数据模型示意图

　　键值对数据库在数据模型上天然具有较高的灵活性，键值对模型对 value 的存储内容没有过多限制，因此可以灵活地存储各种类型的数据。键值对数据库也可以采用集群式部署，例如通过一主多辅式架构，支持通过增加节点的方式弹性扩展存储能力。由于数据依靠 key 进行标识和检索，可以在主节点存储数据的元数据，例如当前有哪些数据，key 分别是什么，这些数据分别存放在哪些节点，即每个节点存放哪些 key 的数据；具体的键值对数据存储在辅节点，由辅节点提供具体键值对，尤其是 value 数据的读写。

　　代表性的键值对数据库包括开源的内存数据库 Redis，Amazon 公司的 Dynamo，参照 Dynamo 实现的开源项目 Riak，以及 Danga Interactive 公司开源的 Memcached 等。

6.3.3　结构化文档数据库

　　键值对的方式非常简单，具有很高的灵活性，但是对于 value 缺少必要的约束，会给使用带来很多不便。实际上，数据取值约束可以看作是一把双刃剑，约束越多灵活性越差，但是规范性越强，使用起来越方便；相反，约束越少越灵活，但是使用起来越复杂。如果将关系数据库和键值对数据库看作是对数据的约束和灵活性的两个"极端"的话，那么结构化文档数据库则可以被看作是一种"折中"方案。

文档是人们存储和组织数据经常使用的另一种形式。在结构化文档中，数据以文档的形式进行存储，文档具有一定的文档结构，包含若干标签（tag）；文档结构允许嵌套，即标签下允许含有子标签，同一标签下的数据具有相同的结构或者取值约束，不同标签内的数据可以具有不同的结构或取值约束。通过标签，结构化文档对存储的数据进行了一定程度的约束，但这种约束仅限于标签内部；不同标签的约束不同，使得同一个结构化文档可以保存不同形式的数据，便于进行灵活的扩展。一个结构化文档在存储时可以划分成多个部分分别存储，每个存储部分包含至少一个或者多个标签，数据通过文档 ID 和标签 ID 共同标识。通过这种方式，结构化文档也支持集群式架构由多个节点分别保存。例如采用一主多辅式架构，可以由主节点保存元数据信息，即逻辑上文档的基本信息、文档包含的标签信息以及标签组成表的拼接关系。标签可以分散到辅节点上分别保存，并由辅节点提供读写查询等各种操作。辅节点可以通过增加数量的方式进行扩展，提高整个集群的存储能力，降低每个辅节点的存储和交互压力。结构化文档数据库的数据模型如图 6-7 所示。

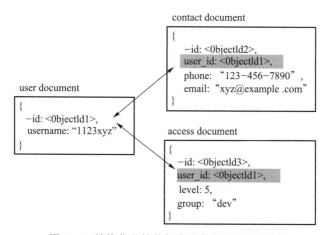

图 6-7　结构化文档数据库的数据模型示意图

代表性的结构化文档数据库包括 MongoDB、Couchbase、CouchDB 等，目前主流的结构化文档数据库多采用 JSON 格式或者 BSON（Binary JSON）格式。其他常见的结构化文档还有 XML 文档、HTML 文档等。

6.3.4　图数据库

关系数据库的基础是关系数据模型，关系数据模型用于描述对象和对象之间的关系，包括关系数据结构、关系操作集合和关系完整性约束。在设计开发关系数据库时，通常可以先建立对业务实体和实体间关系的抽象，绘制实体-关系图（E-R 图），然后根据 E-R 图进行数据库表结构设计。关系数据库虽然可以用来描述实体和对象之间的关系，但在实际应用中，其所适用的场景主要是面向实体的应用，例如进行面向实体的查询。在面向关系的应用场景中，例如在社交网络、交通、金融等领域进行多实体连续关系形成的路径查询中，关系数据库需要实现大量的表连接操作，执行效率会受到巨大的影响。

[**练习**]如果使用关系数据库表存储用户之间的好友关系，请尝试写出求解某个用户的二度好友的 SQL 语句。二度好友指用户的好友的好友，但并不直接是用户的好友，直接好友属于一度好友。分析使用关系数据库表操作求解二度好友的开销。如果求解三度好友或四度好友，其开销会如何增长？

图可以被用于描述对象和对象之间的关系，其中对象定义为图的顶点，对象之间的关系定义为边。针对这类数据进行存储和处理的数据库称为图数据库。相比于关系数据库，图数据库在关系的表达和操作上更具优势。一方面，图数据库可以通过属性为关系增加更为丰富的语义表达；另一方面，图数据库通过图层面的关系操作在路径查找、影响力分析等问题上具有更高的执行效率。在存储大规模对象及关系时，例如知识图谱，图数据库是目前主要的实现方式。

图数据库仅针对图数据（注意不是图像数据）这一种类型数据进行存储，在数据类型上并不具有灵活性，但在存储方式上支持集群式扩展。图数据在存储时可以将一个完整的图拆开，基于点或者边进行存储。基于点存储时，每条存储记录分别存储各个点并记录每个点都连接哪些边。对于图中的高阶顶点，即连接非常多数量边的点（通常在 10^6 以上），还允许将点进行进一步切分，也就是存在多条记录分别保存同一个点的内容，在点信息上这些记录均相同；而点连接的边信息每条记录分别存储一部分边，存储记录有自己独立的 ID 而不是沿用点的 ID，但不允许一条记录同时记录多个点。同理，基于边存储时分别存储各条边以及记录每条边都连接哪些点。通过这种存储方式，图数据库也支持集群式架构由多个节点分别保存。例如采用一主多辅式架构，由主节点保存元数据信息，即逻辑上的图的基本信息、图被拆分的子图信息以及子图组成图的拼接关系。每个辅节点负责保存整体图的一部分子图，即分别保存一部分点、边的信息，并由辅节点提供各种操作。辅节点可以通过增加数量的方式进行扩展，提高整个集群的存储能力并降低每个辅节点的存储和交互压力。图数据库的数据模型如图 6-8 所示。

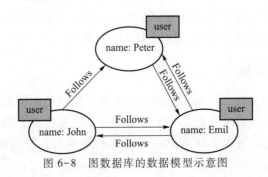

图 6-8　图数据库的数据模型示意图

代表性的图数据库包括开源图数据库 Neo4j、JanusGraph、Nebula Graph、企业级图数据库 TigerGraph、支持图的 ArangoDB，以及北京大学邹磊教授团队研发的 gStore 图数据库等。

6.4 云存储应用

本节介绍几种代表性的云存储应用，包括百度网盘、iCloud、Dropbox 等，并基于分布式文件系统构建一个小型云盘系统。

6.4.1 代表性云存储应用

1. 百度网盘

百度网盘是一个向广大用户提供上传空间和技术的云存储服务平台，为用户提供基础的在线存储及其他各类互联网在线服务。百度网盘可应用于家庭智能终端、传输分享、数据云端存储以及办公等场景。在办公场景下，百度网盘引入合作伙伴的文档、图片处理能力，为用户提供更加便捷的办公服务，同时引入合作伙伴的光学字符阅读器（OCR）扫描能力，为用户提供文字识别服务，为合作方扩大品牌影响力和市场占有率。在家庭智能终端场景下，存储在百度网盘的视频和图片可通过网盘标准化接口输出，为电视、智能盒子、带屏音箱等大屏类合作伙伴提供相册共享服务，在智能终端播放百度网盘内的音频及视频资源。在路由器/NAS 场景下，百度网盘与路由器、NAS 厂商合作，在合作方终端支持文件上传至百度网盘，且支持从合作方终端或远程下载百度网盘文件到本地。在车载场景下，汽车内行车记录仪视频等数据可备份至百度网盘。此外，儿童手表等智能设备可将拍照数据等备份至百度网盘。百度网盘还可以进行社区内容分享，用户可将存储在百度网盘的图片资源分享到入驻百度网盘的社交类小程序中[48]。

2. iCloud

iCloud 内置在每一部 Apple 设备中。iCloud 用户通过各种设备都能找到其所有文件。在 iCloud 上，用户可以使用文件夹来整理文件，还可以对文件夹重新命名或添加颜色标签；用户做出的更改会在所有设备上同时更新；用户还可将 Mac 的"桌面"和"文稿"文件夹中的全部内容自动存储到 iCloud 云盘[58]。有了 iCloud，用户随时随地都能与他人协作，轻松共享文件夹和文件。用户只需发送一个私人链接，接收方就能即时访问已共享的文件夹和文件。原用户可以设置接收方查看、共享或编辑每个文件的权限，还能随时更改这些设置。这项功能在 iPhone、iPad、Mac、Windows PC 和网页上都能使用，因此任何人都能参与协作[58]。iCloud 具有自动备份及恢复的功能。当 iOS 和 iPadOS 设备连接到电源和无线网络时，iCloud 会自动备份设备。所以，如果设备丢失或者购买了新的设备，用户仍能完好无缺地保留所有重要内容。旧设备上的重要数据都能转移到新设备上。iCloud 可将设置、照片、APP 和文档顺畅地转移至新设备[58]。

3. Dropbox

Dropbox 提供云存储、文件同步、个人云和客户端软件。Dropbox 通过在用户计算机上创建一个特殊文件夹，将文件集中到一个中心位置。文件夹的内容会同步到 Dropbox 的服务器，以及安装有 Dropbox 的其他计算机和设备上，从而使相同的文件在所有设备上保持最新状态[59]。Dropbox 将用户团队的所有内容集中在一起，为其提供常用的工具，并能进行快捷检索。Dropbox 是一种更智能的工作方式，可帮助用户专注于处理重要的工作，与其团队保持同步并确保安全，避免内容分散、中断频发、协调困难的情况发生，同时保持文件并然有序，将传统文件、云端内容、Dropbox Paper 文档和网页快捷方式集中在一起高效地组织和处理资料[60]。

6.4.2　构建小型云盘系统

云盘是面向个人用户的常见的云存储应用之一，基于分布式文件系统可以简便快速地构建一个小型云盘系统。小型云盘系统的架构如图 6-9 所示。

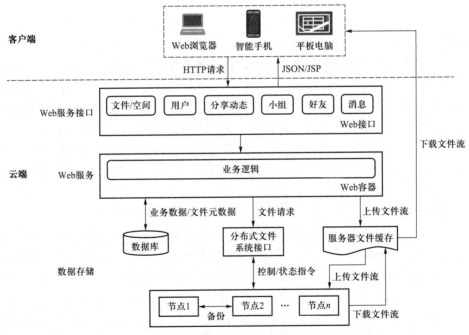

图 6-9　小型云盘系统架构示意图

小型云盘系统包括客户端和云端两部分。客户端可以是个人计算机上的 Web 客户端，通过浏览器访问，也可以是安装在手机等移动设备上的 APP。客户端通过访问云端的 Web 服务接口进行云盘的各种操作。云端主要包括分布式文件系统和业务逻辑系统两部分。分布式文件系统基于开源项目 Hadoop 的分布式文件系统 HDFS，支持集群式部署，采用一主多辅式架构，允许通过增加辅节点数量的方式进行存储空间扩展。业务逻辑系统基于经典的 J2EE 框架，使用 MySQL 数据库进行数据存储，通过 Java 编写业务逻辑，并使用 Tomcat 作为应用服务器。分布式文件系统用于实际的数据存取，不直接与用户进行交互，用户通过客户端软件访问小型云盘系统提供的 Web 服务接口实现文件的上传、下载等用户操作。

小型云盘系统除了注册、登录等常规功能外，还包括文件上传、文件下载、文件分享和文件删除等核心业务功能。

1. 文件上传

文件上传流程如图 6-10 所示，具体如下：

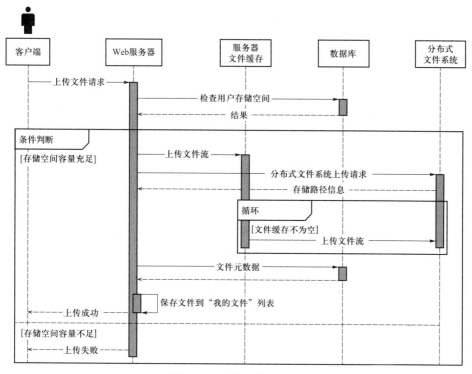

图 6-10　文件上传流程图

① 用户发出上传文件请求，Web 服务器接收到请求后，查询数据库，判断当前用户存储空间是否充足，若存储空间充足，则继续下面的步骤；否则，返回存储空间不足信息，上传失败。

② 用户将文件通过网络上传到服务器文件缓存，再根据分布式文件系统的缓存机制，分步上传到分布式文件系统中。

③ 上传成功后，在数据库中记录该文件的元数据信息，该步骤与步骤②共同组成上传文件事务。

④ 用户上传的文件将自动保存在用户文件列表中，因此 Web 服务器调用保存文件的服务，同时更新用户存储空间信息。

⑤ 向用户返回上传成功信息，支持完成上传文件流程。

2. 文件下载

文件下载流程如图 6-11 所示，具体如下：

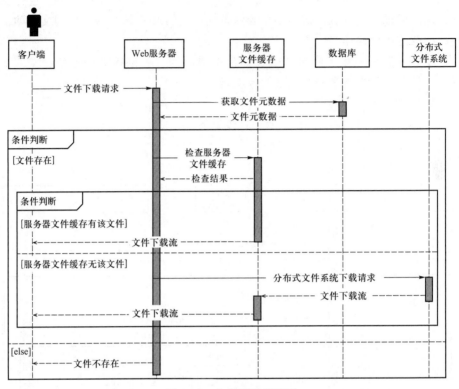

图 6-11　文件下载流程图

① 用户发出下载文件请求，Web 服务器接收到请求后，查询数据库获取下载文件的元数据信息，若文件存在，则继续下面的步骤；否则，返回文件不存在信息，下载失败。

② Web 服务器的下载服务首先查看服务器文件缓存，看该缓存中是否存在要下载的文件，若存在，则直接从本地服务器下载；否则，向分布式文件系统发出下载文件请求。

③ 文件从分布式文件系统首先下载到服务器文件缓存，之后再从服务器下载到本地，至此完成下载文件流程。

3. 文件分享

文件分享的业务逻辑如图 6-12 所示。

在云盘中，用户可以将文件分享给其他用户，分享操作完全在业务逻辑层完成，无须操作分布式文件系统。用户 B 将用户 A 分享的文件 X 保存在自己的云盘时，在业务逻辑层的用户-文件映射表中增加一条用户 B-文件 X 的映射关系，代表用户 B 也保存有文件 X。在用户-文件映射表中每个文件有在该用户存储列表中的自定义名称，例如用户 B 可以对文件 X 进行重命名，将文件 X 重命名为文件 Y，使得用户 B 在查询自己的文件列表时可以查询到文件 Y。同时

图 6-12　文件分享的业务逻辑示意图

在云盘用户信息表中扣除用户 B 相应的存储空间，代表用户 B 新增存储文件 X 后云盘空间被文件 X 占用，已占用空间增加，剩余空间减少，总空间保持不变。使用这种方式，只有在用户上传文件时才会在分布式文件系统中添加文件，分布式文件系统中已存在的文件通过分享的方式无论被多少用户保存，在其逻辑上只存储一份，各个用户通过数据库记录文件保存信息。由于分享文件的保存只是数据库业务逻辑表的操作而不涉及分布式文件系统的操作，因此执行效率很高，从用户体验角度，同样是在云盘中保存一个文件，保存分享文件比保存上传文件要快很多。

[练习]选取某一种云盘应用，将自己的文件保存在云盘中，再保存一个其他人通过云盘分享的文件到自己的云盘，体会一下保存速度的差异。

4. 文件删除

文件删除的业务逻辑如图 6-13 所示。

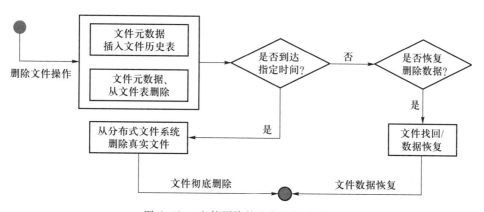

图 6-13　文件删除的业务逻辑示意图

在云盘中，文件的删除操作可以分为三个不同的阶段：

（1）业务逻辑表标记阶段

当用户删除自己云盘中的某个文件时首先进入该阶段。进入该阶段时，例如用户 A 执行删除文件 X 操作后，先在日志中记录该删除操作，然后在用户-文件映射表中为用户 A-文件 X 映射记录的是否删除状态位打一个标记，标记为已删除状态。用户 A 在查询自己的文件列表时无法再查询到文件 X，同时在云盘用户信息表中对用户 A 的存储空间进行相应的修改，已占用空间减少，剩余空间增加，总空间保持不变，代表用户 A 删除文件 X 后相应的云盘空间被释放。通过上述操作可以看出，在这一阶段，虽然从用户角度感觉该文件已经在自己的云盘中被删除，但是实际上在云盘系统中相应的数据均还存在，只是打了标记对用户不可见。

在该阶段中，如果用户希望找回删除的文件，经过日志比对和用户-文件映射表查找，确认存在打了标记的用户-文件映射记录，即用户曾经保存过该文件之后又删除了，以及存在删除操作（即用户执行过删除操作），则可通过修改删除标记位取值和修改云盘用户信息表中用户存储空间信息，使得用户在查询自己的文件列表时又可以重新查询到该文件并且已占用空间和剩余空间被正确地调整，即完成了删除文件的恢复。在该阶段文件的删除和恢复本质上只是数据库业务逻辑表记录的标记修改，因此执行效率很高，可以很快完成删除和恢复操作。

（2）业务逻辑表删除阶段

用户删除文件之后的第一个宽限期（即业务逻辑表标记阶段）具有一个预定义的持续时间，例如 7 天。当用户删除文件 7 天之后，将从业务逻辑表标记阶段进入业务逻辑表删除阶段。进入该阶段时，首先在日志中进行记录，然后将对应的用户-文件映射记录从用户-文件映射表移出到用户-文件映射历史表，这意味着用户-文件映射表中将不再保存该用户-文件映射记录，同时在用户-文件映射表查找是否该文件还存在其他用户的映射，即是否还有其他用户保存了该文件，如果没有用户保存该文件，即不存在其他用户与这个文件的映射，则在待回收文件表中增加一条该文件的记录，代表该文件可能需要被回收。

在该阶段，由于仍然是业务逻辑系统层的数据库操作，并未实际影响到分布式文件系统中的文件存储，因此用户仍然可以找回删除的文件。在进行文件恢复时首先需要进行日志比对和用户-文件映射历史表查找，确认用户曾经保存过该文件，然后在日志中进行记录并将用户-文件映射历史表中的对应记录恢复回用户-文件映射表，在待回收文件表中查找是否有该文件的记录，如果有则删除待回收文件表中该文件的记录，再修改云盘用户信息表中用户存储空间信息，使得用户在查询自己的文件列表时又可以重新查询到该文件并且已占用空间和剩余空间被正确地调整，完成删除文件的恢复。在该阶段中，由于需要访问历史表而历史表可能很大，此外还需要进行数据库表的插入、删除等操作，因此执行效率会受到一些影响，需要一段时间才能完成恢复操作。

（3）分布式系统删除阶段

业务逻辑表删除阶段也具有一个预定义的持续时间，该时间一般相对比较长一些，例如 30 天。前面两个阶段可以看作是用户删除文件的两个宽限期，这两个阶段由于只是业务逻辑系统层的数据库操作，真正的文件还保存在分布式文件系统中，因此用户希望恢复时可以找回。这种方式虽然方便了用户，但是对于云盘系统而言存储空间并未实际得到释放。当某文件不再被任何一个用户保存，根据上一阶段的操作，该文件会被记录在待回收文件表中。当持续时间超过业务逻辑表删除阶段时间之后，例如待回收文件表中如果某文件信息存在了 30 天，在此过程中没有被任何用户找回，则可以进入分布式文件系统删除阶段，在分布式文件系统中将该文件删除，释放相应的存储空间。进入该阶段后，由于文件已经被实质性删除，因此无法再被用户找回。

[练习] 选择一种云盘应用，尝试操作文件的删除和找回，思考所谓的"删除"是否真正删除了文件。对比 Windows 操作系统中"回收站"的文件删除/还原功能与云盘的删除/找回功能的区别。

思考题

1. 什么是存储？对于普通用户而言，对存储有哪些主要需求？
2. 什么是云存储？
3. 什么是文件名，什么是扩展名？
4. 什么是文件目录，什么是文件路径？有哪些种类的文件路径，为什么需要这些路径？
5. 为什么文件名或者文件夹名中不允许出现一些特殊符号，例如"/"符号？
6. 使用 PaaS 平台开发应用时，编辑代码为什么只能使用相对路径，而不能使用绝对路径？
7. 云存储的基本设计思路是什么？如何进行弹性可扩展？
8. GFS 系统的架构是什么？
9. GFS 系统中主节点的主要功能是什么？辅节点的主要功能是什么？
10. GFS 系统的读文件过程是什么？写文件过程是什么？
11. 什么是列族数据库？列族数据库如何进行弹性可扩展？
12. 什么是键值对数据库？键值对数据库如何进行弹性可扩展？
13. 什么是结构化文档数据库？结构化文档数据库如何进行弹性可扩展？
14. 什么是图数据库？图数据库如何进行弹性可扩展？
15. 代表性的云存储应用有哪些？
16. Windows 操作系统中，通过回收站删除文件和直接使用 shift+delete 键删除文件有什么区别，与云盘应用中删除文件又有什么区别和联系？

第 7 章　批量计算

在第 6 章我们学习了如何通过弹性可扩展的方式对数据进行存储，以便满足用户对数据存储的服务需求。本章将主要学习如何通过多机集群方式组成计算系统，以便能够通过增加节点的方式弹性扩展集群的计算能力，满足用户对数据计算的服务需求。

7.1　批量计算的基本概念

人月是项目管理中工作量的计量单位，代表 1 个劳动者工作 1 个月的工作量，同理的计量单位还有人天、人周、人年等。对于一个大型项目，需要预先评估项目工作量以便根据工期进行合理的人力分配。当工作量较大时，通常需要多人组成项目组共同协作完成。

在项目管理中，虽然增加人手可以一定程度地缩短工期，但即使是在人力资源充足的情况下，显然也不可能通过增加人手使得项目工期能够无限制地缩短。例如项目工作量如果是 5 人月的话，由 5 个人工作 1 个月尚有可能，但显然不能通过增加人手使得工作在 1 天、1 小时甚至更短的时间完成。通过量化的形式表示，假设项目本身的工作量为 J，当项目由 1 个人完成时仅需完成 J 工作量即可。为了缩短项目工期，可以通过增加人手的方式实现，例如当项目由 n 个人共同完成时，理论上每个人所需完成的工作量为 J/n，这样每个人所需完成的工作量变少，当效率不变时可以达到缩短时间的目的。但是由于任务由多人共同完成，项目的工作量除了本身的工作量 J 以外，还额外增加了任务拆分的工作量 M 和汇总合并的工作量 R，M 和 R 随着人数的增加而增加；而随着人数的增加，每多增加一个人使得项目组成员平均分配带来的任务量缩减在不断减少。例如项目组只有 1 人时工作量为 J，增加 1 个人时每个人的任务量为 $J/2$，平均每人缩减的工作量为 $J-J/2=J/2$，再增加 1 人时每人的任务量为 $J/3$，平均每人缩减的工作量为 $J/2-J/3=J/6$。当增加人手时，如果增加人手带来的额外工作量超过了增加人手所带来的平均任务量缩减时，即 $\Delta M+\Delta R>\Delta J$ 时，"人月神话"崩溃，此时再增加人手并不会带来总体工期的缩短[61]。

1. 缩短计算任务完成时间的两种方案

在计算任务中，为了缩短任务完成时间，一种方案是提高单机的处理效率，包括通过优化计算逻辑使得算法的执行效率更高，例如快速排序算法的平均时间复杂度为 $O(n\log n)$，优于冒泡排序算法的时间复杂度 $O(n^2)$；或者是使用性能更为强大的硬件设备，比如根据摩尔定律，集成电路芯片上所集成的电路数目每隔 18 个月就翻一番，同时性能也提升一倍。但是这种提高单机处理效率的方式较易遇到瓶颈，比如设计一种更快速的单机排序算法难度很大；研发性能更好的硬件受到制造工艺、散热功耗等因素的影响，短期也难以实现巨大突破。

计算任务求解问题的难度可以分为求解逻辑的难度和求解规模的难度。在处理求解逻辑难度不大但问题规模很大的任务时，例如对 TB 甚至 PB 量级的数据进行 sum 或者 count 计算，由于待处理的数据量很大，为了保障整个问题能够在可接受的时间范围内完成，可以借鉴项目组的解决思路，每台机器的处理逻辑不变，通过增加处理节点的方式，把规模很大的计算任务拆解成多个规模较小的任务交由多台机器分别处理。这样每台机器处理的规模变小，多台机器可以并行进行，从而缩短任务的整体完成时间。例如对 100 万个订单进行销量汇总求和时，可以分配 100 台机器，由每台机器分别汇总 1 万个订单的销量，再将 100 台机器的结果汇总求和。

由此缩短任务完成时间的另一种方案是，将计算任务通过集群的方式进行问题求解。通过横向扩展方式，增加集群节点数量以降低每个节点的负载，从而在大数据量处理场景中满足用户对处理时间的需求。以这种方式进行问题求解，显然与传统的顺序化编程的解决问题思路不同。在传统的编程语言和运行环境中，用户编写的代码虽然可能包含分支、循环、递归等多种逻辑，但最终在执行时会根据具体执行情况编译为一个顺序执行序列，由单机依次执行完成。我们日常所接触的个人计算机或者移动终端的应用软件也是以单机执行为主，而不是由多台机器共同执行。注意，这里所说的多机共同执行并不是指一个软件在多台机器上分别运行了一份备份文件，例如每台手机上分别安装和运行一个微信 APP，而是指多台机器共同运行一份备份文件。为了支持计算任务的执行横向可扩展，必须要求开发者从根本上改变编程方法，甚至不仅是要改变顺序程序设计的工艺传统，而且还要改变人类顺序化思考问题的习惯。

[练习]在 IDE 环境中以单步调试的方式完成一个程序的运行过程，体会顺序化执行的实现机制。

在传统的计算中，程序一般是被串行执行的，程序是指令的序列。在单处理器的计算机中，程序从开始到结束，其指令被一条接一条地执行。如今，计算的一道处理可以被划分为几部分并行执行，各部分的指令分别在不同的处理器上同时运行，这些处理器可以存在于单台机器中，也可以存在于多台机器中，它们通过技术手段连接起来共同运行。那么，是否所有的计算问题都可以从传统的串行方式转变为可以并行的方式？

例如经典的斐波那契数列计算问题：

$$F_k = \begin{cases} 1, & k = 0 \\ 1, & k = 1 \\ F_{k-1} + F_{k-2} & k \geqslant 2 \end{cases}$$

当需要计算 100 万位的斐波那契数列，是否可以类似前面订单销量计算的解决方式，分配给 100 台机器，由每台机器分别计算 1 万位？通过经典斐波那契数列的计算公式不难看出，虽然也可以采用这种方式进行问题的求解，但是这 100 台机器由于计算逻辑的限制，无法同时开始计算，仍然需要按照顺序依次开始，这样虽然通过增加计算节点的数量降低了每个节点的计算任务量，但是由于无法并行执行计算任务，计算任务的完成时间并没有得到缩短。

通过斐波那契数列计算和项目管理工期分析的例子可以看出，并非所有的计算任务都可以通过集群的方式缩短计算时间。即便可以缩短时间，也并非可以通过增加大量资源使得计算时间无限地缩短。采用集群方式实现计算除了计算任务本身之外，还包括计算任务拆分、计算结果合并，以及多节点分别计算时某节点出现错误的处理等。因此需要设计一种新的计算模式，将计算任务拆分、结果合并、中间结果交互、容错、数据分布、任务调度和负载均衡等都包含在计算架构中，用户在编程实现自己的计算任务时只需要专注于计算任务本身逻辑的实现，而无须考虑计算任务被并行化执行的问题[62]。

2. 批量计算的计算场景和计算任务

在现实应用场景中有这样一类计算问题，这类计算问题有大量结构一致的数据要处理，而且数据可以被拆分成若干大小相同的部分，每一部分的计算可以分别进行，彼此之间不存在逻辑依赖关系，例如前例中的订单销量统计问题。这类问题非常适合使用集群化的计算模式进行实现。适用于集群化计算模式求解的代表性问题包括批量计算（batch computing）问题、流式计算（streaming computing）问题和图计算（graph computing）问题。本章将重点学习批量计算求解，流式计算和图计算将在第 8 章和第 9 章进行具体介绍。

批量计算应对的计算场景是数据已经预先保存，在计算过程中数据的规模和内容不会发生变化。数据的计算逻辑相对简单但计算的数据量可能很大，计算主要由用户或程序驱动，采用单次或周期性的方式进行，每次计算的数据量固定，在一段时间内可以计算完毕。计算逻辑允许执行一段时间，即计算的实时性要求不高但希望能够尽可能快地完成。

前面的订单销量统计问题是一种常见的批量计算场景。例如统计去年各月的订单销量，在进行销量统计计算时，去年各月的订单数据已经预先存在并被保存，计算过程中订单的数量以及每个订单内的数值不允许发生更改。该计算的计算逻辑较为简单，仅为基本的求和操作，但可能需要计算的订单数量很大。该计算的执行可以由用户驱动，例如用户在需要生成统计报表时通过系统功能按钮或者菜单驱动计算逻辑执行；或者由程序自动驱动，例如在每年年初自动统计去年数据并将统计结果保存待查。该统计计算可能需要执行一段时间，从用户的角度，当已知订单数量较大时，一般可以容忍一定的系统计算时延而无须实时产生计算结果，但希望能够尽可能快地完成；计算结果产生之后，在每次查询计算结果时，希望能够快速甚至实时地完成结果的查询。

批量计算的计算任务可以拆分成两部分。一部分是计算本身的业务逻辑部分，该部分根据计算任务的具体目标而定，需要用户自定义。根据弹性可扩展的计算方式，该部分还可以进一步被细分成两个模块：一个模块是计算任务拆分后每一部分的计算逻辑，虽然计算任务被拆分成多个部分，但每一部分的计算逻辑是相同的；另一个模块是每一部分分别完成之后的汇总逻辑。计算任务的另一部分是架构管控逻辑部分，包括计算任务的拆分、结果合并、中间结果交互、容错、数据分布、任务调度和负载均衡。该部分与计算任务无关，各个计算任务的架构管控逻辑均相同，由计算架构提供，无须用户自定义。

MapReduce 是求解批量计算的代表性计算架构，该架构可以被多种计算框架（如 Hadoop、Spark 等）执行。

7.2　代表性计算架构 MapReduce

7.2.1　MapReduce 的计算架构

MapReduce 的计算架构如图 7-1 所示。MapReduce 计算架构采用一主多辅式架构，整个计算集群可以由多个节点组成，包含一个主节点 Master 和多个计算节点（辅节点）Worker。对于客户端而言，客户端面向的是整个计算集群，可以把计算集群看作是一台机器来提交计算任务。客户端提交的计算任务由集群中的各个节点协作共同完成。在实际部署时，主节点或计算节点可以是一台独

微视频：
MapReduce

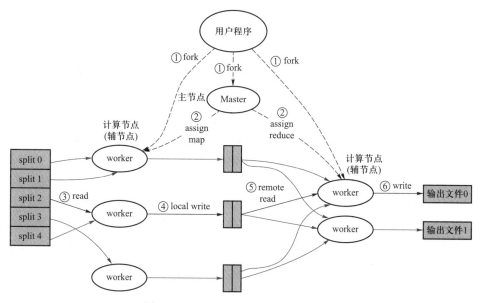

图 7-1　MapReduce 的计算架构示意图

立的物理机，也可以是一台虚拟机。在使用虚拟机部署时，有可能主节点和计算节点被部署在同一台物理机上，但是由于主节点只有一个并且是主控节点，容易成为集群瓶颈，一般推荐采用独立部署的方式。

在 MapReduce 中，客户端提交的一个完整的计算任务称为一个作业（job），根据批量计算弹性可扩展的思路，一个作业在执行时被切分，由多个节点分别各自完成，被切分开的每个分片（split）称为一个任务（task），即一个作业被划分成多个任务。对于一个作业而言，切分成的任务又可以分为两类：一类是待计算数据被拆分后每部分数据需要执行的计算逻辑，称为映射（Map）；另一类是 Map 任务分别计算完毕后进行汇总得到最终结果的计算逻辑，称为归约（Reduce）。MapReduce 的名称就是由 Map 和 Reduce 两个词合并而成。

主节点是 MapReduce 集群中的主控节点，负责管理计算任务，在整个集群中有且仅有一个。当客户端提交计算任务后，由主节点负责响应客户端的计算请求，检查计算任务是否准备就绪，包括待计算的数据是否存在、可访问以及计算程序是否已经上传完毕。计算任务准备完毕后如果当前计算集群资源允许，就可以开始执行计算任务。主节点根据待处理数据和资源情况以及用户提交的计算逻辑，将作业切分成任务，为每个任务指定执行计算节点。批量计算的待处理数据需要预先保存。MapReduce 处理的数据需要预先保存在分布式文件系统中，即数据本身也是被切分分散在多个节点上进行保存。主节点根据待处理数据的存储情况，通常分配存储数据的节点完成本地待处理数据的 Map 计算，这种分配方式可以有效地缩短开始计算前的数据准备时间。MapReduce 中的主节点仅负责作业的管理，具体任务的执行由计算节点完成。主节点需要周期性地与各个计算节点进行心跳通信，以便了解计算节点的工作状态和所分配任务的执行完成情况。如果有计算节点出现故障，主节点根据任务的分配情况选择新的计算节点接替故障计算节点的工作。如果计算节点上分配的某个任务执行完毕，需要向主节点汇报，由主节点更新作业的执行完成情况。客户端可以通过主节点查询整个集群的任务负载情况，以及各个作业的完成进度。

计算节点负责任务的具体执行，这类节点可以有多个，可以通过增加数量的方式扩充集群的计算能力。根据主节点的任务分配，有的计算节点负责执行 Map 任务，有的计算节点负责执行 Reduce 任务，也可能同一个计算节点二者均负责执行。负责执行 Map 任务的计算节点，通常待处理的数据已预先在该节点本地切块存储，执行完 Map 任务后产生的中间结果也在该节点本地存储。负责执行 Reduce 任务的计算节点需要到负责执行 Map 任务的计算节点处将自己负责汇总的中间结果读取出来并保存到本地，经过 Reduce 计算后产生最终的输出结果输出到指定位置。计算节点需要周期性地与主节点进行心跳通信，以便汇报自己的工作状态和所分配的任务的执行完成情况。

7.2.2　MapReduce 的实现原理

MapReduce 的实现原理如图 7-2 所示。主要包括如下步骤：

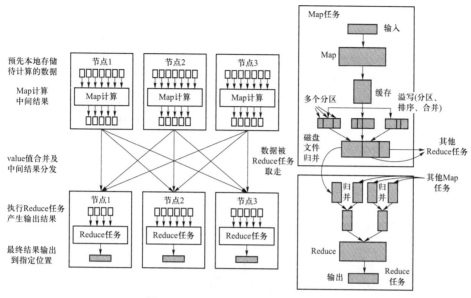

图 7-2 MapReduce 实现原理示意图

① 各计算节点预先本地存储待计算的数据。

② 各计算节点执行 Map 计算。执行 Map 计算时依次读入待处理的数据，读入的每一条数据经过 Map 计算逻辑产生一个<key, value>对作为中间结果。产生的中间结果首先保存在 Map 本地的计算结果缓存中，缓存中的中间结果积攒到达一定阈值后作为一个分区写出到磁盘。在写出时需要对中间结果根据 key 进行排序，以及根据是否有合并逻辑对中间结果进行合并。中间结果的多个分区通过磁盘文件归并最终形成一个完整的 Map 本地计算结果，保存在 Map 计算节点本地的磁盘中。

③ 用户在提交计算任务的计算逻辑时，除了 Map 和 Reduce 计算逻辑，还可自定义合并(Combine)逻辑和分区(Partition)逻辑。其中合并逻辑的作用是对各个 Map 计算节点的中间结果进行合并，通常是将具有相同 key 的<key, value>对中的 value 值进行合并，比如数值求和或者字符串拼接。通过合并逻辑可以减少 Map 本地保存中间结果中的<key, value>对的条数，减少了中间结果的数据量。分区逻辑的作用是控制中间结果的分发。MapReduce 架构默认按 key 进行中间结果的分发，用户也可以通过重写分区逻辑自定义分发逻辑。Map 节点产生的中间结果在写入本地磁盘时根据分区逻辑进行划分，以便每个 Reduce 节点能够直接读取各自所需的结果。

④ 执行 Reduce 任务的节点在 Map 节点任务执行完毕后，根据中间结果分发逻辑到 Map 节点处读取自己需要处理的中间结果。对某个 Map 节点而言，该节点的 Map 任务尚未执行完毕时，Reduce 节点不能从其读取中间结果，因为此时的中间结果可能尚不完整，读取会导致中间结果不正确。由于执行 Map 任务的节点可能有多个，Reduce 节点也无须等待所有 Map 节点都执行完毕才开

165

始读取，而是谁计算完毕即可开始从谁那里读取。MapReduce 架构默认按 key 进行中间结果的分发，一个 Reduce 节点可以负责一个或若干个 key 的结果汇总，同一个 key 的中间结果必须只由一个 Reduce 节点汇总。Reduce 节点需要到各个 Map 节点上读取自己负责汇总的 key 的中间结果。

⑤ Reduce 节点从各个 Map 节点依次读取的数据也首先保存在本地缓存，当积攒超过阈值后作为一个分区保存到本地磁盘；在写出时也需要对中间结果根据 key 进行排序并进行归并。最终汇总得到完整的待处理中间结果数据，然后执行 Reduce 逻辑进行计算，得到最终结果输出到指定位置。

7.2.3　MapReduce 的典型算例

批量计算的一个主要应用是对大规模数据进行统计分析。本小节以微博用户群体年度热词统计分析 wordcount 为例，进一步说明如何编写一个 MapReduce 程序。

年度热词统计是给定一个用户群体，统计该群体某一年度所发的所有微博内容中各个词出现的次数，然后根据次数进行排序，排名前 Top$k$（比如 Top1、Top3、Top5、Top10 等）的词作为年度热词。待统计的数据是某一年度某用户群体所发的所有微博内容，该内容已经全部发生，在计算前已被预先保存，并且不会被新增、删减或修改。因此，这是一个典型的批量计算分析场景。

该分析首先需要收集该用户群体在统计年度所发的所有微博的文本内容，经过数据预处理，如去掉符号、表情符等非文字内容，并进行分词，去掉"的""了"等停用词。预处理之后得到的微博内容被保存到分布式文件系统中，供后续计算使用。该分析的核心是统计所有微博内容中各个词出现的次数（如图 7-3 所示），次数统计之后就可以通过排序得到热词结果。这里以 Google 的 MapReduce 计算系统为例，说明如何进行该问题的批量计算。

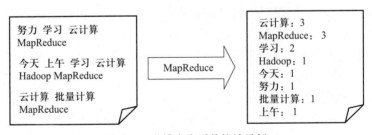

图 7-3　微博内容词数统计示例

MapReduce 算法的伪代码如图 7-4 所示。其基本思路如下：微博内容词数统计的中间结果和最终结果通过 key-value 对保存，key 代表词，value 代表词出现的数目。Map 部分的输入是待处理的文本，遍历文本，对文本中的每个单词产生一个 key-value 对（词，1），代表该单词出现 1 次。Map 计算结果到 Reduce 的分发机制是按照 key 分发，即相同的词发给同一个 Reduce 节点进行出现次数的汇总统计。Reduce 部分的输入是 Map 计算中间结果 key-value 对的集合，输出是最终的统计结果。

```
Map(K,V){
    For each word w in V
        Collect(w,1);
}
Reduce(K,V[]){
    int count=0;
    For each v in V
        count+=v;
    Collect(K,count);
}
```

图 7-4　微博内容词数统计的 MapReduce 算法伪代码

MapReduce 算法的执行过程如下：

① 用户可以通过客户端/命令行等方式提交用户的计算程序。计算程序作为用户程序被提交到主节点，主节点负责计算的管控，计算程序在主节点中被定义为一个作业，该作业被分解成若干 Map 任务和 Reduce 任务并分配给对应的计算节点执行。其执行过程可参见图 7-1 所示的 MapReduce 计算架构图。

② 如图 7-5 所示，计算程序的输入文件预先在大数据存储系统中进行分片，每个分片 split 对应一个 Map 任务。一个数据分片内的数据通过分块的方式存储，每块通常是 64 MB。

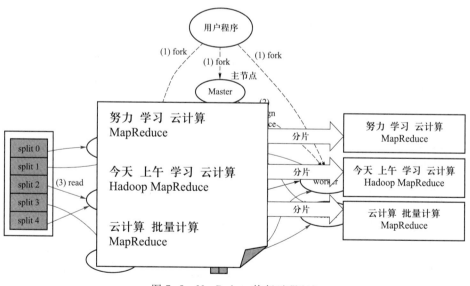

图 7-5　MapReduce 执行过程(1)

③ 如图 7-6 所示，被分配了 Map 任务的计算节点开始读取输入数据的数据块，并根据计算逻辑生成键值对。Map 函数产生的中间键值对被缓存在本地内存中，然后定期写入本地磁盘，写入磁盘时会被分为 R 个区，将来每个区会

对应一个 Reduce 任务。这些中间键值对的位置会被通报给主节点，由主节点负责将信息转发给负责执行 Reduce 任务的计算节点。

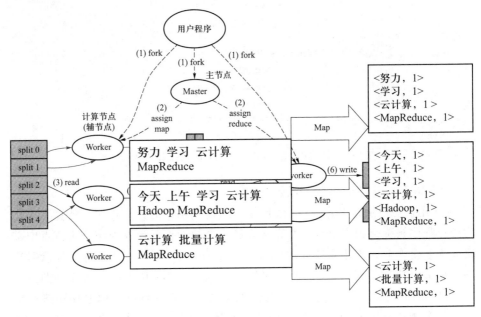

图 7-6　MapReduce 执行过程（2）

④ 如图 7-7 所示，被分配了 Reduce 任务的计算节点可能需要从多个 Map 计算节点上读取数据。当有 Map 计算节点执行完毕之后，主节点会收到来自该 Map 计算节点的通知，然后主节点会通知 Reduce 计算节点开始从该 Map 计算节点中读取数据。当 Reduce 计算节点把负责的所有中间键值对都读过来后，先对它们排序，使得 key 相同的键值对聚集在一起，因为同一 Reduce 计算节点

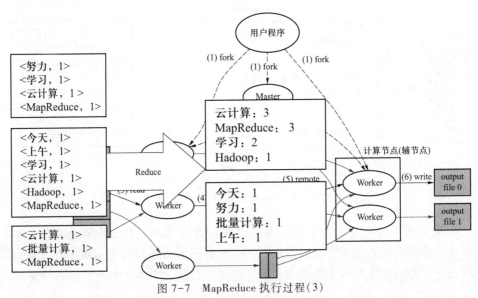

图 7-7　MapReduce 执行过程（3）

可能同时负责多个 key 的键值对汇总。在排序后，将每个 key 的所有键值对都传递给 Reduce 函数进行计算，Reduce 函数产生的输出会添加到指定的输出位置。当所有的 Map 和 Reduce 任务都完成后，主节点会向最终用户反馈整个计算被执行完毕。

Hadoop 集群中的词数统计程序 wordcount 的 Java 语言源代码如下：

```java
//引用包文件
package org.apache.hadoop.examples;
import java.io.IOException;
import java.util.StringTokenizer;
import org.apache.hadoop.conf.Configuration;
import org.apache.hadoop.fs.Path;
import org.apache.hadoop.io.IntWritable;
import org.apache.hadoop.io.Text;
import org.apache.hadoop.mapreduce.Job;
import org.apache.hadoop.mapreduce.Mapper;
import org.apache.hadoop.mapreduce.Reducer;
import org.apache.hadoop.mapreduce.lib.input.FileInputFormat;
import org.apache.hadoop.mapreduce.lib.output.FileOutputFormat;
import org.apache.hadoop.util.GenericOptionsParser;
public class WordCount {
        public static class TokenizerMapper     //分词器 mapper
        extends Mapper<Object, Text, Text, IntWritable>
        { //输入 key、输入 value、输出 key、输出 value
                private final static IntWritable one = new IntWritable(1);
                private Text word = new Text();    //两个变量用于表示 key 和 value
                //Map 函数的前两个参数与 Mapper 函数一致，context 是中间结果
                public void Map( Object key, Text value, Context context ) throws I
                        OException,
                        InterruptedException {
                                StringTokenizer itr = new StringTokenizer( value.toString( ) );
                                while ( itr.hasMoreTokens( ) ) { //取词判断
                                        word.set( itr.nextToken( ) ); //取词
                                        context.write( word, one ) ; //为 context 赋值 key-value 对
                                }
                        }
        } //Map 之后可以做一个 Combiner，对 Map 计算结果进行小规模的 Reducer，
        //减少 Map 结果的数据量
        public static class IntSumReducer //数字求和 Reducer
            extends Reducer<Text, IntWritable, Text, IntWritable> {
                //Reducer 函数的前两个参数与 Mapper 函数的后两个参数保持
                一致
```

```
                    private IntWritable result = new IntWritable(); //结果变量
                    public void Reduce(Text key, Iterable<IntWritable> values,
                        Context context//前两个参数是 Reducer 函数的前两个参数
                        ) throws IOException, InterruptedException {
                            int sum = 0;
                            for (IntWritable val : values) {
                                sum += val.get();    //依次取出，汇总求和
                        }
                        result.set(sum);
                        context.write(key, result);
                    }
            }
        public static void main(String[] args) throws Exception {//main 函数
            Configuration conf = new Configuration();    //MR 的配置类
            String[] otherArgs = new GenericOptionsParser(conf, args).getRemainingArgs
            ();
            if (otherArgs.length != 2) {
                System.err.println("Usage: wordcount <in> <out>");
                System.exit(2); }
            Job job = new Job(conf, "word count");    //新建一个 job
            job.setJarByClass(WordCount.class);    //job 对应的 class
            job.setMapperClass(TokenizerMapper.class);    //job 的 Mapper
            job.setCombinerClass(IntSumReducer.class);    //job 的 Combiner
            job.setReducerClass(IntSumReducer.class);    //job 的 Reducer
            job.setOutputKeyClass(Text.class);    //输出 key
            job.setOutputValueClass(IntWritable.class);    //输出 value
            FileInputFormat.addInputPath(job, new Path(otherArgs[0]));
            //输入文件
            FileOutputFormat.setOutputPath(job, new Path(otherArgs[1]));
            //输出文件
            System.exit(job.waitForCompletion(true) ? 0 : 1);}    //job 的退出条件
        }
```

7.2.4　MapReduce 的算法设计思路

通过前面的介绍，MapReduce 计算架构本身会完成数据切分、任务分发、中间结果传输等工作。用户在编程实现时仅需关注问题本身的业务实现逻辑，在不过多考虑实现细节和执行效率而只考虑功能实现时，仅需编写 Map 和 Reduce 函数即可实现批量计算。

但是在求解实际问题时，由于熟悉的编程技巧大多基于顺序化编程解决问题，在编写 MapReduce 程序时，初学者经常遇到的问题是看懂别人写好的 MapReduce 程序相对容易，但是自己却写不出来。其主要原因是没有从并行的弹性

可扩展的角度出发思考求解问题。本小节通过综合常见的批量计算问题和对应的 MapReduce 程序，总结得出如下 MapReduce 算法设计思路：

① 判断要求解的问题是否为批量计算问题。批量计算要求待处理的数据预先已经保存好，在计算过程中不能发生数量规模和取值内容上的变化。如果待处理的问题属于有新数据不断到来或者数据会被更新，那么可能不适合使用 MapReduce 进行求解。批量计算在求解时，待计算的数据彼此之间不存在严格的先后计算逻辑约束，即意味着数据可以被拆分成多份分别计算，每份数据自身的计算与其他数据的计算没有关系，可以分别进行。

② 思考如何对输入的数据进行拆分。在确保问题是批量计算问题之后，批量计算的数据可以被拆分成多份分别处理。此时思考问题的出发点不再是一个人如何求解这个问题，而是变成一群人应该如何求解这个问题。那么每个人的任务应如何分配，即整体的待处理数据应如何划分，允许划分出的最小单元是什么，极限情况如果只分到"一条数据"的话，这样的"一条数据"应该是什么。以微博年度热词统计为例，输入数据是某用户群体该年的所有微博，一个人统计所有的微博由于数据量太大难以快速完成，多找几个人帮忙可以每人分一部分微博，最极端情况一人分一条微博，统计该条微博中各个词出现的次数。这样每个人可以分一部分数据，每人负责的数据量较少，可以快速完成计算。每个人各自在计算时并不需要别人的计算结果，彼此可以相对独立地完成计算。

③ 思考最终结果如何使用<key，value>对的方式表示。MapReduce 的求解逻辑实际上是围绕<key，value>对进行逻辑设计。Map 程序负责从输入数据产生中间结果<key，value>对，Reduce 程序负责根据 Map 产生的中间结果<key，value>对计算生成最终结果。为了设计 Map 程序和 Reduce 程序的计算逻辑，核心问题是找到中间结果<key，value>对。为此，首先从最终结果，即 MapReduce 程序的输出入手，分析最终结果输出应如何表示成<key，value>对形式。其中 key 是标识信息，value 是相应的取值。以微博年度热词统计为例，计算的输出是统计每个词在该年所有微博中出现的次数，那么如果将这个最终结果设置为<key，value>对形式的话，因为是在统计各个词，key 作为标识信息可以是词，value 作为取值信息是这个词出现的次数，这样最终统计结果表示为<key，value>对就是<词，次数>。

④ 设置中间结果<key，value>对的 key。中间结果<key，value>对的 key 与最终结果的<key，value>对的 key 相同。

⑤ 设置中间结果<key，value>对的 value。最终结果的 value 是由中间结果的 value 汇总得到，这个汇总可能是数值的计算、字符串的拼接或者其他汇总方式。相同 key 的中间结果<key，value>对的所有 value 经过汇总得到最终结果<key，value>对的 value。所以中间结果<key，value>对的 value 是最终结果的<key，value>对的 value 的一部分。

⑥ 分析 Map 函数的实现逻辑，编写 Map 函数。根据步骤②和步骤④、⑤，分析输入的一条原始数据能够为最终结果贡献什么内容，编写从输入一条原始

数据产生一个中间结果<key, value>对的生成逻辑作为 Map 函数。

⑦ 分析 Reduce 函数的汇总逻辑，编写 Reduce 函数。根据 Map 函数产生的各个中间结果，编写汇总中间结果<key, value>对得到最终结果的<key, value>对的汇总逻辑，即根据 key 进行 group by 操作后，相同 key 的各个 value 汇总得到最终总体 value 的汇总逻辑，作为 Reduce 函数。

[**练习**]搭建 MapReduce 执行环境，如 Hadoop 等，编写一个 MapReduce 程序并执行。

7.3 MapReduce 部署执行时的参数设置

根据 MapReduce 计算架构的设计原理，在资源允许的前提下，一个规模很大且单机运算耗时很长的批量计算任务可以被切分成数量足够多的子任务，使得每个子任务的规模足够小、完成时间足够短。但是根据前面提到的项目管理工期分析示例可知，虽然可以采用增加节点的方式缩短 MapReduce 计算任务的执行时间，但是也不可能通过不断地增加节点数量而使执行时间无限制缩短。根据 MapReduce 的实现原理，Map 任务执行完的中间结果在 Map 本地保存，Reduce 任务开始前需要到各个 Map 节点处把中间结果读取过来，这个中间结果的传输过程是计算任务之外的额外开销，因此也是导致 MapReduce 执行时间无法进一步缩短的主要瓶颈。解决这个瓶颈问题是提高 MapReduce 算法执行效率的核心关键。

虽然 MapReduce 计算架构不能无限制缩短计算时间，但是由于计算架构通过并行化的方式将计算瓶颈转化为中间结果的传输过程，这使得整个计算架构在部署实现时可以不改变计算逻辑而是使用更快的存储媒介，例如通过固态硬盘替代普通机械硬盘，或使用更快的网络传输方式即可获得计算效率的极大提升。而传统单机的方式虽然也能够通过提高单机节点计算能力的方式提高整体运算效率，但提升有限，因此更多是需要从计算逻辑本身的改进入手，不过通过投入硬件的方式显然比改进计算逻辑要简单快速得多。

除了简单的投入硬件的手段外，MapReduce 在计算逻辑上也可以通过一些简单的手段来提高整体运算效率。例如除了编写 Map 函数和 Reduce 函数外，用户还可以通过定义 Combine 函数，对每个 Map 节点产生的中间结果<key, value>对按照 key 进行合并，合并之后可以有效地减少中间结果<key, value>对的数量，进而减少中间结果的传输时间。Combine 函数是分别针对每个 Map 任务的，即每个 Map 任务在自己内部完成对中间结果<key, value>对的合并，不同 Map 任务的结果彼此之间不能合并，即使有可能这两个任务实际上也是在同一个节点上计算完成的。

更为复杂的计算逻辑优化需要根据具体的计算任务分析数据的计算过程，设置更为合理的<key, value>对，调整 Map 函数和 Reduce 函数逻辑，还可以重写 Partition 函数控制中间结果的分发逻辑。

　　此外，由于 MapReduce 计算架构在执行时由多个节点共同完成，计算架构部署执行需要设置一系列执行参数，这些参数的设置也会对执行效率产生影响。最直观的参数包括划分的 Map 任务数量和 Reduce 任务数量，该划分通常由主节点根据数据实际情况和计算集群的资源分配情况进行指定，也可以人为预先设定。其他代表性的参数如下：

　　① Map 任务运行内存。通常计算框架在执行任务时会创建一个虚拟实例完成资源分配和任务执行。例如 Hadoop 框架下计算节点的一次 Map 任务执行会启动一个 JVM 实例。实例的内存会对执行效率产生影响，通常内存越大，单个任务的执行会越快。但是由于整个计算节点的内存数量有限，每个实例的内存越大，节点能够同时执行的实例数量就越少，当集群计算任务量较重时可能导致有些任务由于缺少资源无法进行。

　　② Map 函数缓冲区参数，包括缓冲区大小、缓冲区容量阈值等。Map 函数在运行时会不断产生中间结果，中间结果先存入缓冲区，积攒容量到达阈值后写入指定路径。缓冲区大小和容量阈值的设置要搭配合理，Map 函数开始执行后会源源不断地产生中间结果，将缓冲区中的内容写入磁盘需要耗费时间。在写入磁盘的这段时间内 Map 函数仍然会持续产生中间结果，如果写入时间过长，写入未完成时缓冲区被填满，则 Map 函数会被阻塞，直到写过长完成缓冲区重新清理出空间为止，这会延缓 Map 函数执行完毕的时间。但也不能为了避免缓冲区溢出而频繁将缓冲区内容写出，或者将缓冲区设计得过大。一次写出磁盘的内容过少会导致写磁盘次数增加，频繁的磁盘 I/O 会导致节点计算效率下降。缓冲区设计过大一方面浪费存储空间，另一方面缓冲区写磁盘和 Map 函数执行是在一定程度上的并行，而最后一次写磁盘则是在 Map 函数执行完毕之后，考虑极端情况，例如缓冲区足够大可以将所有内容保存，在 Map 执行完毕时再将中间结果写出，Map 函数如果一直不被阻塞，其执行时间是固定值，最后的写出时间越长则总执行时间越长。为了优化整体执行效率，需要根据每个节点的 Map 任务量预估中间结果数据量，调整缓冲区大小和容量阈值，控制合理的缓冲区写次数。

　　③ Map 函数缓冲区分区合并参数。Map 函数产生的结果在写磁盘之前，需要根据最终要传送到的 Reducer 对中间结果<key，value>对进行分区。每个分区内的<key，value>对默认按照 key 进行键内排序，如果需要进行合并操作，则在排序后的输出上运行。各个缓冲区溢出写文件需要合并进行分区和排序，一次最多合并流数也由参数控制。

　　④ Map 函数写磁盘压缩标志和压缩方式。Map 的中间结果可以通过压缩标志和压缩方式压缩后存储在磁盘上。压缩存储中间结果可以减少存储数据量和传输数据量，但是 Map 端的压缩和 Reduce 端的解压缩需要耗费额外的时间，如果压缩效果不明显时通常是得不偿失的，可以利用压缩对中间结果进行加密。在对数据隐私保护要求较高的场景下，Map 端输入的待处理数据可以是加密后的密文，在 Map 函数内完成解密和运算，在 Reduce 函数中可以对最终的计算结果进行加

密然后输出到指定位置，而中间结果的加密可以通过该参数设置实现。

⑤ Map 中间结果传输连接线程数，即每个 Map 节点允许的最多同时连接的获取 Map 中间结果的线程数量。该数量不专属于某个具体 Map 任务，而是面向节点。同一节点可能同时运行多个 Map 任务，该线程数越少意味着可以同时连接的 Reduce 任务的数量就越少，但是由于可用带宽有限，线程数越多意味着每个线程能够分得的带宽就越少，传输越慢。

⑥ Reduce 任务运行内存。与 Map 任务运行内存同理。

⑦ Reduce 任务中间结果获取参数，包括复制线程数和超时阈值等。复制线程数是 Reduce 任务同时可以启动的获取 Map 中间结果的线程数，同理可知，由于可用带宽有限，线程数越多意味着可同时并行开始复制的线程越多，但每个线程分得的带宽就越少。在一次连接 Map 进行中间结果传输时，如果传输时间超过超时阈值则需要发起重传，多次超时达到阈值数量后声明传输失败。

⑧ Reduce 函数缓冲区参数，包括 Map 输出内存缓冲区空间占比、缓冲区溢出阈值、Map 输出阈值等。读取的 Map 中间结果也是先写入 Reduce 端的内存缓冲区，当存储容量超过缓冲区溢出阈值或中间结果数量达到 Map 输出阈值时，再合并后溢出写到磁盘中保存，供后续 Reduce 计算使用。

⑨ Reduce 函数分区合并参数。缓冲区溢出写磁盘的副本会根据合并参数将它们合并成更大的排好序的文件。

⑩ Reduce 函数计算输入内存占比阈值，即 Reduce 函数计算时输入数据从 Map 端获取的中间结果占用内存的比例。常规设置中在 Reduce 函数开始计算前需要将获得的所有 Map 输出都保存到磁盘上，将所有内存都留给 Reduce 计算本身。如果 Reduce 需要内存较少，可以增加此参数值来减少访问磁盘次数。

思考题

1. 对于一个大的项目，是否可以通过无限增加人力的方式使得项目的工期无限缩短？如果不能，请说明原因。

2. 是否所有的计算任务都可以采用并行化的方式完成？如果不能，请举出反例，并根据反例解释什么样的任务不能采用并行化的方式完成。

3. 什么是批量计算？批量计算任务有什么特点？

4. 请举出一个批量计算的现实应用例子。

5. MapReduce 计算架构是什么？

6. MapReduce 计算架构如何实现弹性可扩展？

7. MapReduce 计算架构中的主节点的任务是什么？

8. MapReduce 计算架构中的计算节点的任务是什么？

9. MapReduce 计算的实现原理是什么？有哪些主要步骤？

10. MapReduce 计算中的 Map、Reduce、Combine 和 Partition 分别起到什么作用？

11. 请举出一个使用 MapReduce 实现批量计算的现实应用例子。

12. 通过实际问题求解，请简述 MapReduce 算法的设计技巧有哪些。并请通过实际案例举例说明。

13. 请解释 MapReduce 如何通过计算架构实现计算瓶颈从计算逻辑优化转为中间结果传输。

14. MapReduce 算法的参数有哪些，分别起什么作用？这些参数的不同设置会对算法的执行过程产生什么影响？

15. 如何在数据隐私保护要求较高的场景下，即要求计算的输入/输出和中间结果都需要进行加密处理时，使用 MapReduce 进行批量计算？

实验 2　计算练习

本实验将通过一系列代表性的实际应用场景案例练习批量计算的 MapReduce 算法设计。

实验 2.1　倒排索引练习

在文本搜索中，常见的应用场景是输入检索关键词，返回包含检索关键词的文档。为了实现这一目标，首先需要获取各个文档，解析每个文档包含哪些词，根据文档中包含的词建立"文档-词"索引，该索引可以称为正排索引。基于各个文档的正排索引，将索引的两部分颠倒顺序，建立"词-文档"索引，称为倒排索引。基于倒排索引，即可检索词都在哪些文档中出现。

倒排索引在数据量较小时可以使用邻接矩阵的方式实现，如图 sy2-1 所示。

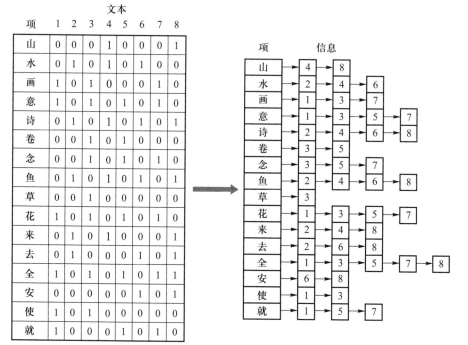

图 sy2-1　基于邻接矩阵构建倒排索引示例

微视频：
MapReduce
练习

邻接矩阵分别以词和文档作为行标号和列标号。每新增一篇文档时在邻接矩阵中新增一列，每一列中各个词对应的单元填入对应值。最简单的对应值为 0 或 1 的布尔型 flag 标记，表示该词是否在文档中出现，更为复杂的值还可填入诸如该词在文档中的哪个位置出现等。邻接矩阵纵向看各列为各个文档包含哪些词，即"文档-词"正排索引，横向看各行则是该词都在哪些文档中出现，即"词-文档"倒排索引。由于邻接矩阵可能较为稀疏，对于各行的倒排索引可以使用指针链表的方式按文档 ID 有序存储。

邻接矩阵的方式只适用于数据量较小的应用场景，当数据量增大以后，待建立倒排索引的文档数据已经预先获取并保存，可以使用批量计算的 MapReduce 算法对问题进行求解。

根据第 7 章 7.2.4 小节介绍的 MapReduce 算法设计思路，本例的最终输出结果是"词-文档"倒排索引。根据最终输出结果，一种较为容易想到的 key-value 对设置方案是以词为 key，以文档及辅助信息（如出现次数或出现位置等）为 value。输入数据是各个文档，输入数据拆分后每个节点处理部分文档、一篇文档或者一篇文档的一部分文本。根据 key-value 对的设置，Map 函数是根据输入文档的文本生成 key-value 对。Map 结果以 key 做分发，使得相同词的内容分到同一个 Reduce 节点。Reduce 函数按词进行汇总，将同一个词的各个 value 结果进行合并。

MapReduce 的 key-value 对设置并不存在标准化答案，可以有多种设置方式。为了进一步解释如何重写分区，使得 MapReduce 计算的中间结果可以按照用户自定义的逻辑进行分发，针对倒排索引问题，也可以令<词，文章 ID>二元组为 key，词在文章中出现的次数为 value（或者以词在文章中出现的位置等其他信息为 value）。MapReduce 的求解思路如图 sy2-2 所示。

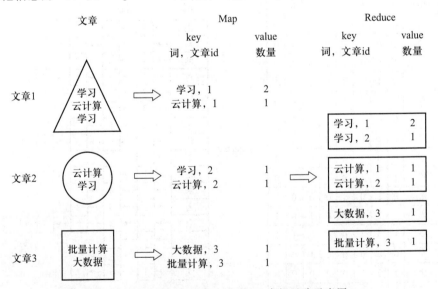

图 sy2-2　倒排索引的 MapReduce 求解思路示意图

Hadoop 集群中倒排索引程序 inverted index 的 Java 语言源代码如下：

```java
import java.io.IOException;
import java.util.StringTokenizer;
import java.io.DataInput;
import java.io.DataOutput;
import org.apache.hadoop.conf.Configuration;
import org.apache.hadoop.fs.Path;
import org.apache.hadoop.io.WritableComparable;
import org.apache.hadoop.io.IntWritable;
import org.apache.hadoop.io.LongWritable;
import org.apache.hadoop.io.Text;
import org.apache.hadoop.mapreduce.Job;
import org.apache.hadoop.mapreduce.Mapper;
import org.apache.hadoop.mapreduce.Reducer;
import org.apache.hadoop.mapreduce.Partitioner;
import org.apache.hadoop.mapreduce.lib.input.FileInputFormat;
import org.apache.hadoop.mapreduce.lib.input.FileSplit;
import org.apache.hadoop.mapreduce.lib.output.FileOutputFormat;
import org.apache.hadoop.mapreduce.lib.input.TextInputFormat;
import org.apache.hadoop.mapreduce.lib.output.TextOutputFormat;
import org.apache.hadoop.util.GenericOptionsParser;
public class InvertedIndex{
    public static class Elem implements WritableComparable{
        private Text word;
        private Text docno;
        public Elem(String word, String docno){
            this.word = new Text(word);
            this.docno = new Text(docno);}
        public Elem(){
            word = new Text();
            docno = new Text();}
        public void readFields(DataInput in)throws IOException{
            word.readFields(in);
            docno.readFields(in);}
        public void write(DataOutput out)throws IOException{
            word.write(out);
            docno.write(out);}
        public String getWord(){
            return word.toString();}
        public String getDocno(){
            return docno.toString();}
        public int compareTo(Object o){
```

```
                    Elem e = (Elem)o;
                    if( ! this. getWord( ). equals( e. getWord( ) ) )
                        return this. getWord( ). compareTo( e. getWord( ) );
                    if( ! this. getDocno( ). equals( e. getDocno( ) ) )
                        return this. getDocno( ). compareTo( e. getDocno( ) );
                    return 0; }
            }
public static class InvertedIndexMapper extends  Mapper < LongWritable,  Text,
    Elem,  IntWritable> {
    private IntWritable one = new IntWritable( 1 );
    / *
      * input: (line-offset,  line)
      * output: (word docno,  1)
      * /
    public void map ( LongWritable lineOffset,  Text line,  Context context) throws
        IOException,  InterruptedException {
        FileSplit split = ( FileSplit) ( context. getInputSplit( ) );
        String fileName = split. getPath( ). getName( );
        StringTokenizer itr = new StringTokenizer( line. toString( ) );
        while( itr. hasMoreTokens( ) ) {
            String token = itr. nextToken( ). toLowerCase( );
            context. write( new Elem( token,  fileName),  one );
        }
    }
}
public static class InvertedIndexCombiner extends Reducer<Elem,  IntWritable,
    Elem,  IntWritable> {

    IntWritable sum = new IntWritable( );

    public void reduce ( Elem e,  Iterable < IntWritable > values,  Context context)
        throws IOException,  InterruptedException {
        int count = 0;
        for( IntWritable val: values)
            count+ = val. get( );
        sum. set( count);
        context. write( e,  sum );
    }
}
public static class InvertedIndexPartitioner extends Partitioner<Elem,  IntWritable> {
    / *
      * partitioned by word
```

```
            */
    public int getPartition(Elem key, IntWritable value, int numPartition){
        return(key.getWord().hashCode() & 0x7fffffff) % numPartition;
    }
}

public static class InvertedIndexReducer extends Reducer < Elem, IntWritable,
    Text, Text>{
    private String word = null;
    private int num = 0;
    private String result = "";
    public void cleanup(Context context)throws IOException, InterruptedException{
        if(word ! = null)
            output(context);
    }

    private void output(Context context)throws IOException, InterruptedException
    {
        context.write(new Text(word), new Text(String.format(":%d :%s",
            num, result)));
        result = "";
        num = 0;
    }

    public void reduce (Elem e, Iterable < IntWritable > values, Context context)
        throws IOException, InterruptedException{
        int count = 0;
        for(IntWritable iw: values)
            count+ = iw.get();
        if(word ! = null && !e.getWord().equals(word))
            output(context);
        word = e.getWord();
        result+ = String.format("(%s,%d)", e.getDocno(), count);
        num++;
    }
}

public static void main(String[]args)throws Exception{
    Configuration conf = new Configuration();
    args = new GenericOptionsParser(conf, args).getRemainingArgs();
    if(args.length ! = 2){
        System.err.println("Usage: InvertedIndex<input><output>");
        System.exit(2);
    }

    String inputDirName = args[0];
    String outputDirName = args[1];
```

```
                    Job job = new Job(conf, "Inverted Index");
                    job. setJarByClass(InvertedIndex. class);
                    job. setMapperClass(InvertedIndexMapper. class);
                    job. setCombinerClass(InvertedIndexCombiner. class);
                    job. setPartitionerClass(InvertedIndexPartitioner. class);
                    job. setReducerClass(InvertedIndexReducer. class);
                    job. setMapOutputKeyClass(Elem. class);
                    job. setMapOutputValueClass(IntWritable. class);
                    job. setOutputKeyClass(Text. class);
                    job. setOutputValueClass(Text. class);
                    job. setInputFormatClass(TextInputFormat. class);
                    job. setOutputFormatClass(TextOutputFormat. class);
                    FileInputFormat. addInputPath(job, new Path(inputDirName));
                    FileOutputFormat. setOutputPath(job, new Path(outputDirName));
                    System. exit(job. waitForCompletion(true)? 0: 1);
               }
        }
```

在本例的源代码中，为了表示 key 的<词，文章 ID>二元组，首先定义了一个新的数据结构 Elem，包括 word 和 docno。然后 Map 函数依次处理文档，读取文档中的每一个词，生成 key-value 对(word docno，1)。本例重写了 Partition 函数，以 key 中的 word 进行分发。此外，本例还重写了 Combine 函数，将相同 key 的 value 进行了汇总。Reduce 函数是根据 key 中的 word 分发后的结果，先汇总统计后，再按照词将相同词的文档和数量通过字符串拼接方式得到最终的倒排索引输出。

实验 2.2　表连接练习

数据库表是我们经常使用的一种保存和操作数据的方式。本书第 6 章 6.3 节介绍了在云端如何对数据库表进行弹性可扩展。在传统的关系数据库中，表的连接操作被广泛应用于各种查询场景。那么对于云端两个"超级大"的表，应如何通过计算的方式实现表的连接操作，以满足用户的数据查询等应用场景？

例如，图 sy2-3 所示为两个表 order 和 item，两个表需要根据字段 orderID 进行连接。在本例中，待连接的数据表预先已存储，在进行表连接的过程中表的内容不会发生变化。表中数据在进行连接操作时可以进行划分，根据 orderID 的取值，两个表各取部分行分别进行连接，orderID 取值不同的部分各自连接时互不影响，可以并行进行。通过上述分析，该例可以采用批量计算的方式进行，例如通过 MapReduce 架构进行计算。

与实验 2.1 倒排索引练习不同的是，本实验的 key-value 对并不直观，无法通过简单观察得出一种实现方案。实验 2.1 重点练习如何设置不同的 key-value 对以及如何重写 Partition 函数，并给出了具体的源代码。本实验将针对 key-

item		
orderID	itemID	num
1	10	1
1	20	3
2	10	5
2	50	100

order		
orderID	account	date
1	a	d1
2	a	d2

图 sy2-3　表连接示例

value 对不明显的问题重点练习如何合理地设置 key-value 对，并给出相应的 MapReduce 算法设计思路，不再给出源代码。在进行算法设计时先不考虑 Combine 优化和 Partition 重写的复杂分发逻辑，仅使用 MapReduce 默认的最基本的按 key 分发和合并。

对于 key-value 对不明显的问题，首先通过少量输入数据具体分析希望获得的输出结果是什么。在本例中，例如对于 orderID = 1 的数据，不难看出最终结果是"1，a，d1，10，1"和"1，a，d1，20，3"两条记录，而不会产生"1，10，1，20，3"这样的结果。因为连接的数据需要分别来自 order 和 item 表，来自同一个表的两条相同 orderID 的数据不应该进行连接。根据 MapReduce 算法的执行过程，最终的输出应该是中间结果 key-value 对经过 Reduce 函数合并后的结果。无论 Reduce 函数的合并逻辑是什么，在最终输出结果中起到标识作用的信息可以作为中间结果的 key，Reduce 函数仅是将中间结果中 key 相同的 value 进行合并，这个合并实际上是生成了新 value 而并不会对 key 造成影响。因此，在本例最终结果中起到标识作用的信息是 orderID 的值，可以令 orderID 的值为 key。

接下来再分析输入的数据。对于 Map 函数而言，需要解析最基本的一条输入数据是什么，中间结果 key-value 对是输入数据通过 Map 函数计算生成的结果。对于输入数据，根据 NoSQL 的介绍，一个"大"表在存储时以行为基本单元存储，在本例中，Map 函数最基本的一条输入数据就是表中的一行数据，这一行数据可以来自 order 表，也可以来自 item 表。

有了最基本的一条输入数据和最终输出结果，接下来需要比对输入和最终输出结果，推测 key-value 对中需要包含的内容。以 orderID = 1 的数据为例，order 表中 orderID = 1 的行"1，a，d1"和 item 表中 orderID = 1 的行"1，10，1""1，20，3"分别经过 Map 函数计算产生中间结果 key-value 对，然后中间结果 key-value 对经过 Reduce 函数计算得到最终结果"1，a，d1，10，1"和"1，a，d1，20，3"。通过前面的分析，我们已知可以令 orderID 的值为 key，这样可以使 orderID 相同的内容分配到同一个 Reduce 上进行汇总得到最终结果。那么对于输入数据的一行，Map 函数所需要产生的中间结果 key-value 对输出都需要包含哪些信息？根据输入和最终结果比对，例如最终结果"1，a，d1，10，1"和

"1, a, d1, 20, 3", 对应的来自 order 表中的输入是"1, a, d1", 不难看出中间结果 key-value 对至少需要包含"1, a, d1"这些信息。那么是否只需要这些信息就足够了呢？再来看这个最终结果对应的来自 item 表中的输入是"1, 10, 1"和"1, 20, 3", 如果按照只需要行内信息的逻辑, 那么假设现在有 3 个 Map 节点, 每个 Map 节点分别负责处理一行输入数据, 分别得到的中间结果是"1, a, d1""1, 10, 1"和"1, 20, 3", 这三个中间结果根据 key 的设置分配到了同一个 Reduce 节点上进行汇总。Reduce 节点如果按照两两组合的方式, 将会产生 3 条最终结果"1, a, d1, 10, 1""1, a, d1, 20, 3"和"1, 10, 1, 20, 3", 通过前面的分析, "1, 10, 1, 20, 3"这条记录是不应该存在的, 这说明如果中间结果 key-value 对只包含前面所述的信息, Reduce 节点将无法分清这些记录分别来自哪个表, 而会产生将同一个表中的两行进行连接的错误操作, 因此中间结果 key-value 对中还需要包含该行来自哪个表的表名信息。

通过上述分析可知, 中间结果 key-value 对的 key 为 orderID, value 包括表名以及除了 orderID 以外该行的其他信息。Map 函数输入的最小单位是表的某一行, 根据表和行的信息生成中间结果 key-value 对。Reduce 函数将来自不同表的相同 key 的结果进行排列组合, 得出最终输出结果。MapReduce 的求解思路如图 sy2-4 所示。

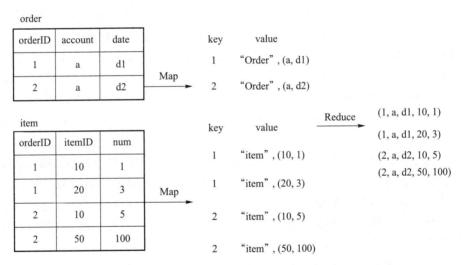

图 sy2-4　表连接的 MapReduce 求解思路示意图

实验 2.3　大矩阵乘法练习

矩阵运算在诸多领域有着广泛的应用, 本实验将练习在云端如何实现"超级大"的矩阵的乘法运算。

对于实际业务而言, "超级大"的矩阵通常比较稀疏。例如, 电商购物应用领域的 user-item 协同过滤矩阵在存储时一般不直接以矩阵的形态进行存储, 而是采用<行标, 列标, 值>三元组的形式仅存储非 0 单元。本练习中的两个矩阵示例如图 sy2-5 所示。其中，矩阵 *A* 为 4×3 的矩阵，矩阵 *B* 为 3×2 的矩阵，现需要求解两个矩阵相乘的结果矩阵 *C*。

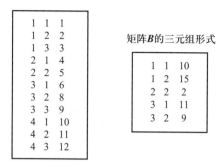

矩阵*A*的三元组形式

```
1  1  1
1  2  2
1  3  3
2  1  4
2  2  5
3  1  6
3  2  8
3  3  9
4  1  10
4  2  11
4  3  12
```

矩阵*B*的三元组形式

```
1  1  10
1  2  15
2  2  2
3  1  11
3  2  9
```

图 sy2-5 大矩阵乘法示例

在本例中，待计算的矩阵预先已经按照<行标，列标，值>三元组形式进行存储，在矩阵乘法运算的过程中矩阵的内容不会发生变化。由矩阵 *A* 和矩阵 *B* 可知，结果矩阵 *C* 为 4×2 的矩阵。矩阵 *C* 各个位置的计算求解互不影响，可以并行进行。通过上述分析，该例可以采用批量计算的 MapReduce 架构进行计算。

本练习的 key-value 对设置更为复杂，练习的重点仍为如何根据具体业务逻辑合理地设置 key-value 对。下面给出 MapReduce 算法的设计思路，在进行算法设计时仍然不考虑 Combine 优化和 Partition 重写的复杂分发逻辑，仅使用最基本的按 key 分发和合并。

对于 key-value 对不明显的问题，首先分析最终的输出结果是什么。在本例中，最终输出的结果是矩阵 *C* 的计算结果，矩阵 *C* 也采用类似输入矩阵的存储方式，通过<行标，列标，值>的三元组形式保存。在输出的三元组中，起到标识作用的信息是行标+列标，矩阵 *C* 的行标+列标作为中间结果的 key。

接下来分析输入的数据。对于 Map 函数而言，需要解析最基本的一条输入数据是什么。本例中的输入是矩阵 *A* 和 *B* 的<行标，列标，值>三元组，最基本的一条输入数据是一个<行标，列标，值>三元组。

需要注意的是，输入数据的行标和列标是矩阵 *A* 或者矩阵 *B* 的行标和列标，而中间结果 key 的行标+列标是矩阵 *C* 的行标和列标。Reduce 函数是根据 key 将相同 key（行标+列标），即计算矩阵 *C* 某一位置所需的所有信息经过汇总计算得到最终该位置的值。计算矩阵 *C* 各个位置所需的相关信息，即中间结果 key-value 对，是 Map 函数根据输入数据，即矩阵 *A* 或者矩阵 *B* 的各个位置的信息生成的。因此对于一条输入数据，即矩阵 *A* 或者矩阵 *B* 的某个位置的信息，需要生成与之相关的 *C* 矩阵的各个位置的中间结果。

以矩阵 *A* 的（2,1）位置为例，通过矩阵运算可知，矩阵 *A* 的（2,1）位置与矩阵 *C* 的第二行有关，矩阵 *C* 第二行的各个位置在计算时都需要用到矩阵 *A*

(2,1)位置的值。在本例中，由于矩阵 **C** 是 4×2 矩阵，因此与之相关的矩阵 **C** 位置包括(2,1)和(2,2)，即产生的中间结果有两条，key 分别是(2,1)和(2,2)。同理可知，对于矩阵 **B**，以(1,2)位置为例，矩阵 **B** 的(1,2)位置与矩阵 **C** 的第二列有关，因此产生的中间结果有 4 条，key 分别是(1,2)、(2,2)、(3,2)和(4,2)。

接下来再分析中间结果 key-value 对中的 value 所需包含的内容。对于一条输入数据，仍以矩阵 **A** 的(2,1)位置为例，该输入数据是<2,1,4>，根据该输入数据会产生两条中间结果，key 分别是(2,1)和(2,2)，其中(2,1)和(2,2)为矩阵 **C** 位置的行标和列标，表示矩阵 **A**(2,1)位置会为矩阵 **C**(2,1)和(2,2)位置的计算提供信息，提供的信息所包含的内容即可作为 value 的取值。提供的信息首先显然需要包含矩阵 **A**(2,1)位置的取值4。与实验 2.2 同理，提供的信息也需要包含来自哪个矩阵，例如矩阵标识 **A**。此外，还需要包含该数据来自输入矩阵的具体位置。对于来自矩阵 **A** 的数据，需要矩阵 **A** 的列标，对于来自矩阵 **B** 的数据，需要矩阵 **B** 的行标。这是由于计算矩阵 **C** 对应位置的值时，需要矩阵 **A** 对应行的各列与矩阵 **B** 对应列的各行对应位相乘再相加，因此矩阵 **A** 只需提供列标，矩阵 **B** 只需提供行标，矩阵 **A** 的行标和矩阵 **B** 的列标已经包含在 key 之中。基于上述分析，矩阵 **A** 输入数据<2,1,4>产生的中间结果为"(2,1)，(a,1,4)"和"(2,2)，(a,1,4)"。矩阵 **B** 输入数据<1,2,15>产生的中间结果为"(1,2)，(b,1,15)""(2,2)，(b,1,15)""(3,2)，(b,1,15)"和"(4,2)，(b,1,15)"。其中前面括号内为 key，分别代表矩阵 **C** 的行标和列标；后面括号内为 value，分别代表矩阵标号、输入矩阵行标或列标号、输入矩阵位置的数值。

Reduce 函数将相同 key 的结果汇总，按照矩阵计算原则，将矩阵 **A** 的列标和矩阵 **B** 的行标相同的数值相乘，再将所有乘积累加求和，即可得到最终矩阵 **C** 对应位置的取值。由于矩阵 **A** 或矩阵 **B** 可能为稀疏矩阵，对于缺少的位置，其取值为 0，乘积计算结果也为 0，不用进行累加求和，即如果矩阵 **A** 列标和矩阵 **B** 行标未形成完整配对，则无须计算。MapReduce 的求解思路如图 sy2-6 所示。

例如 Reduce 函数后的 key(3,1)，计算过程为 $6*10+9*11$，最终得到矩阵 **C**(3,1)位置上的值为 159。

key	value
(1, 1)	43
(1, 2)	46
(2, 1)	40
(2, 2)	70
(3, 1)	159
(3, 2)	187
(4, 1)	232
(4, 2)	280

Reduce

key	value-list	
(1, 1)	('a', 1, 1) ('a', 2, 2) ('a', 3, 3)	('b', 1, 10) ('b', 3, 11)
(1, 2)	('a', 1, 1) ('a', 2, 2) ('a', 3, 3)	('b', 1, 15) ('b', 2, 2) ('b', 3, 9)
(2, 1)	('a', 1, 4) ('a', 2, 5)	('b', 1, 10) ('b', 3, 11)
(2, 2)	('a', 1, 4) ('a', 2, 5)	('b', 1, 15) ('b', 2, 2) ('b', 3, 9)
(3, 1)	('a', 1, 6) ('a', 2, 8) ('a', 3, 9)	('b', 1, 10) ('b', 3, 11)
(3, 2)	('a', 1, 6) ('a', 2, 8) ('a', 3, 9)	('b', 1, 15) ('b', 2, 2) ('b', 3, 9)
(4, 1)	('a', 1, 10) ('a', 2, 11) ('a', 3, 12)	('b', 1, 10) ('b', 3, 11)
(4, 2)	('a', 1, 10) ('a', 2, 11) ('a', 3, 12)	('b', 1, 15) ('b', 2, 2) ('b', 3, 9)

Shuffle

key	value	key	value
(1, 1)	('a', 1, 1)	(3, 2)	('a', 1, 6)
(1, 2)	('a', 1, 1)	(3, 1)	('a', 2, 8)
(1, 1)	('a', 2, 2)	(3, 2)	('a', 2, 8)
(1, 2)	('a', 2, 2)	(3, 1)	('a', 3, 9)
(1, 1)	('a', 3, 3)	(3, 2)	('a', 3, 9)
(1, 2)	('a', 3, 3)	(4, 1)	('a', 1, 10)
(2, 1)	('a', 1, 4)	(4, 2)	('a', 1, 10)
(2, 2)	('a', 1, 4)	(4, 1)	('a', 2, 11)
(2, 1)	('a', 2, 5)	(4, 2)	('a', 2, 11)
(2, 2)	('a', 2, 5)	(4, 1)	('a', 3, 12)
(3, 1)	('a', 1, 6)	(4, 2)	('a', 3, 12)

Map

key	value	key	value
(1, 1)	('b', 1, 10)	(3, 2)	('b', 2, 2)
(2, 1)	('b', 1, 10)	(4, 2)	('b', 2, 2)
(3, 1)	('b', 1, 10)	(1, 1)	('b', 3, 11)
(4, 1)	('b', 1, 10)	(2, 1)	('b', 3, 11)
(1, 2)	('b', 1, 15)	(3, 1)	('b', 3, 11)
(2, 2)	('b', 1, 15)	(4, 1)	('b', 3, 11)
(3, 2)	('b', 1, 15)	(1, 2)	('b', 3, 9)
(4, 2)	('b', 1, 15)	(2, 2)	('b', 3, 9)
(1, 2)	('b', 2, 2)	(3, 2)	('b', 3, 9)
(2, 2)	('b', 2, 2)	(4, 2)	('b', 3, 9)

Map

```
1 1 1
1 2 2
1 3 3
2 1 4
2 2 5
3 1 6
3 2 8
3 3 9
4 1 10
4 2 11
4 3 12
```

```
1 1 10
1 2 15
2 1 2
2 2 2
3 1 11
3 2 9
```

图 sy2-6　大矩阵乘法的 MapReduce 求解思路示意图

第8章 流式计算

微视频:
流式计算

第7章中,为解决传统计算方式无法在可接受的时间范围内满足用户计算的服务需求,我们引入了批量计算。批量计算采用并行化的输入,由于在计算的过程中前后因果及约束关系弱,可以在较低的时间复杂度下完成计算任务。在此基础上我们介绍了一个代表性的批量计算框架——MapReduce,并以实际代码为例讲解了 MapReduce 一些较为简单的应用以及部署执行时的参数设置。批量计算主要用于满足非实时场景下用户的计算服务需求,在实时场景下主要使用流式计算。本章将简要介绍流式计算的基本概念、典型算例与拓扑设计思路。

8.1 流式计算的基本概念

流式计算的处理对象为数据流(data stream)。数据流是指在计算过程中数据以一个有序的序列方式依次到来。宏观上,数据呈现出流的特点,持续不断地到来;微观上,数据流具有独立的组成单元,类似于数据包的形式,各个数据单元依照一定的次序按序到来,数据单元之间存在一定的间隔。

流式计算的典型应用领域包括交通、证券、银行、电商网站、系统运维、日志、物联网等。在这些领域的应用场景中的数据呈现出动态特点,从数据源连续地生成一条一条新数据,计算系统需要能够对不断到来的数据依次进行处理,计算处理的实时性要求较高,在新数据到来后要能够及时响应并产出计算结果。

1. 批量计算与流式计算的区别

与批量计算相对比,流式计算与批量计算的主要区别如图 8-1 所示。具体如下:

批量计算	流式计算
离线计算,存在延时	实时计算,延时较少
先将数据保存起来,然后处理	来一个处理一个
用户驱动计算请求	数据驱动计算请求
拉式获取计算结果	推式获取计算结果

图 8-1 批量计算与流式计算的区别

① 批量计算一般采用离线计算模式，用户提交计算请求后由计算系统进行计算，计算结果保存在指定位置，用户在收到计算完毕的通知后去访问计算结果，整个计算过程允许一定的延时但希望尽可能地快。流式计算一般采用实时计算模式，数据到来后立即进行处理，实时产生计算结果提供给用户。由于流式计算处理的数据会源源不断地到来，因此对计算的实时性要求较高，至少需要在下一数据到来前处理完上一数据的计算，否则将导致数据拥塞或者数据丢失。

② 批量计算处理的数据是静态数据，数据在计算前预先全量保存完毕，在计算过程中数据的数量和内容都不会发生变化。流式计算处理的数据是动态数据，数据是源源不断产生的，新数据不断到来，历史到来过的数据作为既定事实不会发生变化，数据每来一个处理一个。

③ 批量计算一般是由用户驱动，通过提交计算请求驱动系统计算。为了简化用户操作，也可能通过设置周期性自动执行计算。流式计算是由数据驱动，每当有新数据到来时驱动系统进行计算。

④ 批量计算由于待处理数据固定，计算逻辑不变时计算结果不会随时间推移产生变化，因此计算系统一般采用拉式方式供用户获取计算结果，当系统完成计算后将计算结果保存在某地，通常计算只需要执行一次，即便重复执行，所获结果也应保持不变，用户根据需要自行选择时机读取计算结果。流式计算处理的数据会持续不断地到来，每当有新数据到来时会驱动系统重新计算，计算结果随时间推移和数据的持续到来不断变化，因此计算系统一般采用推式方式供用户获取计算结果，每当系统完成计算后将最新的计算结果推送给用户。

2. 批量计算与流式计算的数据处理逻辑对比

批量计算与流式计算的数据处理逻辑对比如图 8-2 所示。

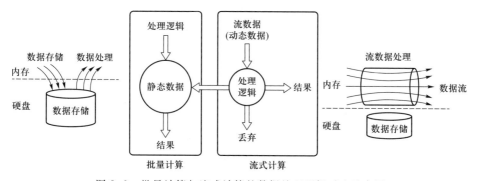

图 8-2　批量计算与流式计算的数据处理逻辑对比示意图

批量计算系统在计算前首先需要获取待计算数据，将数据保存在系统内部的存储设备之上，然后执行用户提交的计算处理逻辑，对预先存储的数据进行计算并产生计算结果。流式计算系统本身可以看作是一个处理逻辑，待处理的数据到来后直接驻留内存进行计算处理并产生计算结果。对于计算本身而言，处理完的数据即可丢弃，一般不进行保存，如另需保存则额外进行处理而与计算无关。流式计算系统的示意图如图 8-3 所示。

图 8-3　流式计算系统示意图

　　流式计算处理的实时性要求较强，待处理数据源源不断到来时，流式计算系统主要面临的挑战是如何进行弹性可扩展，即如何通过增加资源的方式使得计算系统能够适应数据量的不断增大。这一目标从宏观上看是保证数据的顺利流动和计算结果的正确，在微观上由于数据流是由一个一个独立的组成单元构成，类似现实世界的车流而非水流这种连续不断的形态，因此达成这一目标的关键是利用两个数据包之间的时间间隙完成计算处理过程，即下一个数据包到来之前上一个数据包需要处理完毕。由于任何计算都需要消耗一定的时间，因此流式计算中的实时概念主要是指数据能够及时地被处理完毕。个别数据包可能由于某些原因需要更长的处理时间，为了避免单个数据包的延误造成流的整体拥塞，可以设置一个缓冲区缓存若干数据包，但仍需保证整体的平均处理速度能够匹配数据的到来速度，否则缓冲区中的数据将会不断积压，无论缓冲区容量多大也终将被填满，导致数据丢失或者拥塞。

3. 流式计算的典型架构

　　为了能够匹配数据流速，一种常见的解决方案是不由一个节点完成所有的计算逻辑，而是根据计算逻辑将计算任务拆分成若干步骤，然后由每个节点完成一个步骤。这些节点构成一个管线或者拓扑，数据从拓扑的入口进入，依次流经整个拓扑实现整个计算过程，类似现实世界的流水线作业方式，依次完成各道加工工序得到最终产品。流式计算的典型架构如图 8-4 所示。

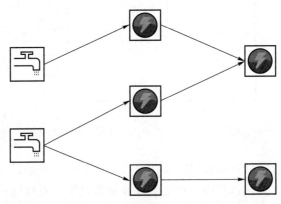

图 8-4　流式计算的典型架构示意图

　　流式计算的拓扑包括各个处理节点以及数据在节点之间的流转关系。其中，处理节点可以分为数据源头节点和数据处理节点。数据源头节点是拓扑的源头，负责源源不断地产生数据，例如传感器、网络或者数据源接口等。数据源头节点一般仅负责生成数据而不包含具体的数据处理逻辑，具体的数据处理逻辑通过数据处理节点实现的处理逻辑和节点间的数据流转逻辑共同实现。

8.2 流式计算的典型算例

为了更好地理解流式计算与批量计算的区别，同时学习如何设计拓扑结构实现流式计算处理逻辑，本节仍以微博用户群体的热词统计分析 wordcount 为例，通过流式计算的热词统计详细介绍如何设计一个流式计算拓扑。

对比第 7 章 7.2.3 小节中批量计算的微博年度热词统计，两种计算的微博热词统计虽然都是统计特定用户群体所发微博中各个词出现的次数，但是应用的场景略有不同。批量计算统计某一时段内所有微博中各个词出现的次数，例如年度热词统计时，年度时段内的数据全部输入，经过计算直接生成最终结果。流式计算面向的是实时应用场景，在统计一个时段内所有微博中各个词出现的次数时，微博数据是一条一条依次输入，而非像批量计算那样全部输入。输入一条数据后流式计算拓扑将产生一个统计结果，数据依次输入会不断更新统计结果。虽然两种计算方式的最终计算结果没有差别，但是二者的实现过程完全不同：批量计算一次性处理完所有数据并直接产生最终结果；而流式计算则是依次输入数据，不断产生中间结果，所谓"最后的结果"只是输入最后一条数据后产生的结果。对于批量计算，由于输入的数据固定，当完成所有数据的计算后计算任务执行完毕，产生结果并保存。而对于流式计算，由于可以处理不断到来的数据，因此只要有新数据到来计算就会一直持续下去，直到没有数据到来或者人为关闭拓扑。

1. wordcount 的流式计算拓扑(1)

微博热词统计 wordcount 的一个简单的流式计算拓扑如图 8-5 所示。

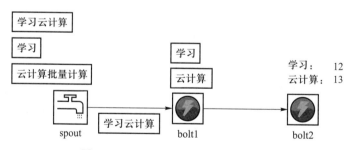

图 8-5 wordcount 的流式计算拓扑(1)

该流式计算的拓扑为一个直线型管道结构，包含三个节点 spout、bolt1 和 bolt2，节点间的数据传递逻辑为直接传递，即前序节点的输出全部传递给后序节点作为输入。

① spout 节点为数据源头节点，负责实时获取用户发送的微博数据，每获得一条数据就向 bolt1 节点传递。

② bolt1 节点是微博分词节点，负责对 spout 节点发来的微博数据分词，然后将分词后的各个词向 bolt2 节点传递。

③ bolt2 节点是词统计节点，负责统计各个词出现的次数。bolt1 节点每发送过来一个词，bolt2 节点将判断该词在词汇表中是否存在，如果存在则给词汇表中该词的次数加 1，如果不存在则新创建该词并将计数次数记为 1。词汇表中的词可以按照某种排序方式进行有序化处理，以便提高查找速度。

2. wordcount 的流式计算拓扑（2）

图 8-5 中所示的拓扑是一种最为简单的拓扑结构，用户通过连接 bolt2 节点即可实时获取当前最新的统计结果。每当有一条新的微博数据，该数据将通过 spout 节点流入拓扑，经过各个节点的处理产生新的统计结果。当数据量增大时，spout 节点产生的数据流速加快，bolt1 节点的处理能力如果跟不上，可以采用图 8-6 所示的方式对拓扑进行扩展。

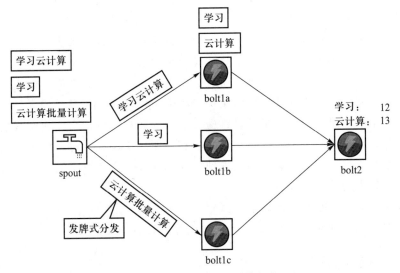

图 8-6　wordcount 的流式计算拓扑（2）

如图 8-6 所示，当 bolt1 节点的分词速度跟不上 spout 节点产生数据的速度时，可以采用增加同类型节点的方式，例如增加两个相同功能的节点，同时对拓扑结构的连接关系进行改造。spout 节点输出的数据发送到 bolt1a、bolt1b 和 bolt1c 时采用发牌式分发，即把输出的数据依次分别发给后面的三个节点，这样后面三个节点每个节点输入的数据量只有 spout 节点输出数据量的 1/3，相当于延长了数据到来的时间间隔。这种方式无论数据流速有多快，可以通过增加足够多的相同处理逻辑节点使得每个节点的数据处理速度能够与流速相匹配。在该例中，bolt1a、bolt1b 和 bolt1c 节点内部的处理逻辑和之前的 bolt1 节点相同，都负责对 spout 节点输出的微博进行分词并将分词结果输出给 bolt2 节点。

通过上述扩展可以解决 bolt1 节点的处理压力问题，那么当 bolt2 节点也面临处理压力时，是否可以采用相同的处理方式进行处理呢？

如果采用相同的处理方式，假设增加节点后负责进行词统计的节点分别是 bolt2a、bolt2b 和 bolt2c，那么通过简单的模拟不难发现，这三个节点虽然分别进行了词的统计，但得出的统计结果都只是实际结果的一部分，换言之需要把三个节点上的结果再进行汇总才能够得到真正的结果，否则这三个节点上的结果均不正确。如果在拓扑后面再增加一个汇总节点 bolt3，不难发现 bolt3 实际上与图 8-6 中的 bolt2 并无区别，此时 bolt3 也会面临同样的处理压力，问题并没有得到解决。

通过上述分析，当流式计算拓扑中某个节点面临处理瓶颈时，通过增加节点的方式分摊压力的解决思路是正确的，但关键问题在于如何分摊，即增加节点后如何设计各个节点的处理逻辑和节点间的数据流转逻辑，使得用户仍能从计算拓扑中获得正确的结果。

3. wordcount 的流式计算拓扑(3)

针对前例的问题，可以采用图 8-7 所示的方式对拓扑进行扩展。对于 bolt2 节点压力的问题仍然采用增加节点的方式解决，增加节点后负责进行词统计的节点分别是 bolt2a、bolt2b 和 bolt2c，但前序节点与后序节点的数据流转逻辑与之前的步骤不同，不再采用发牌式分发的方式，而是基于特定值分发的方式。bolt2a、bolt2b 和 bolt2c 根据原先 bolt2 节点的词排序逻辑分别负责统计若干词，比如按字典拼音序 bolt2a 负责 a-j 的词，bolt2b 负责 k-t 的词，bolt2c 负责其他的词。前序节点分词后输出的各个词以词的拼音为 key，根据后序节点各自负责的 key 的内容分发到对应节点上，同时保证相同 key 的词分发到同一个节点上。这样的拓扑设计，虽然每个词统计节点在短时间内所需处理的数据量可能

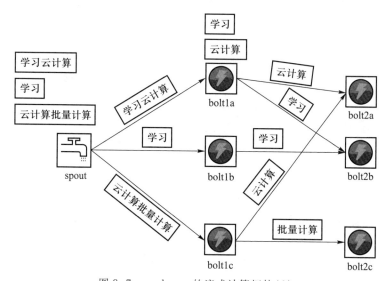

图 8-7 wordcount 的流式计算拓扑(3)

并不像发牌式分发那样均匀，但从一段时间的宏观上看，每个节点只需负责处理原来数据流中的一部分数据，处理压力得到分摊，可以通过增加节点数量、调整每个节点负责的 key 的范围，以及在节点内设置一定量的缓冲区来解决处理压力问题。虽然每个节点上仍然是实际结果的一部分，但是与前面采用发牌式分发处理 bolt2 节点压力的方式得到的结果在本质上是有区别的。用户在分别获取发牌式分发方式 bolt2a、bolt2b 和 bolt2c 产生的结果后仍需进一步计算，而按特定值分发方式用户只需分别从 bolt2a、bolt2b 和 bolt2c 获得结果即可得到最终的所要结果。

8.3　流式计算的拓扑设计技巧

通过 8.2 节的算例可知，流式计算拓扑设计的关键是如何合理地设计拓扑的扩展，从而使拓扑能够弹性应对数据流速的增加并保证计算逻辑的正确。解决方式是增加处理节点并合理设置节点处理逻辑和数据流转逻辑。本书总结的流式计算的拓扑设计技巧如下：

① 增加前序节点。如图 8-8 所示，增加前序节点可用于拆分单一节点的处理逻辑，每个节点内部的处理逻辑仍为顺序处理逻辑。该逻辑可以被描述为若干顺序化处理的步骤，增加前序节点可以将原来在一个节点上的若干步骤分散到前后两个节点之上，从而降低每个节点的处理压力，提高每个节点自身的处理速度，使其能够应对更快的数据流速。此外，增加前序节点还可以作为数据预处理的手段，在处理前对数据进行某种转换，例如限流、过滤、变换等，降低数据流速或减少每个数据包内数据的大小，以达到缓解处理压力的目的。

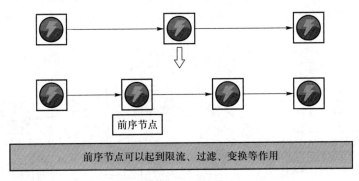

前序节点

前序节点可以起到限流、过滤、变换等作用

图 8-8　增加前序节点

② 并行增加相同节点并采用发牌式分发。如图 8-9 所示，类似 8.2 节算例中 bolt1 节点的扩充方式，增加功能相同的节点，各个节点的处理逻辑一致，前序节点的输出采用发牌式分发，每个节点的处理逻辑虽然与之前相同，但由于采用了发牌式分发方式，流经每个节点的数据量减少。

③ 并行拆分计算逻辑并采用按特定值分发。如图 8-10 所示。技巧①可以看作是节点功能的顺序化拆分，技巧②是并行化拆分了输入数据，但节点计算逻辑

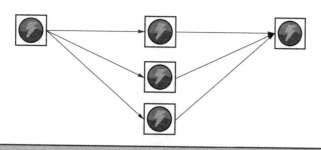

各节点处理逻辑相同，仅需保证数据量的均衡分配，采用发牌式分发

图 8-9　并行增加相同节点并采用发牌式分发

并未拆分，技巧③则类似 8.2 节算例中 bolt2 节点的扩充方式，可以看作是对节点计算逻辑的处理内容进行并行化拆分，拆分后的每个节点只负责处理原来处理内容的一部分，并把前序节点输出的数据按照拆分原则分发到相应节点。

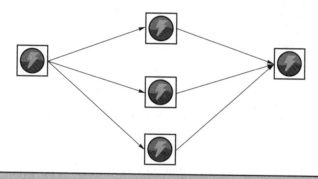

各节点负责处理的内容不同，把满足不同条件的内容分发到相应的节点上

图 8-10　并行拆分计算逻辑并采用按特定值分发

④ 设置广播节点。如图 8-11 所示。技巧②和技巧③的并行化设置方式使得数据流在分叉后每个分支所流过的数据仅为原数据流的一部分。如果计算逻辑需要后续有多个不同的分支分别处理，但每个分支仍然需要完整的数据流时，可以通过增加广播节点将原有数据流复制，分别流入不同的分支，每个分支得到的数据相同，均为完整的数据流。

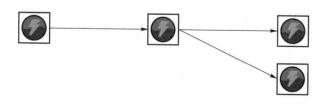

广播节点实际上起到了数据复制的作用，使得同一份数据进入不同的管道

图 8-11　设置广播节点

⑤ 设置同步节点。如图 8-12 所示，如果某一计算需要使用若干上游数据，可以考虑设置同步节点起到数据同步开关的作用。例如某系统需要根据 A、B、C 三个传感器采集的数据进行逻辑判定执行相应的功能，假设 A 传感器每 2 s 采集一次数据，B 传感器每 3 s 采集一次数据，C 传感器每 5 s 采集一次数据。在设计系统的处理逻辑时，如果每当有传感器采集来数据系统就执行一次逻辑判定会导致系统非常繁忙，而且很多的逻辑判定由于数据不充分而并无实际作用。如果等到传感器的同步周期才进行逻辑判定，会因多传感器的同步周期时间过长而失去依靠传感器实时采集数据和实时处理的意义。此时可以使用技巧⑤，通过设置一个同步开关缓存传感器采集的数据，当各个传感器均至少采集一次数据之后，同步开关打开，向系统一次提交各个传感器最近一次采集的数据，供系统进行逻辑判定。

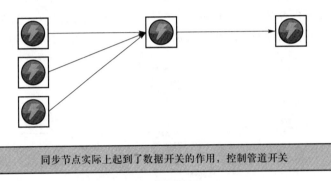

图 8-12　设置同步节点

代表性的流式计算框架包括 Hadoop 的数据分析系统 HStream、Spark 的 Spark Streaming、Twitter 的 Storm、Yahoo 的 S4 等。

[练习]搭建流式计算执行环境，如 Storm 等，编写一个流式计算拓扑并执行。

思考题

1. 流式计算的处理对象是什么？什么是数据流？
2. 流式计算与批量计算的主要区别是什么？
3. 为什么流式计算需要采用推式方式提供计算结果，而批量计算一般采用拉式方式提供计算结果？反过来会出现什么情况？
4. 流式计算的处理逻辑是什么？与批量计算有什么区别？
5. 流式计算系统如何解决数据流速和处理速度的不匹配问题？
6. 什么是流式计算的拓扑？流式计算的拓扑包含哪些部分？
7. 流式计算热词统计 wordcount 和批量计算热词统计 wordcount 在应用场景上有什么不同？
8. 流式计算拓扑的设计技巧有哪些？

9. 流式计算如何通过拓扑设计进行数据预处理？

10. 流式计算如何通过拓扑设计进行功能拆分？有哪些种拆分方式？

11. 流式计算如何通过拓扑设计进行数据同步？

实验 3　投票实时统计练习

在进行决策时，投票是一种常见的征集意见手段，需要实时统计结果以便为决策提供依据。除了选举型的投票之外，各种打分或者从多个选项中进行选择也可以看作是一种投票型应用。这类应用的特点是有若干个预定义的候选项供用户选择，每个用户个体可以根据个人偏好提交一个或多个选项，由系统统计各个用户的选择结果，形成宏观统计结果反馈给相关用户。

微视频：
流式计算
练习

在线下使用纸质票进行投票时，通常投票人的人数固定，在进行投票时投票人现场集中将选票投入票箱，投票环节结束之后由计票人对票箱中的选票进行统计，在统计过程中通常不会有新的选票再到来。与线下投票不同，线上投票的应用场景一般没有固定的投票时间，可能仅有投票截止时间，通常也不采取集中投票再统一计票的方式，而是一般采取边投票边计票的方式，对于打分类投票和选项型投票而言，投票人数也不确定，用户随到随投，也不一定所有的用户均会投票。因此投票实时统计一般采取流式计算的方式。

本实验将以常见的学校评奖投票为例，练习如何设计拓扑结构实现多口径、多类型的分类实时统计。在本实验中假定业务场景如下：有若干参评的候选学生，登录用户每人限投一票，允许弃权不投但不允许投多人，选择多于 1 人的视作废票。在统计时需要统计各个候选学生的得票数，还需要统计总票数、有效票数、弃权票数、废票数。此外，还需要根据一些业务要求按照不同口径统计不同分类的票数，比如根据性别属性统计所有男生和所有女生候选人的总得票数，根据参选学生所在院系统计各个院系的总得票数，根据学历统计本科生、硕士生、博士生的总得票数等。

根据第 8 章 8.3 节给出的流式计算拓扑设计技巧，在进行拓扑结构设计时，首先可以设置一个源头节点负责获取投票，作为统计计算拓扑的开始。获取的投票数据流先要进行总票数统计，总票数统计无须关注票内信息，仅计数，然后流向后节点。接下来可以进行票的有效性判断，判断是选 0 人的空票、只选 1 人的有效票，还是选择多于 1 人的废票。根据判定结果，按照特定值分发到不同后续通路分别进行统计。票的有效性判断节点可以使用并行增加相同节点并采用发牌式分发的方式进行扩展。后续的通路分别统计弃权票数、废票数和有效票数。对于弃权票和废票，在完成计数统计后即可放弃；对于有效票，在完成计数后后续仍然需要进行进一步的分类统计。由于有效票的后续统计分别采取了不同的口径，因此可以设计一个广播节点，将有效票进行复制并分发到 4 个通路分别进行各候选人得票统计、性别得票统计、院系得票统计、学历得票统计。每个通路首先是逻辑判定节点，负责解析投票内容并将被选人的信息按特定值分发到对应的计数节点，逻辑判定节点可以使用并行增加相同节点并采用发牌式分发的方式进行扩展。

上述流式计算的拓扑如图 sy3-1 所示。

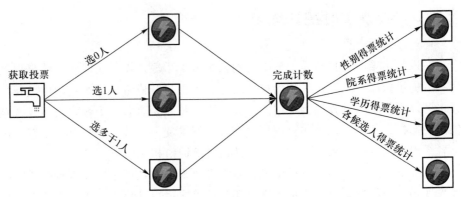

图 sy3-1　投票实时统计的流式计算拓扑示意图

第9章　图计算

前面两章分别介绍了用于满足非实时场景和实时场景下用户的计算服务需求的两种计算方式：批量计算和流式计算。在实际应用中，如果用户的业务场景包含大量对象且对象之间关系复杂，可以使用离散数学中的图论对对象和对象关系进行抽象和数学表达，并使用对应的计算方式进行求解。本章主要介绍如何通过图计算满足用户对这类问题的计算服务需求。

微视频：
图计算

9.1　图的定义

在日常生活、生产活动或科学研究中，人们可以使用图论对研究的对象及对象之间的关系进行抽象，以点表示事物，点之间连接的边表示事物之间的关联关系，这些点和边的集合就构成了图论中的图。在这些图中，人们只关心点之间是否有连线，而不关心点的位置以及连线的曲直，这就是图论中的图和几何学中的图形的本质区别[63]。哥尼斯堡七桥问题是经典的图论问题案例，该问题可以抽象为"一笔画"问题，其他包括四色问题、六度空间理论、关键路径问题等都是图论的代表性应用。下面给出图的定义：

定义 9.1　一个无向图 G 是一个有序的二元组 $<V,E>$，其中：

① V 是一个非空有穷集，称为顶点集，其元素称为顶点或节点。

② E 是无序积 $V \& V$ 的有穷多重子集，称为边集，其元素称为无向边，简称为边。

定义 9.2　一个有向图 D 是一个有序的二元组 $<V,E>$，其中：

① V 同定义 9.1①。

② E 是笛卡儿积 $V \times V$ 的有穷多重子集，称为边集，其元素称为有向边，简称边。

通常用图形来表示无向图和有向图，用小圆圈（或实心点）表示顶点，用顶点之间的连线表示无向边，用带箭头的连线表示有向边。

通过图形化的方式将图表示出来称为图的图解。

例：给定下述条件：

① 无向图 $G=<V,E>$，其中，

$$V = \{ v_1, \ v_2, \ v_3, \ v_4, \ v_5 \}$$

$$E = \{(v_1,v_1),\ (v_1,v_2),\ (v_2,v_3),\ (v_2,v_3),\ (v_2,v_5),\ (v_1,v_5),\ (v_4,v_5)\}$$

② 有向图 $D = <V, E>$，其中，

$$V = \{a,\ b,\ c,\ d\}$$

$$E = \{<a,a>,\ <a,b>,\ <b,a>,\ <a,d>,\ <d,c>,\ <c,d>,\ <c,b>\}$$

试画出 G 与 D 的图形。

解：图 9-1 中分别给出了无向图 G 和有向图 D 的图形．

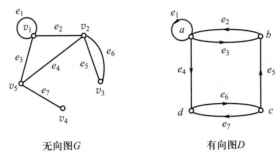

无向图 G　　　　　　　　　　有向图 D

图 9-1　图示例

定义 9.3　设无向图 $G = <V, E>$，$\forall v \in V$，称

$$N_c(v) = \{u \mid u \in V \land (u,v) \in E \land u \neq v\}$$

为 v 的邻域，称

$$\overline{N}_c(v) = N_c(v) \cup \{v\}$$

为 v 的闭邻域，称

$$I_c(v) = \{e \mid e \in E \land e\ \text{与}\ v\ \text{相关联}\ \}$$

为 v 的关联集。

设有向图 $G = <V, E>$，$\forall v \in V$，称

$$\mathbf{\Gamma}_D^+(v) = \{u \mid u \in V \land \langle v,\ u \rangle \in E \land u \neq v\}$$

为 v 的后继元素，称

$$\mathbf{\Gamma}_D^-(v) = \{u \mid u \in V \land \langle u,\ v \rangle \in E \land u \neq v\}$$

为 v 的先驱元素，称

$$N_D(v) = \mathbf{\Gamma}_D^+(v) \cup \mathbf{\Gamma}_D^-(v)$$

为 v 的邻域，称

$$\overline{N}_D(v) = N_D(v) \cup \{v\}$$

为 u 的闭邻域。

在图 9-1 的无向图 G 中，$N_c(v_1) = \{v_2,\ v_3\}$，$\overline{N}_c(v_1) = \{v_1,\ v_2,\ v_5\}$，$I_c(v_1) = \{e_1,\ e_2,\ e_3\}$；在有向图 D 中，$\mathbf{\Gamma}_D^+(d) = \{c\}$，$\mathbf{\Gamma}_D^-(d) = \{a,\ c\}$，$N_D(d) = \{a,\ c\}$，$\overline{N}_D(d) = \{a,\ c,\ d\}$。

定义 9.4　设 $G = \langle V, E \rangle$，$G' = \langle V', E' \rangle$ 为两个图（同为无向图或同为有向图），若 $V' \subseteq V$，且 $E' \subseteq E$，则称 G' 是 G 的子图，G 为 G' 的母图，记作 $G' \subseteq G$；又若 $V' \subset V$ 或 $E' \subset E$，则称 G' 为 G 的真子图；若 $V' = V$，则称 G' 为 G 的生成子图。

设 $G = \langle V, E \rangle$，$V_1 \subset V$ 且 $V_1 \neq \varnothing$，称以 V_1 为顶点集，以 G 中两个端点都在 V_1 中的边组成边集 E_1 的图为 G 的 V_1 导出的子图，记作 $G[V_1]$。又设 $E_1 \subset E$ 且 $E_1 \neq \varnothing$，称以 E_1 为边集，以 E_1 中边关联的顶点为顶点集 V_1 的图为 G 的 E_1 导出的子图，记作 $G[E_1]$。

在图 9-2 中，取 $V_1 = \{a, b, c\}$，图 9-2(b) 是图 9-2(a) 的 V_1 导出的子图；取 $E_1 = \{e_1, e_3\}$，图 9-2(c) 是图 9-2(a) 的 E_1 导出的子图。

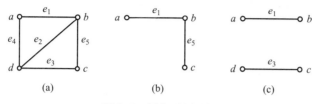

图 9-2　图与子图示例

定义 9.5　设 $G = \langle V, E \rangle$ 为无向图，$\forall v \in V$，称 v 作为边的端点的次数之和为 v 的度数，简称度，记作 $d_G(v)$。在不发生混淆时，略去下标 G，简记为 $d(v)$。设 $D = \langle V, E \rangle$ 为有向图，$\forall v \in V$，称 v 作为边的始点的次数之和为 v 的出度，记作 $d_D^-(v)$，简记作 $d^-(v)$；称 v 作为边的终点的次数之和为 v 的入度，记作 $d_D^+(v)$，简记作 $d^+(v)$；称 $d^-(v) + d^+(v)$ 为 v 的度数，记作 $d_D(v)$，简记作 $d(v)$。

图通过集合来定义，可以用图形表示，还可以用矩阵来表示。用矩阵表示图便于用代数方法研究图的性质和进行计算。

定义 9.6　设无向图 $G = \langle V, E \rangle$，$V = \{v_1, v_2, \cdots, v_n\}$，$E = \{e_1, e_2, \cdots, e_m\}$，令 m_{ij} 为顶点 v_i 与边 e_j 的关联次数，则称 $(m_{ij})_{n \times m}$ 为 G 的关联矩阵，记作 $\boldsymbol{M}(G)$。

图 9-3 所示为无向图及其关联矩阵。

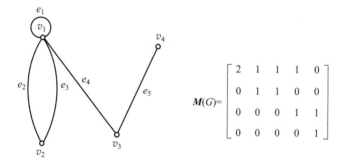

图 9-3　无向图及其关联矩阵示例

不难看出，关联矩阵 $\boldsymbol{M}(G)$ 有以下性质：

① $\sum\limits_{i=1}^{n} m_{ij} = 2 \, (j = 1, 2, \cdots, m)$，即 $\boldsymbol{M}(G)$ 每列元素之和均为 2。这是因为每条边恰好关联两个顶点（圆环所关联的两个顶点重合）。

② $\sum\limits_{j=1}^{m} m_{ij} = d(v_i)$，即 $\boldsymbol{M}(G)$ 第 i 行元素之和为 v_i 的度数，$i = 1$，2，$\cdots$，n。

③ $\sum\limits_{i=1}^{n} d(v_i) = \sum\limits_{i=1}^{n} \sum\limits_{j=1}^{m} m_v = \sum\limits_{j=1}^{m} \sum\limits_{i=1}^{n} m_{ij} = \sum\limits_{j=1}^{m} 2 = 2m$。这个结果正是握手定理的内容，即各顶点的度数之和等于边数的 2 倍。

④ 第 j 列与第 k 列相同，当且仅当边 e_j 与 e_k 是平行边。

⑤ $\sum\limits_{i=1}^{m} m_v = 0$，当且仅当 v_i 是孤立点。

定义 9.7　设有向图 $D = \langle V, E \rangle$，$V = \{v_1, v_2, \cdots, v_n\}$，令 $a_{ij}^{(l)}$ 为顶点 v_i 邻接到顶点 v_j 边的条数，称 $(a_{ij}^{(l)})_{n \times n}$ 为 D 的邻接矩阵，记作 $\boldsymbol{A}(D)$，或简记为 $\boldsymbol{A}$。

图 9-4 所示为有向图 D 及其邻接矩阵。

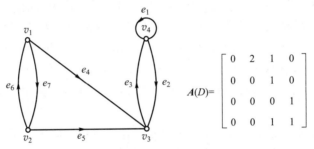

图 9-4　有向图 D 及其邻接矩阵

9.2　图计算的基本过程

图作为分析对象和对象连接关系的一种数据方法，在社交网络、交通、金融等领域有着广泛的应用。图计算在处理面向连接关系的分析计算方面相较于传统关系数据库具有极大的效率优势。

本节通过一个具体的图计算实例——PageRank 算法，介绍图计算的基本过程。

1. PageRank 算法

PageRank 算法最初用于分析衡量互联网中网页的重要性。假设某小型网络的结构如图 9-5 所示，该网络只有 4 个页面顶点 A、B、C、D。在早期的互联网链接分析中，顶点的连接关系表示用户浏览页面时的跳转关系。如图 9-5 中所示，用户在浏览 B 页面后接下来可能会跳转至 A 页面或者 D 页面。在本例中，假定用户跳转到各个页面的概率是相同的，例如 B 页面会跳转至 A、D 页面，则跳转概率各为 $1/2$，A 页面会跳转至 B、C、D 页面，则跳转概率各为 $1/3$。

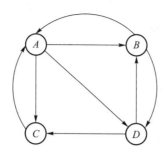

图 9-5　图计算网络示例

图 9-5 所示的有向图的邻接矩阵表示如下：

$$M = \begin{bmatrix} 0 & 1/2 & 1 & 0 \\ 1/3 & 0 & 0 & 1/2 \\ 1/3 & 0 & 0 & 1/2 \\ 1/3 & 1/2 & 0 & 0 \end{bmatrix}$$

在对这个小型网络进行重要性分析时，初始时假设用户浏览每个网页的可能性是相同的，即每个页面的初始 PageRank 值（概率权值）都是 1/4，表示为初始向量：

$$V_0 = \begin{bmatrix} 1/4 \\ 1/4 \\ 1/4 \\ 1/4 \end{bmatrix}$$

用户跳转一次以后浏览各个页面的 PageRank 值向量为

$$V_1 = MV_0 = \begin{bmatrix} 0 & 1/2 & 1 & 0 \\ 1/3 & 0 & 0 & 1/2 \\ 1/3 & 0 & 0 & 1/2 \\ 1/3 & 1/2 & 0 & 0 \end{bmatrix} \begin{bmatrix} 1/4 \\ 1/4 \\ 1/4 \\ 1/4 \end{bmatrix} = \begin{bmatrix} 9/24 \\ 5/24 \\ 5/24 \\ 5/24 \end{bmatrix}$$

经过足够长时间的浏览跳转，各个页面的 PageRank 值向量不断迭代，最终向量值收敛，收敛的向量就是各个页面最终的 PageRank 值。在本例中各个页面 PageRank 值的迭代结果如下：

$$\begin{bmatrix} 1/4 \\ 1/4 \\ 1/4 \\ 1/4 \end{bmatrix} \begin{bmatrix} 9/24 \\ 5/24 \\ 5/24 \\ 5/24 \end{bmatrix} \begin{bmatrix} 15/48 \\ 11/48 \\ 11/48 \\ 11/48 \end{bmatrix} \cdot \begin{bmatrix} 11/32 \\ 7/32 \\ 7/32 \\ 7/32 \end{bmatrix} \cdots \begin{bmatrix} 3/9 \\ 2/9 \\ 2/9 \\ 2/9 \end{bmatrix}$$

2. 图计算的基本过程

通过上例总结得出的图计算的基本过程如下：

① 根据业务描述构建图，建立图的表示，例如邻接矩阵。

② 对图中各个顶点进行迭代计算。在每一轮次的计算中，各个顶点可以分别计算本轮次自己的取值。各个顶点的取值计算与本轮次其他顶点的取值无

关，但与图中相邻顶点的上一轮次取值有关，因此各个顶点在本轮次取值计算时需要获得相邻顶点的上一轮次取值结果。

③ 各个轮次不断迭代，直至到达终止条件或者各个节点的取值收敛，即再次迭代后取值不会发生变化。

上例的图中只有 4 个顶点，单机即可处理。在实际的图计算问题中，例如现实中一个社交网络，网络用户即图中顶点的数量可达百万以上，边的数量可以达到十亿以上的级别，这种规模的图计算可能单机无法承受。通过增加节点的方式，以弹性可扩展的集群进行求解是一种可行的思路。

根据图计算的基本过程，由于每一轮次各个顶点的取值计算与本轮次其他顶点的取值无关，因此可以将图中各个顶点的计算分配到计算集群的多个节点上，每个节点负责计算一部分顶点的取值。由此可以将计算任务进行拆解，通过弹性可扩展的方式，增加节点机器数量来降低每个节点的计算压力，使得每个节点分配的计算任务都在单机可以承受的范围内。

3. 图计算对迭代轮次的管控模式

通过上述方式将一个轮次的计算任务拆分之后，由于下一轮次各顶点的计算需要与之相邻的顶点的本轮次计算结果，而计算任务拆分后可能导致该顶点和与之相邻的顶点被分配到不同的节点上计算，因此图计算架构在计算时需要设置一个管控逻辑。该管控逻辑一方面管理控制计算集群内各节点根据分配所需负责计算的顶点和图中顶点之间的连接关系进行消息通信，在一个轮次计算完毕后将计算结果发送给负责计算相邻顶点的其他顶点；另一方面管理控制迭代轮次的推进，确定各个计算节点在何时可以开始进行下一轮次的计算。

（1）BSP 模式

一种较为容易想到的解决思路是按迭代轮次对所有计算节点进行同步管控，即所有节点所处的迭代轮次相同，当所有节点完成计算并互相传递完消息后，共同进入下一轮次。这种方式称作整体同步并行（bulk synchronous parallel，BSP）模式。

BSP 模式如图 9-6 所示。该模式将整个图计算划分成一系列超步（super step），即轮次的迭代（iteration），整个计算从纵向上看是一个串行模式，各个轮次依次顺序化串行执行。每个轮次内横向上看是一个并行的模式，各个计算

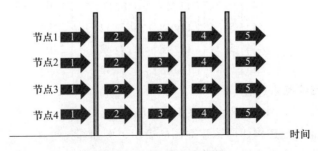

图 9-6　BSP 模式示意图

节点在一个轮次内部分别进行计算，各个计算节点在一个轮次内是并行的。该模式在每两个轮次之间设置一个栅栏（barrier），作为一个轮次内各个计算节点的整体同步点。在确定本轮次内所有节点并行的计算都完成并且互相传递完信息后栅栏打开，所有节点启动下一轮次的计算。

（2）异步模式

BSP 模式的管控逻辑较为简单，实现难度较低，被广泛应用于各种图计算框架中。但是显然 BSP 模式是一个木桶理论的模式，由于栅栏的存在，每一轮次的执行时间取决于木桶的最短板，即集群中计算速度最慢的节点，这些慢节点的存在会显著地影响整个计算集群。与 BSP 模式相对应的另一种模式是异步（asynchronous）模式。

异步模式如图 9-7 所示。与 BSP 模式设置栅栏分割各个轮次不同，异步模式对各个节点的迭代轮次不加任何限制，任何计算节点只要完成本轮次的计算任务并获得下一轮次计算所需的所有信息后，就可以开始下一轮次的计算，节点之间无须等待，各节点可能处于不同轮次。由于图中的所有顶点并不一定全部互相连通，不连通的子图彼此的计算实际上互不影响，也不会产生消息沟通，采用异步模式可以使得各个子图的计算分别推进。

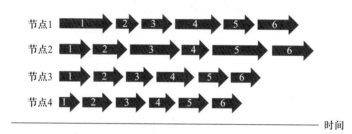

图 9-7　异步模式示意图

（3）SSP 模式

另外一种折中的迭代轮次控制手段称作陈旧同步并行（stale synchronous parallel，SSP）模式[64]。SSP 模式如图 9-8 所示。该模式通过参数控制计算集群内轮次进展最快节点允许领先最慢节点的轮次数目，当允许领先数目为 0 时

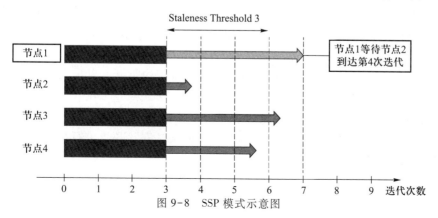

图 9-8　SSP 模式示意图

的 SSP 模式即为 BSP 模式，当允许领先数目为 ∞ 时的 SSP 模式即为异步模式。

9.3　高阶顶点计算

根据图计算的基本过程，整个图的计算被拆分分配到计算集群的多个节点上，由每个节点负责计算一部分顶点的取值，以此期望通过增加节点机器数量以降低每个节点的计算压力。但在实际应用场景中，图中各个顶点的度可能差异很大，例如在社交网络中，常规用户的关注者可能只有几百到几千数量级，而某些用户（例如微博中的"大 V"用户）的关注者可能达到百万甚至千万级别。这种在图中度很高且具有超多边的顶点称为高阶顶点（high-degree vertice）。根据上述图计算集群分配方式，高阶顶点容易成为计算瓶颈。因为常规任务分配的极限是一个计算节点，只负责计算图中的一个顶点，但如果该顶点是高阶顶点，单个顶点的计算量过大使单机无法承受，将会导致整个计算集群无法通过进一步增加计算资源来提升计算效率。

高阶顶点的计算是图计算的主要瓶颈。求解高阶顶点的计算思路也很简单，既然单个顶点的计算量过大单机无法承受，那么使用多机共同计算一个顶点，这样就可以通过增加节点机器数量来降低每个节点的计算压力的方式进行求解。求解的核心关键问题是如何对一个高阶顶点进行拆分（图 9-9）。

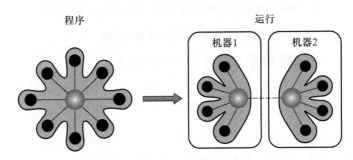

图 9-9　高阶顶点拆分示意图

高阶顶点的拆分可以看作是图拆分的延续。在图计算中，逻辑上的一个图由集群中多个节点分别完成计算，每个节点负责计算图的一部分，图在存储时需要被拆分到不同节点上分别存储。由于图是由顶点和边组合构成，在进行图拆分时，可以采用边切分或点切分两种切分方式，如图 9-10 所示。

如图 9-10 所示，采用边切分时，实际上是把边拆开，以顶点为核心进行存储，最小单元存储一个点及该点关联的边和相邻顶点。采用点切分时，实际上是把顶点拆开，以边为核心进行存储，最小单元是存储一条边和对应的顶点。如果图中存在高阶顶点，使用边切分方式无法对该顶点进行拆分，但使用点切分方式可以实现。

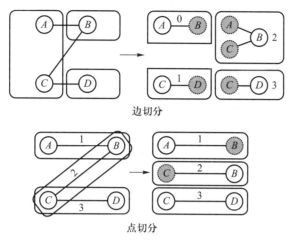

边切分

点切分

图 9-10 图的切分方式

9.4 典型算例

为了进一步了解图计算的实现过程，本节以图论中的经典问题——最短路径问题的求解为例进行介绍。

1. 迪杰斯特拉算法

最短路径的单机版代表性求解算法为迪杰斯特拉算法（Dijkstra's algorithm）[65]。其问题描述和求解过程如下：

问题描述：给定带权有向图 G 和源点 v，求从 v 到 G 中其余各顶点的最短路径。

求解过程：引进一个辅助向量 $\boldsymbol{D}$，它的每个分量 $D[i]$ 表示当前所找到的从起始点 v 到每个终点 v_i 的最短路径的长度。它的初态为：若从 v 到 v_i 有弧，则 $D[i]$ 为弧上的权值；否则置 $D[i]$ 为 ∞。显然，长度为

$$D[j] = \text{Min}_i\{D[i] \mid v_i \in V\}$$

的路径就是从 v 出发的长度最短的一条路径。此路径为 (v, v_j)。

根据以上分析，可以得到如下描述的迪杰斯特拉算法：

① 假设用带权的邻接矩阵 arcs 来表示带权有向图，arcs$[i][j]$ 表示弧 $\langle v_i, v_j \rangle$ 上的权值。若 $\langle v_i, v_j \rangle$ 不存在，则置 arcs$[i][j]$ 为 ∞（在计算机上可用允许的最大值代替）。S 为已找到从 v 出发的最短路径的终点的集合，它的初始状态为空集。那么，从 v 出发到图上其余各顶点（终点）v_i 可能达到的最短路径长度的初值为

$$D[i] = \text{arcs}[\text{Locate Vex}(G, v)][i], \ v_i \in V$$

② 选择 v_j 使得

$$D[j] = \text{Min}\{D[i] \mid v_i \in V-S\}$$

v_j 就是当前求得的一条从 v 出发的最短路径的终点。令

$$S = S \cup \{j\}$$

③ 修改从 v 出发到集合 $V-S$ 上任一顶点 v_k 可达的最短路径长度。如果

$$D[j] + \text{arcs}[j][k] < D[k]$$

则修改 $D[k]$ 为

$$D[k] = D[j] + \text{arcs}[j][k]$$

④ 重复操作②③共 $n-1$ 次。由此求得从 v 到图上其余各顶点的最短路径是依路径长度递增的序列。

用 C 语言描述的迪杰斯特拉算法如下：

```
void ShortestPath_ DIJ(MGraph G, int v0, PathMatrix &P, ShortPathTable &D) {
    //用 Dijkstra 算法求有向图 G 的 v0 顶点到其余顶点 v 的最短路径 P[v]及其
    //带权长度 D[v]
    //若 P[v][w]为 TRUE，则 w 是从 v0 到 v 当前求得最短路径上的顶点
    // final[v]为 TRUE 当且仅当 v∈S，即已经求得从 v0 到 v 的最短路径
    for(v = 0; v <= G. vexnum; ++v) {
        final[v] = FALSE;
        D[v] = G. arcs[v0][v];
        for(w = 0; w<G. vexnum; ++w)
        P[v][w] = FALSE; //设空路径
        if(D[v]<INFINITY)
        {P[v][v0] = TRUE; P[v][v] = TRUE;}
    }
    D[v0] = 0;
    final[v0] = TRUE;                      //初始化，v0 顶点属于 S 集
    //开始主循环，每次求得 v0 到某个顶点 v 的最短路径，并加 v 到 S 集
    for(i = 1; i <= G. vexnum; ++i) {      //其余 G. vexnum-1 个顶点
        min = INFINITY;                    //当前所知离 v0 顶点的最近距离
        for(w = 0; w <= G. vexnum; ++w) {
            if(!final[w])                  //w 顶点在 V-S 中
            {
                if(D[w]<min)               //w 顶点离 v0 顶点更近
                {
                    v = w;
                    min = D[w];
                }
            }
        }
        final[v] = TRUE;                   //离 v0 顶点最近的 v 加入 S 集
        for(w = 0; w <= G. vexnum; ++w) {  //更新当前最短路径及距离
            if(!final[w] && (min+G. arcs[v][w]. adj<D[w]))
            {//修改 D[w]和 P[w]，w∈V-S
                D[w] = min+G. arcs[v][w];
```

$$P[w]=P[v];$$
$$P[w][w]=TRUE;\quad //P[w]=P[v]+P[w]$$

2. 最短路径问题求解示例

例：对于如图 9-11 所示的带权有向图，求图中顶点 1 到其余各个顶点的最短路径。

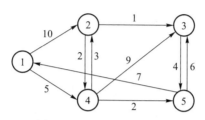

图 9-11　带权有向图示例

解：以集群方式对该图进行最短路径求解的过程如下：

针对图 9-11，在集群中使用 key-value 对的方式对图进行拆分存储，其中，key 为顶点 ID，value 包括：

① 记录顶点 1 到该顶点的最短路径距离变量 distance，初始化时顶点 1 的 distance 为 0，其他顶点的 distance 为 MAX，表示无穷大。

② 计算标记位，其中 0 表示尚未被计算，1 表示需要计算，2 表示计算完毕。

③ 顶点的各条边权重和连接的相邻顶点。

由此图 9-11 所示的有向图可以被保存成图 9-12 所示的存储结构。其中第一列数字为顶点 ID 编号，第二列虚线框内的 0、MAX 为初始化的最短路径 distance 值，其后一列数字为计算标识位，后续的加粗数字和浅色数字为第一列顶点 ID 关联的各个顶点和边的权值。

最短路径distance值　计算标识位

1	0；	1；	2、10、4、5
2	MAX；	0；	3、1、4、2
3	MAX；	0；	5、4
4	MAX；	0；	2、3、3、9、5、2
5	MAX；	0；	3、6、1、7

图 9-12　图 9-11 所示带权有向图的存储结构

考虑到高阶顶点的求解，在使用该存储结构时，可以采用点切分的方式对高阶顶点进行切分。例如本例中若假设每台机器最多可以求解一个顶点连接两个顶点，那么顶点 4 可以看作是一个高阶顶点，采用点切分的方式对顶点 4 的存储进行拆分，拆分后的存储结构如图 9-13 所示，每一条数据可以分配到集群中的一个节点上进行计算。

1	0； 1；2、10、4、5
2	MAX；0；3、1、4、2
3	MAX；0；5、4
4	MAX；0；2、3、3、9
4	MAX；0；5、2
5	MAX；0；3、6、1、7

图 9-13 对顶点 4 进行点切分之后的存储结构

（1）第一轮迭代计算

初始化存储之后就可以开始进行最短路径求解的计算了。第一轮迭代计算如图 9-14 所示。在第一轮迭代时，由于只有顶点 1 的计算标记位为 1，即需要计算，因此只有负责计算顶点 1 的节点执行计算任务。执行计算任务时根据当前最短路径距离 0 和关联的顶点及边的权值，产生两条消息，消息也是 key-value 对的格式，key 分别是 2 和 4，表示经过了自己（顶点 1）再走一步可以到达的顶点是顶点 2 和顶点 4，最短距离分别是 0+10=10 和 0+5=5。将这两条消息分别发送给执行对应顶点计算的节点，同时顶点 1 完成计算，将自身的计算标记位修改为 2，表示已经计算完毕。执行顶点 2 和顶点 4 计算的节点(计算顶点 4 的节点有两个，这两个节点都会收到 key 为 4 的消息)收到消息后，将消息

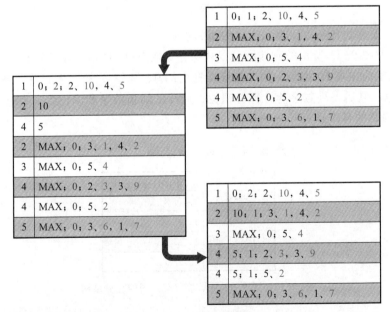

图 9-14 第一轮迭代计算

的最短路径和自身目前的最短路径进行比对，如果最短路径更短（任何值都比MAX要小），则需将自身的计算标记位修改为1，表示当前有一条更短的路径走到自己，需要进一步计算。迭代一轮之后各个节点上的内容更新为图9-14右下表格所示。

（2）第二轮迭代计算

假设图计算的轮次迭代采用整体同步并行（BSP）模式，当所有节点都计算完毕并完成消息传递后，由于有节点的计算标记位为1，即仍需要继续计算，此时开始第二轮迭代计算，如图9-15所示。在第二轮迭代时，顶点2和顶点4的计算标记位为1，即需要计算，由负责计算顶点2和顶点4的节点执行计算任务。计算顶点4的节点有两个，这两个节点都要执行计算。同理，执行计算任务时根据当前最短路径距离和关联的顶点及边的权值，产生对应的key-value对消息。以顶点2的计算为例，顶点2关联的顶点有两个，分别是顶点3和顶点4，因此需要产生两条消息，key分别是3和4，最短路径取值分别是10+1=11和10+2=12。同理，顶点4的两个节点分别根据自身数据计算产生对应的消息，第一个节点产生key为2和3的消息，第二个节点产生key为5的消息。完成计算后将自身的计算标记位修改为2，表示已经计算完毕。各个节点根据key会收到对应的消息，收到后将消息的最短路径和自身目前的最短路径进行比对，顶点2、顶点3和顶点5的最短路径有更新（更短），将自身的计算标记位修改为1；顶点4的最短路径没有更新，计算标记位不变。第二轮迭代之后各个节点上的内容更新为图9-15右下表格所示。

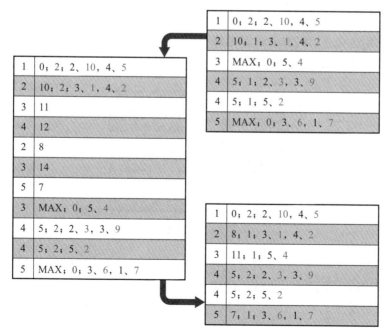

图9-15　第二轮迭代计算

（3）第三轮迭代计算

当所有节点都计算完毕并完成消息传递后，即可开始第三轮迭代。第三轮迭代同理，计算过程如图 9-16 所示。

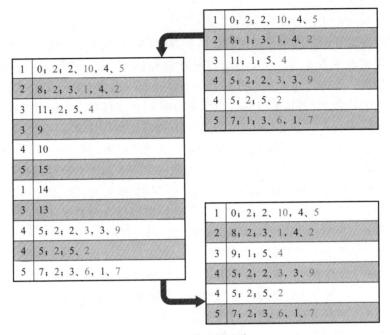

图 9-16　第三轮迭代

（4）第四轮迭代计算

第三轮迭代之后仍有节点需要进一步计算，同理即开始第四轮迭代。第四轮迭代之后的结果如图 9-17 所示。

1	0；2；2、10、4、5
2	8；2；3、1、4、2
3	9；2；5、4
4	5；2；2、3、3、9
4	5；2；5、2
5	7；2；3、6、1、7

图 9-17　第四轮迭代

如图 10-17 所示，由于此时所有节点的计算标记位均为 2，即都完成了计算，集群中所有节点不会再进行计算，也不会再产生新消息，各个节点的状态也就不会再发生更新。此时图计算执行完毕，最后轮次的结果作为最终结果输出。

思考题

1. 图计算的处理对象是什么？什么是图？
2. 什么是无向图，什么是有向图？什么是图解？
3. 什么是子图？什么是顶点的邻域？什么是顶点的度？
4. 什么是图的关联矩阵，什么是图的邻接矩阵？
5. 图计算的基本过程是什么？
6. 什么是 BSP 模式、异步模式和 SSP 模式？这些模式有什么作用？
7. 什么是高阶顶点？为什么高阶顶点计算容易成为图计算的瓶颈？
8. 什么是点切分？什么是边切分？

实验 4 传播效果分析练习

微视频：
图数据计算
练习

舆情传播、疫情传播等传播效果分析预测是社交网络、公共卫生等领域的一个重要应用。在这类应用场景中，首先需要建立一个传播模型，常见的传播模型是以图模型为基础。以舆情传播为例，舆情传播建立在社交网络基础之上，以用户和好友关系为基础，在点和边上增加属性权重，比如兴趣分类和传播因子，说明某用户发表一类消息后，平均经过多少时长其某个好友会看到该消息，并且该好友看到消息后有多大概率会转发使其继续传播下去。这样，经过一段时间传播之后，可以通过图计算推衍某舆情在整个社交网络上的传播效果。也可以分析如果增加某种管控措施对图结构进行改变，例如关闭某些用户的发帖功能，或者对一些信息进行过滤使得某些用户无法看到，与未加管控前的传播效果进行对比，推衍管控措施对舆情在整个社交网络上传播效果的影响。

本实验以舆情传播的效果分析为例，通过有向图表示社交关系，顶点代表用户，边代表传播途径，传播途径的建立基于好友关系。现实中转发概率需要经过宏观统计得出，更为复杂精细化的处理是针对不同类型的消息设定不同的转发概率和免疫概率。转发概率如果非 100%，可以在每次收到消息后通过产生一个 0-1 的随机数并判断其是否小于或等于转发概率来决定是否转发。免疫概率是指收到一次消息后，再次收到消息时按照何种方式处理。100% 免疫表示收到一次消息后再次收到时完全不予理会，0% 免疫表示每次收到消息后都与第一次收到消息一样的方式处理。为简化问题，本实验假设转发概率为 100%，免疫概率 100%，即看到消息后一定会转发，不会重复转发消息，边上的权值代表平均转发时间。本实验构建的一个小型传播模型如图 sy4-1 所示。基于该传播模型，当 1 号人员发布一个信息时，求解经过时间 N 以后该信息的传播情况。

针对该问题，一种求解方式是染色法。根据图的连接关系，当前信息是从

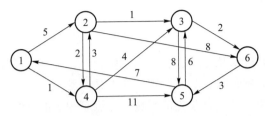

图 sy4-1　传播模型示例

1 号顶点产生，因此首先将 1 号顶点染色，例如染成红色。然后进行时间推移，时间 1 以后根据传播概率传播到 4 号顶点，将 4 号顶点染色。每个顶点被染色后进入激活状态，随着时间推移，根据边上权值判断是否需要产生消息传播到相连顶点，顶点收到消息后根据免疫概率和传播概率判断自己是否被染色以及是否要继续传播。这样经过时间 N 以后可以看到整个网络上的传播效果。

　　另一种求解方法是采用迪杰斯特拉算法，使用该算法求解出的是 1 号顶点信息产生后传播到各个顶点所用的时间。在求解过程中，考虑传播概率和免疫概率在产生消息时，增加一个概率判定环节判定是否产生信息。使用迪杰斯特拉算法求解出最终结果后，时间小于或等于 N 的顶点是在经过时间 N 以后被传播的顶点，时间大于 N 的顶点是经过时间 N 以后整个网络上未被传播的结果。

　　由于本实验中假设转发概率为 100%，免疫概率 100%，因此进行传播模拟时，是否传播是固定的，多次模拟的结果完全相同。在实际应用场景下，进行更为复杂精细化的模拟时，因有转发概率和免疫概率，可能由于概率判定时随机数的差异导致两次模拟结果并不相同，此时可以通过多次模拟取平均的方式在一定程度上消除随机影响。

第 10 章　典型存储与计算框架

在前面章节中介绍了云存储与批量计算、流式计算以及图计算的基本原理。本章将简要介绍业界常用的代表性的开源存储与计算框架，包括 Hadoop、Spark、Storm、Kafka、MongoDB、Redis、Neo4j 和 Elasticsearch。

10.1　Hadoop 框架

10.1.1　Hadoop 简介

Hadoop 软件框架能够使用简单的编程模型在计算机集群中分布式处理大型数据集[66]，旨在从单个服务器扩展到数千台机器，每台机器都提供本地计算和存储。Hadoop 本身不是依靠硬件来提供高可用性，而是被设计用于检测和处理应用层的故障，因此在计算机集群之上提供高可用性服务。

微视频：
Hadoop

Hadoop 起源于开源的网络搜索引擎项目 Apache Nutch，早期包含一个网页爬取工具和搜索引擎系统。随着爬取网页文件数量的增多和搜索计算任务的增加，Nutch 缺少一个可扩展的架构支持集群化实现。借鉴 GFS，Nutch 实现了一个开源的分布式文件系统 NDFS(Nutch distributed file system)。2005 年 Nutch 实现了一个 MapReduce 系统，同年完成了 Nutch 所有主要算法的 MapReduce + NDFS 移植。后来，MapReduce+NDFS 还可用于实现除搜索以外的其他批量计算任务。2006 年 MapReduce+NDFS 从 Nutch 中移出成为 Hadoop。

Hadoop 包含三大核心组件：

① Hadoop 分布式文件系统(Hadoop distributed file system，HDFS)：提供对应用程序数据高吞吐量访问的分布式文件系统。

② Hadoop MapReduce：用于并行处理大型数据集的系统。

③ Hadoop YARN：用于作业调度和集群资源管理的资源管理器。

此外，Hadoop 还包含其他一些组件：

① Hadoop Common：支持其他 Hadoop 模块的通用工具。

② HBase：基于 Hadoop 的分布式列族数据库。

③ ZooKeeper：分布式集群一致性协调工具。

④ Hadoop Streaming：对 MapReduce 进行扩展，允许用户提交其他语言编

写的可执行程序，作为 MapReduce 中的 Mapper 或者 Reducer 在 MapReduce 架构中执行。

⑤ Hive：基于 Hadoop 实现的一个数据仓库工具，基于 MapReduce 实现 HiveQL 语句的执行。

⑥ Pig：包含数据流语言 Pig Latin 和基于 Hadoop 的 Pig Latin 运行环境。

⑦ Mahout：面向 Hadoop 的机器学习分析工具。

下面将对 Hadoop 的核心组件和数据库组件进行介绍。

10.1.2　Hadoop 分布式文件系统 HDFS

Hadoop 分布式文件系统（HDFS）被设计成适合运行在通用硬件（commodity hardware）上的分布式文件系统。它和现有的分布式文件系统有很多共同点，但区别也很明显。HDFS 是一个高度容错性的系统，适合部署在廉价的机器上。HDFS 能提供高吞吐量的数据访问，非常适合大规模数据集上的应用，并且放宽了一部分 POSIX 约束，以实现流式读取文件系统数据的目的。

1. HDFS 架构

HDFS 采用一主多辅式架构。如图 10-1 所示，一个 HDFS 集群是由一个主节点 Namenode 和一定数目的辅节点 Datanode 组成。Namenode 是一个中心服务器，负责管理文件系统的名字空间（namespace）以及客户端对文件的访问。Datanode 一般是一个节点，负责管理存储。HDFS 暴露了文件系统的名字空间，用户能够以文件的形式在上面存储数据。从内部看，一个文件其实被分成一个或多个数据块，这些块存储在一组 Datanode 上。Namenode 执行文件系统的名字空间操作，比如打开、关闭、重命名文件或目录，并负责确定数据块到具体 Datanode 节点的映射。Datanode 负责处理文件系统客户端的读写请求，在 Namenode 的统一调度下进行数据块的创建、删除和复制。

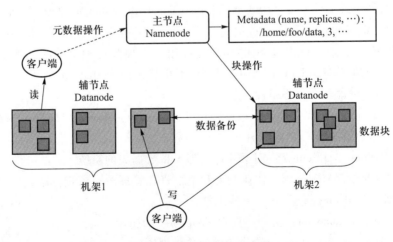

图 10-1　HDFS 架构示意图

对比第 6 章 6.2 节中介绍的分布式文件系统，HDFS 与 GFS 的架构非常相似，可以将其看作是 GFS 系统的一个开源实现。HDFS 中的 Namenode 对应于 GFS 中的主节点 Master，Datanode 对应于 GFS 中的辅节点 Chunkserver。

2. HDFS 的读文件流程

HDFS 的读文件流程如下：

① 客户端调用 DistributedFileSystem 对象的 open( )方法读取文件。

② DistributedFileSystem 对象通过远程过程调用（RPC）联系 Namenode，得到所有数据块信息。对每个数据块，namenode 返回存有该块副本的 Datanode 地址，并且这些 Datanode 根据它们与客户端的距离进行排序。

③ DistributedFileSystem 类返回一个 FSDataInputStream 对象给客户端并读取数据。

④ 客户端对 FSDataInputStream 对象调用 read( )方法读取数据。

⑤ FSDataInputStream 对象连接距离最近的 Datanode 读取数据，并在数据读取完毕时关闭与该 Datanode 的连接，然后寻找下一个块的 Datanode。

⑥ FSDataInputStream 对象可能并行读取多个 Datanode，当客户端完成读取时，对 FSDataInputStream 对象调用 close( )方法。

3. HDFS 的写文件流程

HDFS 的写文件流程如下：

① 客户端调用 DistributedFileSystem 对象的 create( )方法创建文件。

② DistributedFileSystem 对象通过远程过程调用联系 Namenode，Namenode 执行各种检查确保待建立的文件不存在，且客户端拥有创建该文件的权限。

③ 如果检查通过，Namenode 为新文件创建一条记录，否则抛出一个 IOException 异常。

④ DistributedFileSystem 对象给客户端返回一个 FSDataOutputStream 对象进行写数据。

⑤ FSDataOutputStream 对象将待写入数据分成数据包并写入内部队列 dataqueue。

⑥ DataStreamer 对象处理 dataqueue，根据 Datanode 列表要求由 Namenode 分配适合的新块存储数据备份。

⑦ Namenode 分配的数据备份 Datanode（通常 3 个）形成一个管线，由 DataStreamer 对象将数据包传输给管线中的第一个节点，该节点存储完之后发送给第二个节点，以此类推。

衡量两个节点之间的带宽通常很难简单实现，Hadoop 通过网络拓扑结构来衡量节点间的网络距离。将整个网络看作是一棵树，节点间的网络距离是节点到其最近的共同祖先的距离和，例如同一物理机上的不同节点、同一机架上的不同节点、同一数据中心中不同机架的节点，以及不同数据中心的节点等。

在进行数据备份的选择时，数据备份分布性越高，则其效果越好，但传输代价越大。Hadoop 默认数据备份的布局为：第一个数据备份放在节点本身；第二个数据备份放在与第一个数据备份不同，并且是随机选择的机架中的节点；

第三个数据备份放在与第二个数据备份相同的机架，但随机选择的节点上；其他数据备份放在集群中随机选择的节点上，同时考虑节点的存储负载和访问负载。

10.1.3　Hadoop MapReduce 框架

Hadoop MapReduce 是一个使用简易的软件框架，基于它写出来的应用程序能够运行在由上千台商用机器组成的大型集群上，并以一种可靠容错的方式并行处理 TB 级别的数据集[67]。

一个 MapReduce 作业(job)通常会把输入的数据集切分为若干独立的数据块，由 Map 任务(task)以完全并行的方式进行处理。框架会对 Map 的输出先进行排序，然后把结果输入给 Reduce 任务。通常作业的输入和输出都会被存储在文件系统中。整个框架负责任务的调度和监控，以及重新执行已经失败的任务。MapReduce 框架和分布式文件系统通常是运行在一组相同的节点上，也就是说，计算节点和存储节点通常在一起。这种配置允许框架在那些已经存好数据的节点上高效地调度任务，从而更高效地利用整个集群的网络带宽。

早期的 MapReduce 框架由一个作业追踪器 JobTracker 和若干个任务追踪器 TaskTracker 组成。JobTracker 负责监控和管理提交到集群的各个作业，将作业划分成 Map 任务或者 Reduce 任务由计算节点(worker)完成。每个具体的计算节点上安装有 TaskTracker 负责管控本节点上执行的任务，分配资源执行并向 JobTracker 汇报执行情况。使用 Hadoop YARN 组件的 MapReduce 框架由一个单独的 Master ResourceManage、每个集群节点的一个 Worker NodeManager 和每个应用程序的 MRAppMaster 组成。应用程序指明输入/输出的位置(路径)，并通过实现合适的接口或抽象类提供 Map 和 Reduce 函数，再加上其他作业的参数，构成作业配置(job configuration)。然后，Hadoop 的作业客户端提交作业(jar 包/可执行程序等)和配置信息给 ResourceManager，后者负责分发这些软件和配置信息给计算节点、调度任务并监控其执行，同时提供状态和诊断信息给作业客户端。

应用程序通常实现 Mapper 和 Reducer 接口以提供 Map 和 Reduce 方法，它们组成作业的核心。

1. Mapper 接口

Mapper 将输入键值对(key-value 对)映射到一组中间格式的键值对集合。Map 是一类将输入记录集转换为中间格式记录集的独立任务，这种转换的中间格式记录集不需要与输入记录集的类型一致。一个给定的输入键值对可以映射成 0 个或多个输出键值对。

Hadoop MapReduce 框架为每一个 InputSplit 产生一个 Map 任务，而每个 InputSplit 是由该作业的 InputFormat 产生的。概括地说，Mapper 的实现需要通过 Job. setMapperClass(class)方法。然后，框架为这个任务的 InputSplit 中每个键值对调用一次 Map(WritableComparable，Writable，Context)操作。应用程序可以

通过重写 cleanup(Context)方法来执行任何需要的清理工作。

输出键值对不需要与输入键值对的类型一致。一个给定的输入键值对可以映射成 0 个或多个输出键值对。通过调用 context. write(WritableComparable, Writable)可以收集输出的键值对。应用程序可以使用 Counter 报告其统计信息。框架随后会把与一个给定输出 key 关联的所有中间过程的值 value 分成组，然后把它们传给 Reducer 以产出最终的结果。用户可以通过 Job. setGroupingComparatorClass(Class)来指定具体负责分组的 Comparator。

2. Reducer 接口

Mapper 的输出被排序后，就被划分给每个 Reducer。分块的总数目和一个作业的 Reduce 任务的数目是一样的。用户可以通过实现自定义的 Partitioner 来控制哪个 key 被分配给哪个 Reducer。用户可选择通过 Job. setCombinerClass(Class)指定一个 Combiner，它负责对中间过程的输出进行本地聚集，这会有助于降低从 Mapper 到 Reducer 的数据传输量。这些被排好序的中间过程的输出结果保存的格式是(key-len, key, value-len, value)，应用程序可以通过 job configuration 控制对这些中间结果是否进行压缩以及怎么压缩、使用哪种 CompressionCodec 等。

Reducer 将与 key 关联的一组中间数值集归约为一个更小的数值集。用户可以通过 Job. setNumReduceTasks(int)设定一个作业中 Reduce 任务的数目。概括地说，对 Reducer 的实现者需要重写 Job. setReducerClass(Class)方法，目的是完成 Reducer 的初始化工作。

然后，框架为成组的输入数据中的每个<key, (list of values)>对调用一次 Reduce(WritableComparable, Iterable<Writable>, Context)方法。之后，应用程序可以通过重写 cleanup(Context)来执行任何需要的清理工作。

Reducer 有 3 个主要阶段：Shuffle、Sort 和 Reduce。

① Shuffle。Reducer 的输入就是 Mapper 已经排好序的输出。在这个阶段，框架通过 HTTP 为每个 Reducer 获得所有 Mapper 输出中与之相关的分块。

② Sort。在这个阶段，框架将按照 key 的值对 Reducer 的输入进行分组(因为不同 Mapper 的输出中可能会有相同的 key)。Shuffle 和 Sort 两个阶段是同时进行的，Map 的输出也是一边被取回一边被合并的。

③ Reduce。在这个阶段，框架为已分组的输入数据中的每个<key, (list of values)>对调用一次(WritableComparable, Iterable<Writable>, Context)方法。Reduce 任务的输出通常是通过调用 Context. write(WritableComparable, Writable)写入文件系统的。应用程序可以使用 Counter 报告其统计信息。Reducer 的输出是没有排序的。

10.1.4 Hadoop YARN 资源管理器

早期的 Hadoop MapReduce 使用作业追踪器 JobTracker 和任务追踪器 TaskTracker 进行 MapReduce 计算管理，集群采用一主多辅式架构部署，JobTracker

部署在主节点负责计算集群的管控工作，TaskTracker 部署在辅节点负责具体计算任务的管控工作。这种方式简单易行，在初期得到广泛应用，但随着集群的逐步扩大，该方式逐渐暴露出一系列问题：

① JobTracker 是整个 MapReduce 的集中处理点，存在单点故障。

② JobTracker 完成了太多的任务，尤其是监控作业的运行情况造成了过多的资源消耗，当集群中同时存在大量 MapReduce 作业时，会造成主节点很大的内存开销，也潜在增加了 JobTracker 失效的风险。经过业界实践，传统部署方式的 Hadoop MapReduce 计算集群约在 4 000 节点时主机就到达了扩展上限。

③ TaskTracker 把计算节点的资源强制划分为 Map 任务槽（slot）和 Reduce 任务槽，并按任务类型进行分配。该分配的优点是避免了大量 Map 任务到来后占用 Worker 节点的全部资源的情况，而这种占用全部资源的情况会导致后续 Reduce 任务由于缺少资源无法进行而使集群作业执行陷入一种类似死锁的状态。但其缺点是如果只有 Map 任务或者只有 Reduce 任务时，会造成资源的浪费。

④ TaskTracker 以 Map/Reduce 任务的数目作为资源的表示过于简单，没有考虑到 CPU 或内存的占用情况。如果两个大内存消耗的任务被调度到一起时，容易导致 Java 虚拟机（JVM）内存不足而抛出 java. lang. OutOfMemoryError 错误。

由于 Hadoop 是一个开源的项目，MapReduce 框架由诸多小的程序包组成，这些小程序包由不同的开发组人员进行代码维护和变化升级，当框架有任何变化，例如 bug 修复或性能提升时，都会强制让分布式集群系统的每一个用户端同时进行系统级别的升级更新。系统的源代码随着不断地更新补丁而变得越来越难以维护，增大了潜在的 bug 风险。

Hadoop YARN（yet another resource negotiator）是一种新的 Hadoop 资源管理器。它是一种通用资源管理系统，可为上层应用提供统一的资源管理和调度。它的引入为集群在利用率、资源统一管理和数据共享等方面带来了巨大好处[67]。YARN 架构如图 10-2 所示。

相较于传统的 MapReduce 框架的资源管控，YARN 将原框架中核心的 Job-Tracker 和 TaskTracker 拆分成资源管理器 ResourceManager、应用主程序 ApplicationMaster 与节点管理器 NodeManager 三部分。

① ResourceManager 仍然是一主多辅式的中心服务，它负责作业与资源的调度，接收作业提交者提交的作业，按照作业的上下文（context）信息以及从 NodeManager 收集来的状态信息，调度、启动每一个作业所属的 ApplicationMaster 并监控其存在情况。

② ApplicationMaster 负责一个作业生存周期内的所有工作，包括任务的监控、重启等。每一个作业都有一个 ApplicationMaster，整个集群可能同时运行多个作业，也就同时存在多个 ApplicationMaster。ApplicationMaster 虽然负责作业的管控，但部署时可以分散部署在 ResourceManager 以外的机器上，每个具体执行任务的节点上均可部署若干 ApplicationMaster。

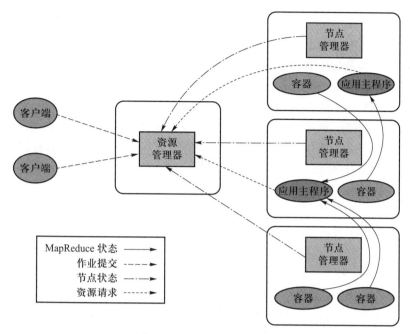

图 10-2　YARN 架构示意图

③ NodeManager 负责节点的内部资源管理。资源被划分成容器(container)，NodeManager 负责节点内各个容器状态的维护，并与 ResourceManager 保持心跳。

YARN 的优点在于减少了一主多辅式架构下唯一管控主节点的负载压力和资源消耗(原 JobTracker 即为现 ResourceManager)，将监控每一个作业的工作分布式化。在原框架中，JobTracker 的主要负担之一就是监控作业下各个任务的运行状况，现在这部分工作交由 ApplicationMaster 完成。ApplicationMaster 可以有多个，分别部署在不同的节点上。在 ResourceManager 中有一个 ApplicationsMaster 模块用来监控各个 ApplicationMaster 的运行状况，如果出现问题，将会其在其他机器上重启。这样使得主节点的监控级别更高，所需监控的内容更少，从而使得整个集群的扩展性更强。

在 YARN 中对于资源的表示以内存为单位，比之前的以剩余槽的数目为单位更加合理。资源在 YARN 中以容器的方式进行组织，容器能够更好地对资源进行隔离，目前提供针对 Java 虚拟机内存的隔离，未来后续还可以支持更多种类的资源调度和控制，同时也能够避免 Map Slot/Reduce Slot 作为资源单位时由于所需资源类型不同而导致的虽然有闲置资源但无法使用的情况。

10.1.5　Hadoop HBase 数据库

当需要对大数据进行随机、实时的读写访问时，可选择使用 HBase 数据库。HBase 是一种开源、分布式、版本化的非关系数据库，正像 Google Bigtable

（用于结构化数据的分布式存储系统）利用了 Google 文件系统提供的分布式数据存储一样，HBase 在 Hadoop 和 HDFS 之上提供了类似于 Bigtable 的功能。

在 HBase 中虽然也使用了"表"的概念，但不同于关系数据库，HBase 不支持 SQL 以及关数据库管理系统的特性。HBase 实质上是一张极大的、非常稀疏的存储在分布式文件系统上的表。表中每行数据有一个可排序的关键字和任意列项，字符串、整数、二进制串甚至串行化的结构都可以作为行键。表按照行键的"逐字节排序"顺序对行进行有序化处理。表内数据非常稀疏，不同行的列数目完全可以大不相同。列使用族（family）来定义，使用"族：标签"的形式，族和标签都可为任意形式的串，物理上将同"族"数据存储在一起，数据可通过时间戳区分版本。表按照水平的方式划分成一个或多个区域（region），每个区域都包含一个随机 ID，区域内的行也是按行键有序的。最初每张表包含一个区域，当表增大超过阈值后，这个区域被自动分割成两个相同大小的区域，以文件方式保存在分布式文件系统中，从而以分布式的方式分布在集群内。

HBase 是一种 NoSQL 数据库，采用一主多辅式架构支持分布式部署。主节点为主服务器 Masterserver，负责整个数据库的管控，包括管理区域服务器、指派区域服务器服务特定区域以及恢复失效的区域服务器。辅节点为区域服务器 Regionserver，负责完成具体数据的存储和操作。区域服务器负责为区域的访问提供服务，维护区域的分割、数据的存储持久化，并直接为用户提供服务。HBase 集群通过增加区域服务器进行扩充。

HBase 具有以下特性：

① 强一致性读写。HBase 不是最终一致性（eventual consistency）数据存储，这让它很适合高速计数聚合类任务。

② 自动分片（automatic sharding）。HBase 表通过区域分布在集群中，数据增长时，区域会自动分割并重新分布。

③ 区域服务器自动故障转移。

④ Hadoop/HDFS 集成。HBase 支持本机外 HDFS 作为它的分布式文件系统。

⑤ MapReduce。HBase 通过 MapReduce 支持大并发处理，HBase 可以同时做源和目标。

⑥ Java 客户端 API。HBase 支持易于使用的 Java API 进行编程访问。

⑦ Thrift/REST API。HBase 也支持 Thrift 和 REST 作为非 Java 前端。

⑧ Block Cache 和 Bloom Filters。对于大容量查询优化，HBase 支持 Block Cache 和 Bloom Filters。

⑨ 运维管理。HBase 提供内置网页用于运维视角和 Java 管理扩展（Java management extensions，JMX）度量。

10.2　Spark 计算引擎

Apache Spark 是专为大规模数据处理而设计的快速通用的计算引擎[70]。

它对 Java 语言、Scala 语言、Python 语言和 R 语言提供了高层应用程序接口，并有一个经优化的支持通用执行图计算的引擎。它还支持一组丰富的高级工具，包括用于 SQL 和结构化数据处理的 Spark SQL、用于机器学习的 MLlib、用于图计算的 GraphX 和用于增量计算和流处理的 Structured Streaming。

微视频：
Spark

Spark 可以通过 Hadoop Client 库使用 HDFS 和 YARN。一些主流 Hadoop 版本的下载是预编译好的。用户也可以下载一个"Hadoop Free"二进制文件，并且可以通过设置 Spark 的 classpath 来与不同版本的 Hadoop 一起运行 Spark。Scala 和 Java 用户可以在其工程中通过 Maven 的方式引入 Spark，Python 用户可以从 PyPI 中安装 Spark。

Spark 可以在 Windows 系统和类 UNIX 系统（如 Linux、Mac OS），以及任何受支持的 Java 版本平台上运行，包括 x86_64 和 ARM64 上的 Java 虚拟机。Spark 的运行模式如图 10-3 所示。在一台机器的本地上运行时只需要安装一个 Java 环境并配置 Path 环境变量，或者让 JAVA_HOME 环境变量指向 Spark 的 Java 安装路径[70]。

local	本地模式	常用于本地开发测试，本地还分为local和local-cluster两种模式
standalone	集群模式	典型的主从模式，不过也能看出主机是有单点故障的，Spark支持Zookeeper来实现HA集群
on YARN	集群模式	运行在YARN资源管理器框架之上，由YARN负责资源管理，Spark负责任务调度和计算
on Mesos	集群模式	运行在Mesos资源管理器框架之上，由Mesos负责资源管理，Spark负责任务调度和计算
on Cloud	集群模式	比如AWS的EC2，使用这个模式能很方便地访问Amazon的S3；Spark支持多种分布式存储系统HDFS和S3、HBase等

图 10-3　Spark 的运行模式

1. Spark 的抽象概念

每个 Spark 应用都由一个驱动程序组成，该程序运行用户的主函数并在集群上执行各种并行操作。Spark 提出的主要抽象概念是**弹性分布式数据集**（resilient distributed dataset，RDD）。该数据集是一个元素的集合，被分割到集群的各个节点上并且可以被并行操作。弹性分布式数据集是从 Hadoop 文件系统（或 Hadoop 支持的其他文件系统）中的文件或驱动程序中现有 Scala 集合创建的，并对其进行转换。用户还可以要求 Spark 将弹性分布式数据集持久化在内存中，使其能够在不同的并行操作中有效地被重复使用。此外，弹性分布式数据集还可以自动从节点故障中恢复。

Spark 中的弹性分布式数据集操作分为转换（transformation）和动作（action）两类。其中转换是对弹性分布式数据集进行变换生成新的弹性分布式数据集，例如，过滤（filter）操作将一个弹性分布式数据集中的部分内容去除之后形成一个新的弹性分布式数据集。动作则是生成非弹性分布式数据集的结果或者无返回值的操作，例如计数(count)操作对弹性分布式数据集中的数据内容进行计数之后输出计数结果，通常是一个大整数。常见的弹性分布式数据集操作见表10-1 所示。

表 10-1　弹性分布式数据集操作示例

操作类型	操作名称
转换	map(f: T⇒U): RDD[T]⇒RDD[U]
	filter(f: T⇒Bool): RDD[T]⇒RDD[T]
	flatMap(f: T⇒Seq[U]): RDD[T]⇒RDD[U]
	sample(fraction: Floal): RDD[T]⇒RDD[T](Deterministic sampling)
	groupByKey(): RDD[(K,V)]⇒RDD[(K,Seq[V])]
	reduceByKey(f: (V,V)⇒V): RDD[(K,V)]⇒RDD[(K,V)]
	union(): (RDD[T], RDD[T])⇒RDD[T]
	join(): (RDD[(K,V)], RDD[(K,W)])⇒RDD[(K,(V,W))]
	cogroup(): (RDD[(K,V)], RDD[(K,W)])⇒ 　　RDD[(K,(Seq[V],Seq[W]))]
	crossProduct(): (RDD[T], RDD[U])⇒RDD[(T,U)]
	mapValues(f: V⇒W): RDD[(K,V)]⇒RDD[(K,W)](Preserves partitioning)
	sort(c: Comparator[K]): RDD[(K,V)]⇒RDD[(K,V)]
	partitionBy(p: Partitioner[K]): RDD[(K,V)]⇒RDD[(K,V)]
动作	count(): RDD[T]⇒Long
	collect(): RDD[T]⇒Seq[T]
	reduce(f: (T,T)⇒T): RDD[T]⇒T
	lookup(k: K): RDD[(K,V)]⇒Seq[V](On hash/range partitioned RDDs)
	save(path: String): Outputs RDD to a storage system

　　Spark 的第二个抽象概念是**共享变量**(shared variable)，可以在并行操作中使用。默认情况下，当 Spark 在不同的节点上以一组任务的形式并行运行一个函数时，它将函数中使用的每个变量的副本传送给每个任务。有时，一个变量需要在不同的任务之间，或者在任务和驱动程序之间共享。Spark 支持两种类型的共享变量：广播变量和累加器，前者可以用来在所有节点的内存中缓存一个值，后者是只能"添加"的变量，如计数器和总和[71]。

　　2. 用于 SQL 和结构化数据处理的 Spark SQL

　　Spark SQL 是一个用于结构化数据处理的 Spark 模块。与基本的 Spark 弹性分布式数据集应用程序接口不同，Spark SQL 所提供的接口为其提供了更多关于数据结构和正在进行的计算信息。在内部，Spark SQL 使用这些额外的信息来执行额外的优化。有几种方法可以与 Spark SQL 交互，包括 SQL 和数据集应用程序接口。当计算一个结果时，使用相同的执行引擎与使用哪种应用程序接口/语言来表达计算结果无关。这种统一可以使开发者轻松地在不同的应用程序接口之间切换，以表达特定的转换。

Spark SQL 的功能之一是执行 SQL 查询。Spark SQL 也可以被用于从现有的 Hive 环境中读取数据。当以其他编程语言运行 SQL 时，查询结果将以 Dataset/DataFrame 的形式返回。用户也可以使用命令行或者通过 JDBC/ODBC 与 SQL 接口进行交互。

① Dataset 是分布式数据集合。它是在 Spark 1.6 中添加的新接口，具有弹性分布式数据集的优点（强类型化，能够使用强大的 lambda 函数）和 Spark SQL 执行引擎的优点。一个 Dataset 可以从 Java 虚拟机对象构造，并且使用转换功能（map、flatMap、filter 等）进行操作。Dataset API 在 Scala 语言和 Java 语言中是可用的。Python 语言虽然不直接支持 Dataset API，但是可以利用其动态特性实现 Dataset API 的功能，例如可以通过数据行的 row. columnName 属性访问一行中的字段。

② DataFrame 是 Dataset 组成的指定列。它在概念上等同于关系数据库中的表或 R/Python 语言中的数据框架，但是有更丰富的优化。DataFrame 可以从大量的 source 中构造出来，例如结构化的数据文件、Hive 中的表、外部数据库或者已经存在的弹性分布式数据集。DataFrame API 可以在 Scala 语言、Java 语言、Python 语言和 R 语言中实现。在 Scala 语言和 Java 语言中，DataFrame 由 Dataset 中的多个行来表示。在 Scala API 中，DataFrame 只是 Dataset[Row]的一个类型别名；而在 Java API 中，用户需要使用 Dataset<Row>来表示一个 DataFrame[72]。

3. 用于增量计算和流处理的 Spark Streaming

Structured Streaming 是一个建立在 Spark SQL 引擎上的可扩展和容错的流处理引擎，可以使用户像表达静态数据的批处理计算一样表达流计算。Spark SQL 引擎负责增量、持续地运行，并在流式数据不断到达时更新最终结果。用户可以使用 Scala 语言、Java 语言、Python 语言或 R 语言中的 Dataset/DataFrame API 来表达流式聚合、事件时间窗口、流式批量连接等，计算是在同一个优化的 Spark SQL 引擎上执行。此外，Structured Streaming 通过检查点和预写日志提供了端到端的精确一次容错保证。简而言之，它提供了快速、可扩展、容错、端到端的精确一次流处理，用户无须对流进行推理。

在内部，默认情况下 Structured Streaming 查询是使用微批处理引擎来处理的。该引擎将数据流作为一系列小批作业来处理，从而实现低至 100 ms 的端到端延迟和精确一次的容错保证。从 Spark 2.3 开始，Spark 引入了一种新的低延迟处理模式，称为连续处理（continuous processing），它可以实现低至 1 ms 的端到端延迟，并有最少一次的保证。在不改变查询中的 Dataset/DataFrame 操作的情况下能够根据应用需求来选择模式[73]。

Spark Streaming 是核心 Spark API 的一个扩展，它能够对实时数据流进行可扩展、高吞吐量、容错的流处理。如图 10-4 所示，Spark Streaming 从 Kafka、Kinesis 或 TCP 套接字等许多来源获取数据，并对数据使用 Map、Reduce、Join 和 Window 等高级函数组成的复杂算法进行处理，最后将经过处理的数据输出到文件系统、数据库和实时仪表盘上。在数据流上还可以应用 Spark 的机器学习和图形处理算法对数据进行处理。

图 10-4　Spark Streaming[73] 的数据处理示意图

Spark Streaming 的工作原理如图 10-5 所示。Spark Streaming 接收实时输入的数据流，并将数据切分成多个批(batch)数据，然后由 Spark Engine 处理以生成最终的分批流结果。

图 10-5　Spark Streaming 的工作原理示意图[73]

Spark Streaming 提供了一个高层次的抽象，称为 Discretized Stream 或 DStream，它代表了一个连续的数据流。DStream 可以从 Kafka 和 Kinesis 等来源的输入数据流中创建，也可以通过在其他 DStream 上进行高层次操作来创建。在内部，一个 DStream 是通过一系列的弹性分布式数据集来表示的[74]。

10.3　Storm 分布式实时计算系统

微视频：
Storm

Apache Storm 是一个免费的开源分布式实时计算系统[75]。Storm 可以轻松可靠地处理无限制的数据流，就像 Hadoop 对批处理所做的那样进行实时处理。Storm 可以与任何编程语言一起使用，且有很多用例，如实时分析、在线机器学习、连续计算、分布式远程过程调用等。Storm 速度很快，基准测试显示，每个节点每秒处理的元组超过 100 万个。Storm 是可扩展的，容错的，保证数据将被处理并且易于设置和操作[75]。

Storm 集成了队列和数据库技术。Storm 拓扑消耗数据流，并以任意复杂的方式处理这些流，在计算的每个阶段之间根据对流进行重新分区。Storm 的主要概念包括：Topology(拓扑)、Stream(流)、Spout(数据源)、Bolt(数据流处理组件）、Stream Grouping（流分组）、Reliability（可靠性）、Task（任务）和 Worker Process（工作进程）。

1. 拓扑

Storm 的拓扑是对实时计算应用逻辑的封装，其作用与 MapReduce 的 job 很相似，区别在于 MapReduce 的一个 job 在得到结果之后总会结束，而拓扑会一直在集群中运行，直到用户手动去终止它。拓扑还可以理解成由一系列通过数据流分组相互关联的 Spout 和 Bolt 组成的拓扑结构。

2. 数据流

数据流是 Storm 中最为核心的抽象概念。一个数据流指的是在分布式环境中并行创建、处理的一组元组（tuple）的无界序列。数据流可以由一种能够表述数据流中元组的域（field）的模式来定义。在默认情况下，元组包含整型（integer）数字、长整型（long）数字、短整型（short）数字、字节（byte）、双精度浮点数（double）、单精度浮点数（float）、布尔值以及字节数组等基本类型对象。用户也可以通过定义可序列化的对象来实现自定义的元组类型。

在声明数据流时需要给数据流定义一个有效的 ID。不过，由于在实际应用中使用最多的还是单一数据流的 Spout 与 Bolt，这种场景下不需要使用 ID 来区分数据流，因此可以直接使用 OutputFieldsDeclarer 来定义无 ID 的数据流。系统默认会给这种数据流定义一个名为"default"的 ID。

3. 数据源

数据源 Spout 是拓扑中数据流的来源。一般 Spout 会从一个外部的数据源读取元组，然后将其发送到拓扑中。根据需求的不同，Spout 既可以定义为可靠的数据源，也可以定义为不可靠的数据源。一个可靠的数据源能够在它发送的元组处理失败时重新发送该元组，以确保所有的元组都能得到正确的处理；相对应的，不可靠的数据源在元组发送之后不会对元组进行其他处理。一个数据源可以发送多个数据流，可以先通过 OutputFieldsDeclarer 的 DeclareStream 方法来声明定义不同的数据流，然后在发送数据时在 SpoutOutputCollector 的 emit 方法中将数据流 ID 作为参数来实现数据发送的功能。

Spout 中的关键方法是 nextTuple。nextTuple 可向拓扑中发送一个新的元组，或在没有可发送的元组时直接返回 Spout 的实现。nextTuple 方法都必须是非阻塞的，因为 Storm 在一个线程中调用所有的 Spout 方法。Spout 中另外两个关键方法是 ack 和 fail，它们分别用于在 Storm 检测到一个发送过的元组已经被成功处理或处理失败后的进一步处理，ack 和 fail 方法仅对可靠的 Spout 有效。

4. 数据流处理组件

拓扑中所有的数据处理均是由数据流处理组件 Bolt 完成的。通过数据过滤、函数处理、聚合、连接、数据库交互等功能完成各种数据处理需求。Bolt 是实现拓扑功能的基本单元。一个 Bolt 可以实现简单的数据流转换，而更复杂的数据流变换通常需要使用多个 Bolt 并通过多个步骤完成。例如，将一个微博数据流转换成一个趋势图像的数据流可以包含两个 Bolt，其中一个 Bolt 用于对每个图片的微博转发进行滚动计数，另一个 Bolt 将数据流输出为"转发最多的图片"结果。

与 Spout 相同，Bolt 也可以输出多个数据流。为了实现这个功能，可以先通过 OutputFieldsDeclarer 的 declareStream 方法来声明定义不同的数据流，然后在发送数据时在 OutputCollector 的 emit 方法中将数据流 ID 作为参数来实现数据发送的功能。

在定义 Bolt 的输入数据流时，需要从其他 Storm 组件中订阅指定的数据流。如果需要从其他所有的组件中订阅数据流，就必须要在定义 Bolt 时分别注册每一个组件。对于声明为默认 ID 的数据流，InputDeclarer 支持订阅此类数据流的语法。也就是说，如果需要订阅组件"1"的数据流，declarer.shuffleGrouping("1")与 declarer.shuffleGrouping("1"，DEFAULT_STREAM_ID)两种声明方式是等价的。

Bolt 的关键方法是 execute 方法。execute 方法负责接收一个元组作为输入，并且使用 OutputCollector 对象发送新的元组。如果有消息可靠性保障的需求，Bolt 必须为它所处理的每个元组调用 OutputCollector 的 ack 方法，以便 Storm 能够了解元组是否处理完成，并且最终决定是否可以响应最初的 Spout 输出元组树。一般情况下，对于每个输入元组，在处理之后可以根据需要选择不发送还是发送多个新元组，然后再响应输入元组。IBasicBolt 接口能够实现元组的自动应答。

5. 数据流分组

为拓扑中的每个 Bolt 确定输入数据流是定义一个拓扑的重要环节。数据流分组定义了在 Bolt 的不同任务中划分数据流的方式。在 Storm 中有 8 种内置的数据流分组方式，而且还支持通过 CustomStreamGrouping 接口实现自定义的数据流分组模型。8 种分组方式如下：

① 随机分组(shuffle grouping)。这种方式下元组会被尽可能随机地分配到 Bolt 的不同任务中，使得每个任务所处理的元组数量能够保持基本一致，以确保集群的负载均衡。

② 域分组(field grouping)。这种方式下数据流根据定义的"域"来进行分组。例如，如果某个数据流是基于一个名为"user-id"的域进行分组的，那么所有包含相同"user-id"的元组都会被分配到同一个任务中，这样就可以确保消息处理的一致性。

③ 部分关键字分组(partial key grouping)。这种方式与域分组很相似，根据定义的域来对数据流进行分组，不同的是这种方式会考虑下游 Bolt 数据处理的均衡性问题，在输入数据源关键字不平衡时会有更好的性能。

④ 完全分组(all grouping)。这种方式下数据流会被同时发送到 Bolt 的所有任务中，也就是说同一个元组会被复制多份然后被所有的任务处理。

⑤ 全局分组(global grouping)。这种方式下所有的数据流都会被发送到 Bolt 的同一个任务中，也就是 ID 最小的那个任务。

⑥ 非分组（none grouping）。使用这种方式说明用户不关心数据流如何分组。目前这种方式的结果与随机分组完全等效，不过未来 Storm 社区可能会考虑通过非分组方式来让 Bolt 和它所订阅的 Spout 或 Bolt 在同一个线程中执行。

⑦ 直接分组（direct grouping）。这是一种特殊的分组方式。使用这种方式意味着元组的发送者可以指定下游的哪个任务接收这个元组。只有在数据流被声明为直接数据流时才能够使用直接分组方式。使用直接数据流发送元组需要使用 OutputCollector 的其中一个 emitDirect 方法。Bolt 可以通过 TopologyContext 来获取其下游消费者的任务 ID，也可以通过跟踪 OutputCollector 的 emit 方法（该方法会返回它所发送元组的目标任务的 ID）的数据来获取任务 ID。

⑧ 本地或随机分组（local or shuffle grouping）。如果在源组件的 Worker 进程中目标 Bolt 有一个或更多的任务线程，元组会被随机分配到那些同进程的任务中。换句话说，这与随机分组的方式具有相似的效果。

6. 可靠性

Storm 可以通过拓扑来确保每个发送的元组都能得到正确处理。通过跟踪由 Spout 发出的每个元组构成的元组树，可以确定元组是否已经完成处理。每个拓扑都有一个"消息延时"参数，如果 Storm 在延时时间内没有检测到元组是否处理完成，就会将该元组标记为处理失败，并在稍后重新发送该元组。为了充分利用 Storm 的可靠性机制，必须在元组树创建新结点以及元组处理完成时通知 Storm，这个过程可以在 Bolt 发送元组时通过 OutputCollector 实现，例如在 emit 方法中实现元组的锚定（anchoring），同时使用 ack 方法表明已经完成了元组的处理。

7. 任务

在 Storm 集群中每个 Spout 和 Bolt 都由若干个任务来执行。每个任务都与一个执行线程相对应。数据流分组可以决定如何由一组任务向另一组任务发送元组，可以在 TopologyBuilder 的 setSpout 方法和 setBolt 方法中设置 Spout/Bolt 的并行度。

8. 工作进程

拓扑是在一个或多个工作进程中运行。每个工作进程都是一个实际的 JVM 进程，并且执行拓扑的一个子集。例如，如果拓扑的并行度定义为 300，工作进程数定义为 50，那么每个工作进程就会执行 6 个任务，每个任务为进程内部的线程。Storm 会在所有的工作进程中分散任务，以便实现集群的负载均衡[75]。

10.4 Kafka 分布式流处理平台

Apache Kafka 是一个分布式流处理平台，可以发布和订阅流式记录，储存流式记录，以及在流式记录产生时进行处理[76]。Kafka 适用于两大类别的应用：一类是消息队列类应用，构造实时流数据管道，可以在系统或应用之间可靠地获取数据；另一类是构建实时流式处理应用，对流数据进行转换或者

微视频：
Kafka

处理。

Kafka 可以采用集群式部署进行弹性可扩展，可以运行在一台或者多台服务器上。Kafka 通过数据主题（topic）对存储的流数据进行分类，每条记录中包含一个 key、一个 value 和一个时间戳 timestamp。

1. Kafka 的核心 API

Kafka 包含以下 4 个核心 API（图 10-6）：

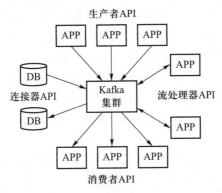

图 10-6 Kafka 集群的 4 个核心 API

① 生产者 API：允许一个应用程序发布一串流式数据到一个或者多个 Kafka 主题。

② 消费者 API：允许一个应用程序订阅一个或多个主题，并且对发布给它们的流式数据进行处理。

③ 流处理器 API：允许一个应用程序作为一个流处理器，消费一个或者多个主题产生的输入流，然后生产一个输出流到一个或多个主题中去，在输入/输出流中进行有效的转换。

④ 连接器 API：允许构建并运行可重用的生产者（producer）或消费者（consumer），将 Kafka 主题连接到已存在的应用程序或数据系统。比如，连接到一个关系数据库，捕捉表的所有变更内容。

在 Kafka 中，客户端和服务器使用一个简单、高性能、支持多语言的 TCP 协议。此协议版本化并且向下兼容老版本。Kafka 提供了基于 Java 语言的客户端，也支持许多其他语言的客户端。

2. Kafka 的主题与分区

Kafka 发布和订阅的核心概念是主题。不同主题用于标记不同的消息类别，可以用来区分业务系统的数据。Kafka 中的主题总是多订阅者模式，一个主题可以拥有一个或多个消费者来订阅其数据。物理上不同主题的消息分开存储，逻辑上一个主题的消息虽然保存于一个或多个节点上，但用户只需指定消息的主题即可生产或消费数据，而不必关心数据存于何处。对于每一个主题，Kafka 集群都会维持一个分区（partition）日志，如图 10-7 所示。

每个分区都是有序且顺序不可变的记录集，并且不断地追加到结构化的日志提交文件中。分区中的每一个记录都会分配一个 ID 号来表示顺序，称之为

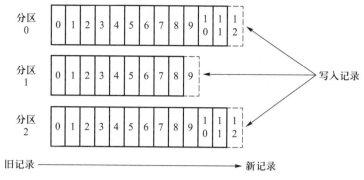

图 10-7　主题分区日志

偏移量(offset)，用来唯一地标识分区中每一条记录。Kafka 集群保留所有发布的记录(无论它们是否已被消费)，并通过一个可配置的参数(保留期限)来控制。例如如果保留策略设置为两天，即一条记录发布后两天内可以随时被消费，两天过后这条记录会被抛弃并释放磁盘空间。Kafka 的性能和数据大小无关，所以可以用于长时间存储数据。

　　事实上，在每一个消费者中唯一保存的元数据是偏移量，即消费在日志中的位置。偏移量由消费者所控制，通常在读取记录后，消费者会以线性方式增加偏移量。由于这个位置由消费者控制，所以消费者可以采用任何顺序来消费记录。例如，一个消费者可以重置到一个旧的偏移量，从而重新处理过去的数据，也可以跳过最近的记录，从指定位置开始消费。Kafka 通过这种方式降低对消费者数量的敏感性，消费者数量的增加和减少对集群或者其他消费者不会产生多大的影响。例如用户可以使用命令行工具对一些主题内容执行 tail 操作，该操作不会影响已存在的消费者的消费数据。分区的读/写操作示意如图 10-8 所示。

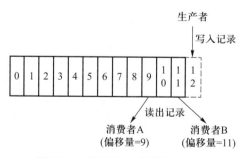

图 10-8　分区的读/写操作示意图

　　Kafka 通过主题下的分区实现扩展，当主题日志大小超过单台服务器的限制时，允许日志进行扩展。每个单独的分区都受限于本地存储主机的文件限制，但是一个主题可以包含多个分区，因此主题理论上可以包含无限量的数据。日志的分区分布在 Kafka 集群的服务器上。每个服务器在处理数据和请求时，共享这些分区。每一个分区都会在已配置的服务器上进行备份，确保容错性。每个分区都有一台主服务器，有零台或者多台从服务器。主服务器处理一切对分区的读写请求，而从服务器只需被动地同步主服务器上的数据。当主服务器宕机时，从服务器中的一台服务器会自动成为新的主服务器。每台服务器都会成为某些分区的主服务器和某些分区的从服务器，因此集群的负载是平衡的。

生产者可以将数据发布到所选择的主题中，并负责将记录分配到主题的某一个分区中。可以使用循环方式来简单地实现负载均衡，也可以根据某些语义分区函数（例如记录中的 key）来完成。

消费者使用一个消费者组（consumer group）名称来进行标识，发布到主题中的每条记录被分配给订阅消费者组中的一个消费者实例。消费者实例可以分布在多个进程中或者多台机器上。如果所有消费者实例在同一消费者组中，消息记录会负载平衡到每一个消费者实例；如果所有消费者实例在不同的消费者组中，每条消息记录会广播到所有的消费者进程。

如图 10-9 所示，如果一个 Kafka 集群有两台服务器、4 个分区（P0—P3）和两个消费者组。消费者组 A 有两个消费者，消费者组 B 有 4 个消费者。通常情况下，每个主题都会有一些消费者组，一个消费者组对应一个"逻辑订阅者"。一个消费者组由多个消费者实例组成，便于扩展和容错。在 Kafka 中实现消费的方式是将日志中的分区划分到每一个消费者实例上，以便在任何时间每个实例都是分区唯一的消费者。维护消费者组中的消费关系由 Kafka 协议动态处理。如果新的实例加入组，它们将从组中其他成员处接管一些分区；如果一个实例消失，其拥有的分区将被分发到剩余的实例。Kafka 只保证分区内的记录是有序的，而不保证主题中不同分区的顺序。

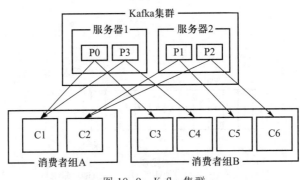

图 10-9　Kafka 集群

生产者发送到特定主题分区的消息将按照发送的顺序处理。也就是说，如果记录 M1 和记录 M2 由相同的生产者发送，并先发送 M1 记录，那么 M1 的偏移量比 M2 小，并在日志中较早出现。一个消费者实例按照日志中的顺序查看记录。对于具有 N 个副本的主题，Kafka 最多容忍 $N-1$ 个服务器故障，从而保证不会丢失任何提交到日志中的记录。

传统队列在服务器上保存有序的记录，如果有多个消费者消费队列中的数据，服务器将按照存储顺序输出记录。虽然服务器按顺序输出记录，但是记录被异步传递给消费者，因此记录可能会无序地到达不同的消费者。这意味着在并行消耗的情况下，记录的顺序是丢失的。因此消息系统通常使用"唯一消费者"的概念，即只让一个进程从队列中消费，但这就意味着不能并行地处理数据。Kafka 主题中的分区是一个并行的概念。Kafka 能够为一个消费者组提供顺序保证和负载平衡，通过将主题中的分区分配给消费者组中的消费者实现，以便每个分区由消费者组中的一个消费者消耗。这样能够确保消费者是该分区的唯一读者，并按顺序消费数据。众多分区保证了多个消费者实例间的负载均衡。同一主题的一条消息只能被同一个组内的一个消费者消费，但多个消费者组可同时消费这一消息。消费者组里的消费者和主题的分区按照 ID 顺序进行消费，如果分区数比消费者数少，则 ID 数超过分区数的消费者无法获取数据。

3. Kafka 的实时流处理

Kafka 不仅可以用来读写和存储流式数据，最终目的是能够进行实时的流处理。在 Kafka 中，流处理器不断地从输入的主题获取流数据，处理数据后，再不断生产流数据到输出的主题中去。例如，零售应用程序可能会接收销售和出货的输入流，经过价格调整计算后，再输出一串流式数据。简单的数据处理可以直接用生产者和消费者的应用程序接口；对于复杂的数据变换，Kafka 提供了流处理器 API。流处理器 API 允许应用做一些复杂的处理，比如将流数据聚合或者连接，这一功能有助于解决诸如处理无序数据、当消费端代码变更后重新处理输入、执行有状态计算等问题。流处理器 API 建立在 Kafka 的核心之上，它使用生产者和消费者应用程序接口作为输入，使用 Kafka 进行有状态的存储，并在流处理器实例之间使用相同的消费者组机制来实现容错。

通过组合存储和低延迟订阅，流式应用程序可以用同样的方式处理过去和未来的数据。一个单一的应用程序可以处理历史记录的数据，并且可以持续不断地处理以后到达的数据，而不是在到达最后一条记录时结束进程。这是一个广泛的流处理概念，其中包含批处理以及消息驱动应用程序。同样，作为流数据管道，能够订阅实时事件使得 Kafka 具有非常低的延迟；同时 Kafka 还具有可靠存储数据的特性，可用来存储重要的数据或者与离线系统进行交互，系统可间歇性地加载数据，也可在停机维护后再次加载数据。流处理功能使得数据可以在到达时转换数据。

10.5 其他框架

本节介绍其他几种典型的存储与计算框架，包括 MongoDB 开源数据库、Redis 开源存储系统、Neo4j 图形数据库以及 Elasticsearch 搜索和分析引擎。

1. MongoDB 开源数据库

MongoDB 是由 C++语言编写的基于分布式文件存储的开源数据库系统[77]。

MongoDB 将数据存储为一个结构化文档，其数据结构由键值对组成（图 10-10）。MongoDB 文档类似于 JSON 对象，其字段值可以包含其他文档、数组及文档数组。

```
{
    name: "sue",                          ←—— field: value
    age: 26,                              ←—— field: value
    status: "A",                          ←—— field: value
    groups: [ "news", "sports" ]          ←—— field: value
}
```

图 10-10　MongoDB 数据结构示例

用户可以通过在 MongoDB 记录中设置属性索引来实现更快的排序，并且可以通过本地或者网络创建数据镜像，使得 MongoDB 有更强的扩展性。如果负载增加，需要更多的存储空间和更强的处理能力，可以将文本按结构进行切片，形成分片分布在计算机网络中的其他节点上。

在高负载的情况下，MongoDB 可以通过添加更多的节点横向扩展保证集群性能。MongoDB 旨在为 Web 应用提供可扩展的高性能数据存储解决方案。

MongoDB 支持丰富的查询表达式，其查询指令使用 JSON 形式的标记，可查询文档中内嵌的对象及数组。MongoDB 使用 update( ) 命令实现替换完成的文档（数据）或者一些指定的数据字段。MongoDB 中的 Map/Reduce 主要用来对数据进行批量处理和聚合操作。Map 函数调用 emit(key, value) 遍历集合中所有的记录，将 key 与 value 传给 Reduce 函数进行处理。Map 函数和 Reduce 函数使用 JavaScript 编写，可以通过 db. runCommand 或 mapreduce 命令来执行 MapReduce 操作。GridFS 是 MongoDB 中的一项内置功能，可用于存放大量的小文件。MongoDB 允许在服务端执行脚本，可以用 JavaScript 编写函数并直接在服务端执行，也可以把函数的定义存储在服务端供直接调用。MongoDB 支持多种编程语言，包括 Ruby、Python、Java、C++、PHP、C#等。

2. Redis 开源存储系统

Redis(remote dictionary server) 是一个开源的内存型键值对存储系统[78,79]。Redis 的所有操作都是原子性的，同时 Redis 还支持对几个操作合并后的原子性执行。Redis 使用 ANSI C 语言编写，遵守 BSD 协议，支持网络，并提供多种语言的应用程序接口。Redis 基于内存进行数据存储，因此读写效率极高。内存型存储在断电后容易造成数据损失，而 Redis 支持数据的持久化，可将内存中的数据保持在磁盘中，重启时再次加载使用。

Redis 的持久化机制包括内存快照(snapshot) 和语句追加(AOF) 两种方式。内存快照的过程如下：

① 将内存数据以二进制方式保存在快照文件中(dump. rdb)。

② 可以配置进行自动保存，例如 n 秒内超过 m 个 key 被修改就自动触发。

③ Redis 开启父子进程实现快照。

④ 父进程继续处理客户端请求，子进程将内存内容写入临时文件。

⑤ 父子进程共享相同物理页面。

⑥ 父进程进行写操作时，操作系统为父进程创建页面副本，保障子进程写入的快照数据不变。

⑦ 当子进程将快照写入临时文件完毕后，用临时文件替换原来的快照文件，然后子进程退出，保证快照文件的"新鲜度"。

内存快照只代表快照当前时刻的内存映像，在快照之后发生的各种操作并不会被记录，如果系统重启会丢失上次快照与重启之间所有的数据，为此 Redis 的持久化还包括语句追加。

语句追加将每一个收到的写命令都通过 write 函数追加到文件 appendonly.aof 中。当 Redis 重启时会通过重新执行文件中保存的写命令在内存中重建整个数据库的内容。Redis 允许用户通过配置的方式设置记录语句追加的时机。

Redis 开启父子进程实现语句追加，其过程如下：

① 子进程根据内存中的数据库快照，往临时文件中写入重建数据库状态的命令。

② 父进程继续处理客户端请求，把写命令写入原来的语句追加文件中，同时把收到的写命令缓存起来以保证子进程重写失败时不会出问题。

③ 当子进程把快照内容以命令方式写入临时文件中后，子进程发信号通知父进程，然后父进程把缓存的写命令也写入临时文件。

④ 父进程使用临时文件替换老的语句追加文件并重命名，后面收到的写命令也开始往新的语句追加文件中追加。

Redis 运行在内存中但是可以持久化到磁盘，所以在对不同数据集进行高速读写时需要权衡内存，因为数据量不能大于硬件内存。相比于磁盘上相同的复杂数据结构，Redis 在内存中操作非常简单，所以可以完成很多内部复杂性很强的任务。同时，Redis 在磁盘存储的数据格式方面是紧凑的以追加方式产生的。因为 Redis 并不需要对磁盘的数据进行随机访问，对数据的日常操作是在内存中完成，磁盘仅负责持久化，需要使用数据时重新加载到内存中使用，所以占用的磁盘存储空间相对较小。

Redis 不仅支持简单的键值对类型的数据，同时还提供字符串(string)、哈希(hash)、列表(list)、集合(set)和有序集合(sorted set)等数据结构的存储。Redis 支持数据的备份，即主从模式的数据备份。

Redis 的主从复制过程如下：

① 在设置好从库服务器后，从库建立和主库的连接，然后发送 sync 命令。

② 主库启动一个后台进程，将数据库快照保存到文件中，同时主库的主进程开始收集新的写命令并缓存起来。

③ 后台进程完成写文件后，主库就发送文件给从库，从库将文件保存到磁盘上，然后加载内存恢复数据库快照。

④ 主库把缓存的命令转发给从库，而且也会将后续收到的写命令也通过开

始建立的连接发送给从库。

⑤ 从库在连接主库时，主库会进行内存快照，然后把整个快照文件发给从库。Redis 没有类似 MySQL 的复制位置的概念，无法进行增量复制。当从库因故与主库断开连接后，重新连接时就需要重新获取整个主库的内存快照，从库的所有数据随之全部清除，然后重新建立整个内存表。这使得一方面从库恢复的时间会非常慢，另一方面也会给主库带来压力。

3. Neo4j 图形数据库

Neo4j 是一个开源的支持集群部署可扩展的高性能图形数据库[80,81]。开发者和数据工作者能够利用数据库中丰富关系的高级应用程序来创建自己的图数据应用解决方案。

Neo4j 的高性能、ACID 兼容的分布式集群架构可以根据数据和业务需求进行扩展，降低成本和硬件消耗，同时在不影响数据完整性的情况下连接数据集的性能。Neo4j 提供了鲁棒事务保证，查询响应在毫秒内完成。分析工作负载可通过单个核心服务器和读副本实现扩展。

Neo4j 允许将图形切片，切片根据业务需求、地理位置或用户延迟将数据分区到不同的服务器上。Neo4j 提供一种新的图查询语言 Cypher 支持对图数据进行查询。Cypher 语言紧凑且直观，代码量比 SQL 要精简很多。

Neo4j 支持云端部署，旨在简化云架构中的操作，通过其云原生 API（HTTP/2）、Kubernetes 集成和 Helm Charts，以及简化的服务器端路由，使应用程序的开发、部署和运维更加简单。Neo4j 提供的云服务 AuraDB 可以使开发人员立即开始云端的图数据库工作，无须管理，并可伸缩应对多种生产工作负载情况。

Neo4j 包含企业级的数据库安全性，如单点登录（SSO）、LDAP/ Directory 服务集成、安全日志以及保护传输和静止数据的强加密等，可以保证事务不丢失任何数据。基于角色的访问控制支持对所有节点、属性和关系进行细粒度的治理。

4. Elasticsearch 搜索和分析引擎

Elasticsearch 是一个分布式的免费开源搜索和分析引擎，适用于包括文本、数字、地理空间、结构化和非结构化数据等在内的多种类型的数据[82]。Elasticsearch 在 Apache Lucene 的基础上开发而成，具有简单的 REST 风格 API、分布式特性、高速度和可扩展性等特点，是 Elastic Stack 的核心组件。Elastic Stack 是一套适用于数据采集、扩充、存储、分析和可视化的免费开源工具，通常被称为 ELK Stack，其中 ELK 代指 Elasticsearch、Logstash 和 Kibana。目前 Elastic Stack 包含一系列丰富的轻量型数据采集代理，这些代理统称为 Beats，可用来向 Elasticsearch 发送数据。

Elasticsearch 支持检索多种类型的数据内容，在速度和可扩展性方都表现出色，支持多种应用。常见的应用场景包括应用程序搜索、网站搜索、企业搜索、日志处理和分析、基础设施指标和容器监测、应用程序性能监测、地理空间数据分析和可视化、安全分析、领域业务分析等。

Elasticsearch 索引指相互关联的文档集合。Elasticsearch 会以 JSON 文档的形式存储数据。每个文档都会在一组键及其对应的值之间建立联系。Elasticsearch 使用倒排索引数据结构，可快速进行全文本搜索。在索引过程中，Elasticsearch 会存储文档并构建倒排索引，以便用户实时地对文档数据进行搜索。

Elasticsearch 还有强大的内置功能（如数据汇总和索引生存周期管理），可以方便用户更加高效地存储和搜索数据。Elastic Stack 简化了数据采集、可视化和报告过程。通过与 Beats 和 Logstash 进行集成，用户能够在向 Elasticsearch 中索引数据之前轻松地处理数据。同时，Kibana 不仅可针对 Elasticsearch 数据提供实时可视化，同时还提供用户接口以便用户快速访问应用程序性能监测、日志和基础设施指标等数据。

第四部分　运行管控策略

　　本部分将学习云在运行时，集群内部如何通过管理控制策略动态组织各个节点协同工作，以保障各种情况下集群能够正常及时地响应用户请求。本部分的主要内容包括一致性保持、容错机制、任务分配算法等。

第 11 章　控制策略与保障技术

在本书第三部分我们学习到了如何通过弹性可扩展的方式实现云端数据的存储和完成各种计算任务。实现弹性可扩展架构的核心在于能够横向扩展集群，通过增加节点数量提高集群的处理能力。我们学习了分布式文件系统、批量计算、流式计算和图计算架构关于实现机理的设计和业界典型的处理框架。对于一个由多节点组成的集群，本章将主要聚焦于集群在运行过程中的管理控制，了解如何通过控制策略与保障技术使得集群可以顺利正常地工作。

11.1　一致性保持

11.1.1　CAP 理论

对于云端环境，为了向用户提供弹性可扩展的服务，通常采用集群模式进行部署。集群模式可以采用横向扩展方式，通过增加节点数量来提高集群的处理能力。集群模式实现数据的存储和计算，需要多个节点通过分布式的方式共同协作完成。在分布式环境下，满足 CAP 理论是保障系统能够正常工作的重要前提。

微视频：
CAP理论

1. CAP 理论的主要内容

分布式环境下的 CAP 理论主要包含以下三方面内容：

① 一致性(consistency)：在分布式系统中的所有数据备份，在同一时刻是否有同样的值。

② 可用性(availability)：在集群中一部分节点故障后，集群整体是否还能响应客户端的读写请求。

③ 分区容忍性(partition tolerance)：集群中的某些节点在无法联系后(无法传递消息)，集群整体是否还能继续进行服务。

在不添加任何管控策略的情况下，CAP 理论是一个三选二的矛盾，即如果满足了其中两个条件，则必然无法满足第三个条件。CAP 理论的三选二矛盾可以通过一个简单示例证明。如图 11-1 所示，集群内只有两个节点 Node1 和 Node2，两个节点内均保存有变量 a 的值，且当前 a 的值为 1。用户先在 Node1 上提交请求 req1，请求内容为将 a 赋值为 2。在此请求下，整个集群的处理流程为：Node1 处理请求，将 Node1 内的 a 置为 2，再通过节点间的通信通知 Node2 将其 a 的值置为 2。如果接下来用户在 Node2 上提交请求 req2，请求内容为读出此时 Node2 上 a 的值，则 req2 返回的 a 的取值正确结果应为 2。

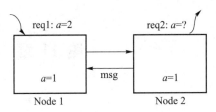

图 11-1　分布式环境下 CAP 理论示例

通过该示例，可以推导出 CAP 理论存在下面三种情况：

（1）AC→!P：A(req2 returns)，C($a=2$)

当满足可用性 A，用户提出请求 2 时集群能够立即给予响应，并且要求集群两个节点上保存的数据满足一致性，即请求 1 将 a 的取值修改为 $a=2$ 之后，请求 2 读出的 a 的取值也应该是 $a=2$，即满足一致性 C，那么意味着节点 1 通知节点 2 对 a 的取值进行修改的消息通信不能丢失，即无法满足分区容忍性 P。

（2）CP→!A：C($a=2$)，P(lose msg)

当集群两个节点上保存的数据满足一致性 C，即请求 1 将 a 的取值修改为 $a=2$ 之后，请求 2 读出的 a 的取值也应该是 $a=2$，并且节点 1 通知节点 2 对 a 的取值进行修改的消息通信当前丢失，满足分区容忍性 P，那么意味着当用户提出请求 2 时，集群不能立即给予响应，即无法满足可用性 A，由于 a 的修改并未完全完成，集群当前会对 a 进行加锁，a 的读取操作被挂起，等待节点 1 给节点 2 的消息顺利到达并且节点 2 完成修改之后，才能响应请求 2。

（3）AP→!C：A(req2 returns)，P(lose msg)

如果节点 1 通知节点 2 对 a 的取值进行修改的消息通信当前丢失，满足分区容忍性 P，用户请求到来时又必须立即响应，即满足可用性 A，则请求 2 读取的 a 的取值为 $a=1$，而由于之前请求 1 已将 a 修改为 $a=2$，意味着读取的数据并不一致，无法满足一致性 C。

对于分布式系统而言，由于 CAP 理论本身是一个三选二的矛盾，但我们又希望系统能够满足 CAP 理论的三个特性。A 意味着用户请求到来时系统需要及时响应，由于分布式环境下网络、节点可能出现各种问题，P 不可避免，保障系统满足 AP 的同时仍能满足 C 是系统管控策略需要达成的重要目标。

对于分布式系统而言，一致性 C 意味着数据首先需要被保存多份冗余，针对同一数据的多个请求分别提交在不同节点时，能够通过各种管控手段保证数据在逻辑全局上具有唯一正确的值。显然，针对不同的架构模式，管控手段相应也不同。

2. 集群的主要架构模式

由于单一节点处理效率存在瓶颈，提高单个节点的处理能力空间有限，纵向扩展难度较大，常见的解决思路是通过横向扩展的方式，即通过增加节点数量提升整个集群的处理能力。根据集群中各个节点的协作机制，目前业界的架构模式主要分为两大类，一类是有主控的架构，一类是无主控的架构。

有主控的架构中一般存在两类不同的节点，一类是主节点，另一类是非主节点。根据主节点和非主节点的任务分工，该类架构又可以分为一主多辅式架构和主从式架构。

本书前面章节介绍的分布式文件系统、计算框架等多采用一主多辅式架构。一主多辅式架构的主节点是逻辑管控节点，负责全局的逻辑管控，全局唯一，不负责具体业务的执行。例如 GFS 架构中的主节点 Master、MapReduce 架构中的主节点 Master、HDFS 中的主节点 Namenode 等。辅节点是业务逻辑执行节点，数量可变，例如 GFS 架构中的辅节点 Chunkserver、MapReduce 架构中的计算节点 Worker、HDFS 中的辅节点 Datanode 等。这种架构下，管控手段一般由主节点实现。

主从式架构常见于数据库，与一主多辅式架构不同，主从式架构的主节点负责核心业务，从节点起分流作用。单一节点部署整个库负载压力过大时，需要通过增加节点的方式来分摊节点压力。最为常见的一种分摊方式是读写分离，就同一数据而言，通常仍然只有一个库负责数据的写操作，但是可以将一份数据复制多份到从库，由从库分摊读操作，尤其是在读多写少的应用场景下，一写多读、读写分离的策略可以显著提高系统效率。主库负责数据的写操作，从库负责数据的读操作，主从数据库之间的数据同步是需要解决的核心问题。

对于无主控的架构，其各个节点的地位相等，不存在唯一主控。这种方式的优点是既可以避免由于主控节点的失效导致集群不可用，又可以避免由于主控瓶颈导致集群的扩展受到限制。但是由于不存在主控节点，整个集群的管控逻辑需要由各个节点共同完成，每个节点都需要参与管控，管控的整体执行效率相对有主控机制较低。

11.1.2 数据库主从同步机制

数据库是存储和处理数据常用的一种中间件，存储和检索数据的效率很高。业务系统使用数据库的基本操作是增、删、改、查，其中增、删、改都是写操作，查是读操作。在现实业务中，使用数据库的业务系统的主要应用场景通常都是读多写少的场景，即用户的查询请求占比较大，增、删、改请求的占比相对较少。如果用户请求量较大，单一节点部署的数据库压力过大，也可以通过增加从节点的方式分摊压力。数据库的主从分离适用于读多写少的应用场景，就单一数据而言，一般采取一写多读的方式，即由一个主库响应写请求，多个从库分摊读请求，将主库的数据变动同步到从库中去，保障从库数据读取的正确性。

本小节介绍几种常见的数据库主从控制机制，主要包括半同步复制、中间件和缓存等机制。

1. 半同步复制

如图 11-2 所示，同一份数据主库只有一个，从库可以有多个，主库响应用户的写请求，从库响应用户的读请求。当用户对主库发送写请求时，主库一方面对自己本身的数据"加锁"并进行修改，同时也向从库发送修改通知，对从库的数据也进行"加锁"。此时从库无法响应其他的读请求，从库完成自身的数据更新后向主库发送通知，表示自己的数据已经修改完毕。当主库以及所有从库均修改完毕后，主库对数据进行"解锁"，继续响应用户的其他请求。半同步复制方式中所有写操作均由主库完成，从库负责完成读操作，增加从库之后由于主库需要管控从库的同步操作，因此当从库数量增加或者从库更新延迟较大时会影响主库的更新速度。

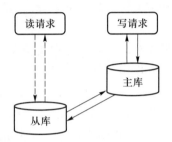

图 11-2　数据库主从控制机制——半同步复制

2. 中间件

半同步复制方式由主库负责管控整个集群的同步写，并且当写操作未完成时也无法响应读请求。虽然此时可能主库已经写完，但由于从库尚未完成更新，整个集群仍需等待。第二种常见的数据库主从控制机制是中间件。如图 11-3 所示，这种机制是由一个路由中间件对用户的请求进行管控路由分配。当写请求到来时，该请求被分配到主库，完成主库的写之后再将数据修改同步到从库，主库和从库的写操作完成都反馈给中间件。当读请求到来时也先经过中间件，由中间件判定应该到哪一个库去读。当没有任何写请求的时候，通常路由到从库响应读请求，以便分摊主库压力；如果有写操作，当前主库已经写完但从库尚未写完，则可以路由到主库响应读请求，此时主库由于已经完成了

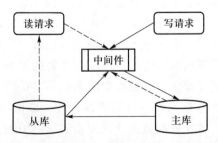

图 11-3　数据库主从控制机制——中间件

数据更新，可以继续响应读请求。这种方式由中间件完成集群的管控逻辑，通过动态路由完成对用户请求的任务分配，通常也是由主库负责响应写请求，从库负责响应读请求，但是在一些特殊情况下可以由主库响应读请求，提高集群的响应效率。

3. 缓存

由于用户请求都需要经过中间件路由，中间件如果处理效率不高，很容易成为整个集群的瓶颈。第三种常见的数据库主从控制机制是缓存，如图 11-4 所示。需要注意的是，此处的缓存与传统意义的缓存(例如文件系统缓存)作用不同，只缓存数据的标识信息而并不缓存数据的内容。缓存中只记录哪条数据被修改了，并不需要记录具体修改了哪些内容以及修改后的取值是什么。

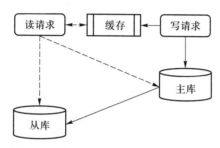

图 11-4　数据库主从控制机制——缓存

缓存与中间件虽然都可以看作是用于路由用户的读写请求，但实现方式上有所区别。中间件方式是由中间件本身进行路由逻辑判断，而缓存则是由客户端自行进行逻辑判断。当写请求到来时，首先需要将修改的数据 ID 加入缓存，然后对主库进行修改，之后再对从库进行修改。缓存中的数据可以等写操作完成后进行清除(需要一步额外的修改缓存操作)，也可以隔一段时间自行进行清除(由缓存自动完成)。当读请求到来时，首先需要到缓存中进行判定，看读取的数据在缓存中是否命中，如果命中则意味着当前有修改，那么读请求应该到主库上进行，客户端访问主库进行读操作。如果读请求来得太快，主库也没写完，那么主库自己有相应的机制来保障先写后读。如果缓存没命中则意味着数据没有修改，客户端访问从库进行读操作。

11.1.3　Quorum 同步机制

一份数据在多个节点上分别存储时，如果数据有修改，需要对多份数据进行同步。常见的同步机制有 All、One 和 Quorum 三种。

1. All 机制

All 机制是一种强一致性机制，数据虽然存储多份，但在操作逻辑上，多份数据被看作是一个整体。数据修改时，由于存在多份并分布在不同节点之上，需要对逻辑的整体进行加锁。加锁之后每个节点上的数据均被加锁，无法响应其他请求，各个节点在加锁后分别对数据进行修改，各份数据都修改完毕后统一解锁。前面数据库对数据的修改主要采用 All 机制，这种机制从解决方案的思路上看是较为容易想到的，实现难度也较低。但这种机制是一种木桶原理的机制，需要等待最慢的节点，节点数量越多时可能整体完成的时间越长。

2. One 机制

除了强一致性之外，另一种常见的一致性保证方式称为最终一致性。最终一致性是指允许在某个时刻同一份数据在各个节点的存储内容不一致，但系统会提供一些机制保障整体读写的正确以及最终数据会被同步到所有相关节点。

一种较为简单的最终一致性方案称为 One 机制。One 机制常用于冗余备份，例如单机热备。顾名思义，One 机制虽然数据存在多份，但实际使用的只有一份。例如一份主数据和一份备份数据。主数据用于响应各种读写请求，备份数据的作用是主数据的备份，当主数据节点出现故障无法访问时，系统可以切换到备份数据继续提供服务。备份数据的作用是作为主数据的候补，虽然同一份数据在系统中存在多份，但实际上发挥作用的只有主数据，用户在日常使用时的所有操作均是操作主数据。为了保证备份数据与主数据同步，主数据上执行的所有操作也需要在备份数据上执行。但是由于用户只使用主数据而并不直接使用备份数据，因此主数据在更新完毕后就可以继续提供服务而无须等待备份数据也更新完毕。这与强一致性必须等待所有数据均更新完毕后才能继续提供服务不同，可能存在某个时刻主数据已经更新完毕但备份数据尚未更新完毕，主数据和备份数据并不一致。允许这种不一致现象存在的最大优点是避免了木桶原理中需要等待最慢节点的问题，主数据更新完毕后即可继续服务，备份数据份数的增加并不会影响数据更新的效率。当然，这种不一致现象的存在并不意味着备份数据可以一直与主数据不一致，主数据上所有的操作备份数据仍然需要执行，如果主数据出现故障，备份数据需要执行完所有操作后才能替代主数据提供服务，这使得备份数据最终会与主数据一致，因此被称为最终一致性。

3. Quorum 机制

One 机制虽然能够提高数据的更新效率，但实际使用的数据仅有一份。对于横向扩展的架构，实际使用的数据有多份，为了避免强一致性下木桶原理的更新方式，Quorum 机制提供了一种多份数据同时使用情况下的最终一致性方案。Quorum 机制的核心是 Quorum 协议。

Quorum 协议：假设 N 代表数据存储的份数，W 代表一个写请求成功执行所需完成的最少份数，R 代表一个读请求成功执行所需访问的最少份数。Quorum 机制所需满足的条件是 $W+R>N$，并且 $W>N/2$。

4. 强一致性和 Quorum 机制的区别和联系

接下来，我们通过一个示例来对比强一致性和 Quorum 机制的区别和联系。

假设当前某一数据 $a=1$，该数据被存储了三份，即 $N=3$，分别存放在三个不同的节点之上。强一致性对数据的修改如图 11-5 所示。此时如果到来一个请求将数据 a 的取值从 1 修改为 2，那么需要三份数据都完成修改才意味着写操作完成，即需要满足 $W=3$。在读数据时，由于这三份数据具有强一致性，因此无论从哪个节点读都可以，即 $R=1$。

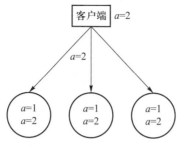

图 11-5 强一致性示例

同上例，数据 $a=1$，该数据被存储了三份，$N=3$。如果将数据 a 的取值从
1 修改为 2，对于 Quorum 机制而言，Quorum 机制属于最终一致性，无须等待
所有数据均修改完毕之后才能继续响应请求，而是只要满足 Quorum 协议即可，
如图 11-6 所示。例如设置 $W=2$ 时即可算修改完毕，由于 $W=2$ 满足 $W>N/2$ 的
条件，当有两个节点的数据修改完毕时即可继续响应其他请求。此时如果下一
个请求为读请求，为保证满足 Quorum 协议，使得 $W+R>N$，R 所需满足的最小
值为 $R=2$，即至少需要从两个节点各读取一份数据。此时如果读取的两份数据
是已经完成修改的两份数据，则这两份数据的内容应该一致，均为 $a=2$。如果
读取的两份数据中一份是已经完成修改的数据，而另一份是陈旧数据，则两份
数据的内容不一致，一份为 $a=1$ 而另一份为 $a=2$，此时可以通过诸如时间戳
等方式进行校验比对，取值以最新的数据为准，即 $a=2$。

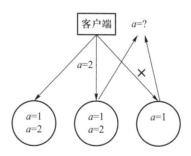

图 11-6 Quorum 机制示例

需要注意的是，Quorum 机制属于最终一致性，当有 $W>N/2$ 个节点修改完
毕即可继续响应后续请求，但并不意味着只需修改 $W>N/2$ 个节点而其余节点
无须修改。Quorum 协议的目的是避免木桶原理等待最慢节点完成，防止由于
集群节点数量增加而导致的整体效率下降，当有 $W>N/2$ 个节点给出完成反馈
后即可继续响应请求。这种方式使得由原来等待最慢的节点变成等待若干最快
的节点。Quorum 机制下进行数据修改仍然需要所有节点均进行修改，对于那
些慢节点而言，之前的请求仍需执行，并且可能存在上一写请求未完成接下来
后续写请求又到来的情况，此时对于一个节点而言，各个写请求只需要按顺序
依次执行完毕即可与其他节点保持一致。

实际上，Quorum 协议是数学中抽屉原理的一种应用。整个集群无论读写顺序如何，或者多次写之后再读，只要保证了 Quorum 协议，则意味着有超过 $N/2$ 个节点按照正确的写顺序分别依次完成了写操作，这些节点的结果是一致的并且是最新的。而在读的时候正确的结果一定包含在读出的多份结果之中，只需要进行简单的比对校验即可得知正确的结果是哪个。

参照 Quorum 机制，集群在架构设计时一方面应尽量避免木桶原理，将等待最慢的节点执行完毕转变为等待前 k 个快的节点完成，这样可以显著提高效率；另一方面提供了一种参数化配置的手段，以便适应各种情况。强一致性可以看作是满足 Quorum 协议的一个特例。强一致性虽然写复杂、效率较低，但是读简单、效率高。例如当写的占比较少且可靠性高，主要负载压力为读时，可以令 $W=N$，$R=1$，此时即为强一致性。随着写的占比提高和可靠性降低，可以通过减少 W 和增加 R 的数量使得写的效率得到提高，但是代价是读变得复杂，需要从多个节点读并且进行判定。

11.1.4　无主控分布式架构的自治投票策略 Paxos

微视频：
Paxos

数据库主从机制以及 Quorum 机制均是有主控的架构，一致性保持由主节点负责管控策略的执行。对于无主控架构，由于各个节点的地位相同，不存在唯一主节点，这种情况下需要各个节点共同完成管控策略。

Paxos[53]是一个代表性的无主控分布式架构的自治投票策略，由莱斯利·兰波特（Leslie Lamport）于 1998 年发表。对于无主控的分布式架构，为了使各个节点能够保持一致，Paxos 采用的是提案+投票方式进行解决。

1. Paxos 策略的具体内容

在 Paxos 中，针对任何信息，各个节点为了达成一致需要产生对应的提案。提出提案的节点（例如收到服务请求的节点）称为 proposer，由各个节点对提案进行投票，投票节点称为 acceptor，提案经过投票被批准后形成决议。Paxos 策略可以进一步细分为准备和批准两个阶段，其中准备阶段为发起提案和投票，批准阶段为告知投票结果和产生最终结果。

（1）准备阶段

该阶段的主要工作如下：

① proposer 选择一个提案编号 n，并将 prepare 请求发送给 acceptor 中的一个多数派。

② acceptor 收到 prepare 消息后，如果提案的编号大于它已经回复的所有 prepare 消息，则 acceptor 将自己上次的批准回复给 proposer，并承诺不再批准小于 n 的提案。

（2）批准阶段

该阶段的主要工作如下：

① 当一个 proposer 收到了多数 acceptor 对 prepare 的回复后，就进入批准阶段。它要向回复 prepare 请求的 acceptor 发送 accept 请求，包括提案编号 n 和根

据投票决定的 value(如果根据投票没有决定 value,那么它可以自由决定 value)。

② 在不违背自己向其他 proposer 承诺的前提下,acceptor 收到 accept 请求后即批准这个请求。

2. Paxos 的执行过程

接下来,我们通过一个示例来进一步了解 Paxos 的执行过程。如图11-7所示,该例中假设有 5 个节点(A1—A5)。针对某问题,A1 发布一个提案,如果没有竞争的话,即没有其他人针对同一问题发布提案,其他人也能顺利收到提案并给出反馈,那么 A1 收集了满足 Quorum 协议数量的反馈(无须等待所有反馈以便提高效率)后就可以发布决议,并通知所有人产生的投票结果。

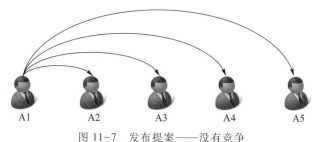

图 11-7 发布提案——没有竞争

当提案存在竞争时,例如针对某问题,A1 发布一个提案,A5 也发布提案,根据 Quorum 协议,决定权其实在收到多个提案的人(A3)手中,他的反馈决定了谁的提案会被批准,如图 11-8 所示。

图 11-8 发布提案——存在竞争

对于 A3 而言,假设先收到 A1 的提案,后收到 A5 的提案,则 A3 在处理时关键要看收到 A5 提案的时机。

如果收到 A5 提案很迟,在收到 A1 的提案并且收到 A1 的反馈之后再收到 A5 的提案,这意味着 A5 由于某种原因(之前投票掉线或者与 A1 连接存在问题等)并不知道整个集群已经关于 A1 的提案达成了共识。因为 A1 给出反馈意味着 A1 已经收到了足够多的投票,此时整个集群已经针对 A1 的提案达成了共识,因此 A3 不能同意 A5 的提案,并且需要告知 A5 投票之后的结果,使 A5 也能达成共识。

如果收到 A5 提案并不很迟,即在收到 A1 提案但未收到 A1 反馈时就收到了 A5 提案。此时 A3 可以告知 A5 别人的提案,也可不予理会(因为 A5 也可能会收到来自 A1 的提案),但不能都同意,如果都同意可能会导致同一问题有多个提案同时被通过。

为了优化，在上述 prepare 过程中，如果一个 acceptor 发现存在一个更高编号的提案，则需要通知 proposer，提醒其中断这次低编号的提案。

3. Paxos 的改进策略 Fast Paxos

Paxos 虽然是无主控情况下的自治投票策略，但在实际执行过程中不难发现，整个投票过程和形成决议实际上是由提案提出者 proposer 主持，此时 proposer 起到临时主控的作用。为了避免 proposer 故障，或者多个 proposer 同时针对同一件事情发起多个提案选举造成低效率，Paxos 的一种改进策略 Fast Paxos 过程如图 11-9 所示。

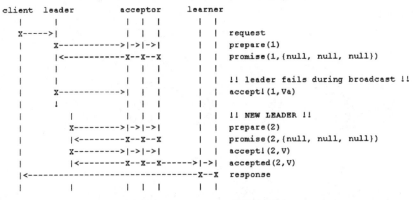

图 11-9　Fast Paxos 过程示意图

Fast Paxos 对投票角色进行了进一步细分，具有投票权可以投票的称为 acceptor，被告知决议的称为 learner，通过 learner 和 acceptor 的设置允许存在没有投票权但是可以被告知结果的节点。提案不再由任何节点均可提出，而是由 leader 负责提出提案，leader 可以通过一定机制被选举或者指定，例如节点 ID 最小者为 leader。当旧 leader 失效后产生新 leader 接替工作。

Paxos 选举的关键是一次投票最终只能产生一个结果，意味着分布式环境下各个节点达成了共识。决议（value）只有在被 proposer 提出后才能被批准，未经批准的决议称为提案（proposal）。在一次 Paxos 算法的执行实例中，只批准（chosen）一个 value，learner 只能获得被批准的 value。无论哪个节点发起提案，整个集群整体需要保持一个一致性的提案编号序列，即不允许不同节点发起两个提案拥有相同的 ID 编号。

11.1.5　实用拜占庭容错算法 PBFT

微视频：
PBFT

实用拜占庭容错算法（PBFT）于 1999 年提出[54]，与 Paxos 一样，PBFT 也是一种面向分布式环境的无主控架构的一致性共识算法。Paxos 虽然是面向无主控架构，但是在执行过程中提案的提出者实际上起到了某种代理主控的作用。与 Paxos 不同，PBFT 是一种基于广播的完全的无主控模式。

PBFT 主要包括如下基本概念：

① client：发起请求的客户端节点。

② primary：发起者，在收到客户端请求后发起信息广播。

③ backup：验证者，在收到信息广播后进行验证，然后广播验证结果进行共识。

④ view：一个发起者和多个验证者形成一个 view，在该 view 上对某个信息进行共识。

⑤ checkpoint：检查点，如果某个信息收到了超过 2/3 的确认，则称其为一个检查点。

由于采用完全无主控的模式，每个节点收到消息后需要采用广播的方式通知其他所有节点，但是该节点本身并不知道自己的通知其他节点是否收到，需要其他节点给出反馈。同理，其他节点给出反馈后也不清楚该反馈是否送达，需要节点再给出反馈以确认反馈收到。PBFT 过程与拜占庭容错过程完全一致，因此它是一个三阶段协议，如图 11-10 所示。

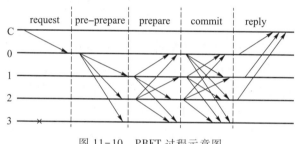

图 11-10　PBFT 过程示意图

其中：

pre-prepare：primary 收到请求，生成新信息并广播。

prepare：收到信息后，广播信息验证结果，同时等待接收超过 2/3 的节点的广播。

commit：收到 2/3 的节点广播或者超时后，再次发送广播，同时再次等待接收超过 2/3 的节点的广播。

第一次等待超过 2/3 的节点广播，是为了确认已有超过 2/3 的节点收到信息。此外节点需要再发送一次广播，告诉别的节点"我已经确认有超过 2/3 的节点收到信息"。

第二次等待超过 2/3 的节点广播，则是为了确认已有超过 2/3 的节点确认"有超过 2/3 的节点收到信息"，此时说明已经达成共识。

11.1.6　无主控架构的一致性管控方法 Gossip

Gossip 是一种基于点对点数据对齐，面向分布式环境的无主控架构的一致性管控方法。与 PBFT 类似，Gossip 也是一种完全的无主控模式。PBFT 基于广播的方式在集群中进行消息传递，每个节点将信息向集群内其他节点进行广播，这种方式相对更适合集群内节点数量不多或者信息交互不频繁的应用场景。当集群内节点数量很多并且信息交互频繁时，大量的广播会极大地占据集群内部网络带宽，导致整体性能下降。与 PBFT 不同，Gossip 不采用广播方式，而是基于点对点数据对齐/传播的方式进行最终一致性保持。

对于两个节点而言，假设为节点 A 和节点 B，如果两个节点可能存在数据不一致，那么从 A 节点角度来看，对齐两个节点数据的方式有如下三种：

① push：A 节点将本节点上的所有数据（key，value，version）推送给 B 节点，B 节点更新 A 中比自己新的数据。这种方式仅适用于 A 比 B 新的情况。

② pull：A 节点仅将本节点上数据的 key 和 version 推送给 B 节点，B 节点将本地比 A 节点新的数据（key，value，version）推送给 A 节点，A 更新本地。这种方式仅适用于 B 比 A 新的情况。

③ pull+push：A 节点将本节点上数据的 key 和 version 推送给 B 节点，B 节点将本地比 A 节点新的数据（key，value，version）推送给 A 节点，并告知 A 节点自己所需更新的内容，A 节点根据 B 节点发送来的数据更新本地数据，并根据 B 节点发送来的需求列表将本地比 B 节点新的数据推送给 B 节点，B 节点更新本地。

对于多节点而言，多节点的数据对齐在 Gossip 中采用多次两节点对齐的方式，每个节点随机向周围相邻的若干节点发起对齐，通过不断地对齐满足最终一致性。其核心算法为传染病算法（epidemic algorithm）。算法的核心思路如下：

① 将数据对齐（消息传递）看成疾病的传染过程。

② 将尚未收到过相关消息（可能需要更新数据）的节点视为易感人群。

③ 将接收消息进行对齐视作被感染。

④ 被感染后可继续传染别人（转发消息继续向其他节点对齐）。

⑤ 设置恢复和免疫机制，收到过消息后再收到可能不被感染，或者不转发消息。

Gossip 通过类似传染病蔓延的方式基于点对点进行数据对齐，在实际运行过程中，初期的扩散仅在一个小范围内，但随着时间的延长，范围将越来越大，通过设置恢复和免疫机制可以有效地减少重复对齐产生的大量无用消息，节约集群网络带宽，提高对齐效率。

Gossip 基于时间戳设置全局一致的版本号。用户在提交查询操作的同时产生查询版本号，节点提供查询服务时需要比对查询版本号与本节点副本内容中对应数据的值的版本号。当查询版本号<=副本内容中对应数据的值的版本号时，可以查询并返回查询结果；如果版本号更大，意味着有新的对齐尚未完成，需要等待对齐后再查询。用户在提交更新操作时产生更新版本号。更新操作发给一个或多个副本，副本收到更新请求后对本地的操作表和日志进行查找，该请求如果已经被处理过则丢弃，否则更新版本号并进行对齐修改。更新已执行并且没有被重复执行的危险时，可以删除日志和已执行操作表中对应的记录，以便提高更新查找效率。

为了提高 Gossip 的数据对齐效率，在进行数据对齐时，可以预设若干节点为种子(seed)节点作为传播中介。每个节点在加入集群时通过配置文件获得所有的种子节点。在进行数据对齐时，如果对齐的节点中不包含种子节点，则可随机向一个种子节点发送同步请求。种子节点的选择可以根据具体应用情况通过分析挖掘得出，通常种子节点具有更好的分布性，例如从每个密集交互小团体中各选取一个交互核心作为种子。通过种子节点可以使传播具有更好的分布性从而加快整体对齐效率。

11.2 容错

容错指计算机系统在发生故障或出现问题时通过自行采取补救措施，仍能保证不间断提供正常服务的技术[5]。

微视频：
容错

计算机系统的故障或问题可能是由硬件或软件导致。由硬件导致的故障通常可以分为永久性故障(permanent fault)、瞬时故障(transient fault)和间歇故障(intermittent fault)。其中，永久性故障一般由硬件老化、电路短路等原因产生，一旦发生则原定功能失效，必须通过替换元器件来完成恢复。瞬时故障一般属于偶发错误，由外界环境或其他偶然因素导致，可通过重启等方式恢复。间歇故障处于永久性故障和瞬时故障两种情况之间，表现为瞬时故障的发生频率超过系统可靠性允许阈值范围。由软件导致的故障原因非常复杂，程序逻辑本身的缺陷、数据取值、消息传递等均有可能，此外模块化松耦合架构也加大了软件出错的概率和复杂程度。

无论是硬件故障还是软件故障，当计算机系统出现故障或问题后，需要能够自行采取相应的措施保障正常提供服务。对于单机而言，例如单机出现硬件故障，由于仅存在一台设备，该设备故障则整个服务失效。在云端，由于服务通常都是由集群提供，集群包含多个节点，某一节点失效但仍有其他节点可用，因此理论上可以继续提供服务，但是在实际应用过程中，仍然需要相应的容错管控策略和保障技术才能实现。由此可见，容错的系统一定是存在冗余的，但冗余的系统不一定容错。

11.2.1 分布式文件系统容错

常见的分布式文件系统如 GFS、HDFS 等均采用一主多辅式架构。分布式文件系统容错主要包括主节点容错、辅节点容错以及读写过程容错。

1. 主节点容错和辅节点容错

这里以 GFS 为例介绍主节点容错和辅节点容错。在 GFS 中，主节点 Master 在整个集群中逻辑上有且仅有一个。因此，一旦主节点失效，逻辑上没有可替代的节点，将会导致整个集群无法正常使用。为了避免这一现象，在实际部署时，通常采用影子备份的方式，即一致性保持中的 One 模式。虽然当前使用的主节点只有一个，但实际部署多个，其余节点是影子备份节点。将主节点的每个操作在影子备份节点上也操作一遍，影子备份节点操作完毕后可以保持与主节点一样的状态。一旦当前使用的主节点出现故障，可以由影子备份节点自动接替，保障 GFS 正常使用。GFS 中客户端与主节点交互采用时间片机制，当主节点出现故障后新的主节点接替的具体管控流程详见本章 11.5 节。影子备份的方式虽然成本较高，但因为主节点在集群中的重要性和地位，而且由于只有一个，采用影子备份方式只备份主节点还是十分划算的。

主节点上主要保存的是文件系统的元数据信息，包括名字空间（目录结构）、Chunk 与文件名的映射以及 Chunk 副本的位置信息。名字空间及 Chunk 与文件名的映射随着用户对文件的各种操作，例如文件重命名、修改文件的目录和路径、修改文件等而变化，也可以根据用户的操作日志进行容错。当用户提交操作时，首先记录日志，然后进行相应的操作。当出现错误时，如果日志尚未记录完毕时出错，由于尚未进行操作，根据日志恢复后仍然为未进行操作的状态。如果日志记录完毕操作尚未完成后出错，需要将之前的操作回滚，然后按照日志重新执行操作。如果日志记录完毕并且操作也已经完成后出错，则只需按日志执行操作即可。对于 Chunk 的副本的位置信息，一个 Chunk 在 GFS 中需要存储多份，分布在不同的 Chunk Server 上。当主节点出错后，新主节点可以通过与 Chunk Server 的周期通信（心跳机制）获得每个 Chunk Server 上存放了哪些 Chunk 信息，也可以从 Chunk 的主 Chunk Server 上获知该 Chunk 都存放在哪些 Chunk Server 上，从而重建出 Chunk 副本的位置信息。

对于辅节点 Chunk Server 的容错，当某个 Chunk Server 出现故障时，主节点通过心跳机制可以捕获（Chunk Server 心跳超时），如果用户有读写请求，主节点将不会反馈该 Chunk Server 进行响应。对于该 Chunk Server 上的各个 Chunk，由于 GFS 中每个 Chunk 有多个存储副本（通常是三个），分别存储于不同的 Chunk Server 上，某个 Chunk Server 失效后还有其他副本存在，因此并不影响集群提供服务。如果由于 Chunk Server 失效导致某个 Chunk 当前可用的副本数量不足，主节点会重新分配一个 Chunk Server 并发起复制。

对于 Chunk Server 内部的每个 Chunk，由于 GFS 采用大尺寸的 Chunk（每个 64 MB）进行文件数据保存，大尺寸 Chunk 在文件传输和校验较小尺寸时会显著增加失败风险，因此每个 Chunk 又进一步被划分为若干 block（64 KB），每个 block 对应一个 32 bit 的校验码，在文件传输时以 block 为单位进行传输和校验以保证数据正确。如果传输数据出错则进行重传，重传出错超过阈值则转移至其他 Chunk 副本。

2. 读写过程容错

下面以 HDFS 为例介绍读写过程容错。HDFS 与 GFS 类似，也是采用一主多辅式架构的分布式文件系统，包括一个 Namenode 和多个 Datanode，文件也是以切块方式分布式冗余存放。Datanode 通过心跳包方式检测是否宕机，Namenode 可以通过日志文件和镜像文件进行恢复，其节点容错与 GFS 类似。除了节点本身的容错之外，在读写过程中如果出现错误，HDFS 的读写容错管控策略和保障过程如下：

（1）读文件容错

① FSDataInputStream 从 Datanode 读取数据时如果遇到错误，会尝试从该块的另外一个最近的 Datanode 读取数据，并记住故障 Datanode，保证以后不会继续从该节点读取其他块。

② 每个读取的块通过校验和确认以保证数据完整。

③ 如果 FSDataInputStream 发现一个损坏的块，则在从其他 Datanode 读取块之前通知 Namenode。

HDFS 在读取文件时，如果从某个 Datanode 读取失败，由于失败原因未知，并且如果是 Datanode 故障 Namenode 会通过心跳机制获知，因此客户端无须通知 Namenode。但如果发现读取的文件块损坏，则需要通知 Namenode 进行处理，通常是选择另一个 Datanode 上完好的内容覆盖出问题的块。

（2）写文件容错

① FSDataOutputStream 维护一个确认队列 ackqueue，当某个数据包在写入时待写入的所有 Datanode 组成一个管线分别写入，当收到管线中所有 Datanode 的确认后，该数据包从确认队列中删除。

② 如果写入过程中 Datanode 发生故障，则关闭管线，将确认队列中的数据包添加回数据队列的最前端，将故障的数据块和 Datanode 信息返回给 Namenode，以便该 Datanode 恢复后删除错误数据块，从管线中删除错误节点，并把剩余数据块写入正常 Datanode。

③ 如果复本数量不足，则 Namenode 根据 Datanode 分配新的 Datanode，并创建新的复本。该 Datanode 被加入管线继续正常存储。

11. 2. 2　MapReduce 容错

常见的计算框架，无论是批量计算、流式计算还是图计算，也都主要采用一主多辅式架构。本节以 MapReduce 为例，介绍 MapReduce 框架如何进行容错。

MapReduce 框架也采用一主多辅式架构，主节点 Master 负责响应计算请求并管控整个计算作业 job 的执行，一个 job 会被切分成多个任务（包括 Map 任务和 Reduce 任务），分别由多个计算节点 Worker 执行。

在整个 MapReduce 框架中，由于主节点逻辑上只有一个，因此可以采用影子备份的方式进行容错。除此之外，还可以通过镜像+日志的方式容错。主节点将自身数据根据检查点定期备份，写入检查点之后的操作通过日志进行记录。当主节点故障后，可以根据检查点数据恢复成写入检查点时的状态，然后再通过日志重复写入检查点后的各个操作。

对于计算节点，主节点通过 ping 操作与各个计算节点保持周期性通信。如果主节点在一个确定的时间段内没有收到计算节点返回的信息，将把这个计算节点标记成失效。根据计算节点所负责执行的任务，可以进一步细分为 Map 任务计算节点的容错和 Reduce 任务计算节点的容错。

① Map 任务计算节点。由于 Map 任务执行完毕后需要等待 Reduce 节点读取计算的中间结果，因此需要主节点分配新的计算节点重新执行该 Map 任务。Map 任务执行所需处理的批量数据通过分布式文件系统预先存储，主节点通常分配其他存储了该数据的节点作为新的 Map 任务计算节点。

② Reduce 任务计算节点。由于 Reduce 任务的执行过程中产生的输出是输出到指定位置而非保存在本地，因此虽然该计算节点出现故障，但已经计算完毕产生的结果依然存在，所以主节点分配新的计算节点承担该 Reduce 任务时，不必像 Map 任务那样将整个任务完全重新执行一遍，而是仅需继续执行尚未完成的部分，已完成的部分不再执行。

除了节点本身在计算过程中出现故障会触发容错机制，MapReduce 为了提高计算集群的整体计算效率，在 job 的正常执行过程中也可能会启动容错机制，此时的容错也可以看作是一种计算性能的优化手段。由于 MapReduce 的计算执行过程中 Map 任务和 Reduce 任务都是并行完成，因此基于木桶原理，无论是对于 Map 任务计算节点还是 Reduce 任务计算节点，速度慢的计算节点会严重拖延整个 job 执行完成的时间。MapReduce 会在计算任务执行临近结束时，即大部分计算节点已经完成对应阶段的任务，仅剩少量计算节点尚未执行完毕时，在资源充足的情况下启动多个进程来同时执行尚未完成的任务，哪个进程先完成就以谁为准。采用这种方式虽然浪费了一些资源，但在实际应用时可以十分显著地提高执行效率。

此外，在 MapReduce 计算过程中，如果遇到有问题的数据，这些有问题的数据会导致 Map/Reduce 函数的计算逻辑无法正常运行从而使任务崩溃。MapReduce 在每个计算节点里会运行一个信号处理程序，用来捕获 Map 或 Reduce 任务崩溃时发出的信号，当任务出现崩溃时会重试任务，如果崩溃次数超过阈值后向主节点报告，同时报告输入记录的编号信息。如果主节点看到一条记录有两次崩溃信息，那么就会对该记录进行标记，下次运行时将跳过该记录。

常规的 MapReduce 计算基于磁盘进行数据存储。对于内存型的计算框架，以 Spark 为例，Spark 在执行计算时需要把数据加载到内存形成弹性数据集，然后后续的计算就是对该数据集的一系列操作，例如基于该数据集生成新的弹性数据集。这些数据集的生成关系可以构成一个有向无环图。Spark 通过在主节点中记录有向无环图，当节点失效导致部分数据集失效时，能够根据该有向无环图重新生成失效的数据集，从而确保所有的数据集都是可以再生的。

11.3 任务分配算法

云端通过集群方式进行数据存储与计算，通过横向扩展方式增加节点以提高集群的能力。当用户需求到来时，多个节点会共同进行存储和计算，由这些节点进行任务分配，例如分布式文件系统，当用户存储一个文件时应交由哪个/哪些节点存储该文件。任务分配算法是一种管控逻辑，通常运行在集群的流量入口，将任务分配到恰当的节点。该算法要保证统一的处理方式、快速高效、适应各种情况等条件，通常与任务本身无关。本节介绍几种常用的任务分配算法，包括直接哈希分配算法、Ring 算法和改进的 Ring 算法等。

11.3.1　直接哈希分配算法

一种最为简单易行的任务分配算法是直接哈希分配算法。

假设节点数为 N，系统根据对象(object)产生一个相应的哈希值 key，例如对象的 ID 或者其他方式生成的哈希值，然后计算 Key mod N 值，根据结果将对象分配到对应编号的节点上。

直接哈希分配算法的处理逻辑简单，处理效率高。有些观点认为这种分配方法只考虑了任务"个数"而并没有考虑任务"大小"，可能导致分配不均。但是在实际应用时，由于进行任务分配的节点往往是整个集群中流量压力较大的节点，比如负载均衡节点、一主多辅的主控节点等，这种节点容易成为集群的瓶颈，通常需要尽可能减少这类节点各种操作的开销。在进行任务分配时，如果需要考虑任务大小，比如任务的工作量、消耗各类资源数量等，需要对任务进行解析和评估，这种解析/评估操作会带来额外的时间/资源消耗，进而容易导致任务分配节点负载压力过大。因此直接哈希分配算法不考虑任务大小，而只考虑了任务个数，这在具体应用场景中反而是更为实际的一种做法。

直接哈希分配算法在节点数目不变的应用场景下具有非常高的分配效率。在这种应用场景下节点设备可以进行替换，例如由 B 机器替代 A 机器作为编号 01 的节点，但节点总的数目需要保持不变，即 N 的数量不变。一旦 N 发生变化，由于分配逻辑不变，依然采取 key mod N 的方式会导致集群内的大量任务需要进行迁移，以便保证分配逻辑的正确性。

例如 1~10 号任务在 $N=4$ 的时候分配为 (1,5,9)(2,6,10)(3,7)(4,8)，在 $N=5$ 时的分配应为 (1,6)(2,7)(3,8)(4,9)(5,10)，则 5~10 号任务需要迁移才能确保分配逻辑的正确性。

当集群内任务数量很多时，这种分配方式会导致一旦节点数量发生变化则需要进行巨量的迁移，使开销过于巨大。

11.3.2　Ring 算法

横向弹性扩展是云端集群的重要特征，集群中的节点数量可能会发生变化，此时采用直接哈希分配算法则开销过大。代表性的适用于节点数目可变的任务分配方案是 Swift 中的 Ring 算法[55]。

顾名思义，Ring 算法首先需要构造一个哈希环，哈希环上的刻度数量需要足够覆盖集群中同时存在的任务。任务根据散布算法均匀散布在哈希环上，每个节点负责哈希环上的一段区域。例如集群中有 4 个节点，每个节点负责哈希环的 1/4 圆弧。任务根据在哈希环上散布的位置，该位置归属哪个节点负责的区域就被分配到哪个节点上去，如图 11-11 所示。当增加一个节点时，该节点

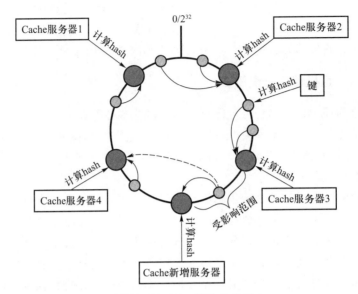

图 11-11 Ring 算法示意图

被加到哈希环上，截取一段区域分配给新增节点。当减少一个节点时，该节点的区域被合并到其他节点负责的区域中。

对于整个哈希环而言，由于任务分配是由任务散布在哈希环上的位置以及节点负责哈希环的区域决定，当节点数目变化时，由于散布算法不变，任务散布在哈希环上的位置不变，新增节点负责的区域内的原有任务需要迁移到新节点上，哈希环上其余区域内任务的分配仍然保持不变，这样使得整体的迁移量较直接哈希分配算法大为减少。

Ring 算法的处理逻辑依然较为简单，处理效率较高，能够很好地应对节点个数增减。当节点数目发生变化时，集群的迁移量可以得到较好地控制。但是当节点个数较少时，增减节点会导致各个节点在哈希环上负责的区域范围存在较大差异，进而影响集群任务分配的均衡性。

11.3.3 改进的 Ring 算法

Ring 算法适用于节点个数变化的应用场景，但是该算法的缺陷是增减节点后由于重新截取一段或者合并区域容易导致各个节点在哈希环上负责的范围不均衡。

假设一个哈希环类似钟表表盘，有 60 个刻度（实际的哈希环刻度数量要大得多），如果当前有 4 个节点，较为均匀的分配方式是每个节点负责 15 个刻度，例如 1—15 归属 A 节点，16—30 归属 B 节点，31—45 归属 C 节点，46—60 归属 D 节点。当增加一个节点 E 时，Ring 算法的一种简单处理办法是：从某个节点的区域中重新划分出一段归属 E 节点，例如将 52—60 归属 E 节点，D 节点负责的区域是 46—51。这种方式将导致节点 D 和节点 E 负责的区域比其他三个节点要少。

　　理想的分配结果是 60 个刻度在 4 个节点时每个节点负责 15 个刻度，增加一个节点后，5 个节点每个节点负责 12 个刻度。为了达成此目的，一种容易想到的解决思路是每个节点提供 3 个刻度给节点 E，这样虽然节点 E 负责的区域在哈希环上不连续，但是可以使得每个节点负责的区域相对均衡。

　　在实际的 Ring 算法中，哈希环的刻度数量需要设置得足够大，以便确保在哈希环上的每个任务分配的值不重复。直接按刻度进行上述操作分配效率较低，一种替代的思路是将哈希环切成数量适宜的小区域段，然后通过分配区域段的方式使得每个节点负责的区域达到均衡。

　　改进的 Ring 算法如图 11-12 所示。基于虚拟化的思想，改进的 Ring 算法通过设置虚拟节点的方式将哈希环切分成若干小段，虚拟节点的数量固定不变，与哈希环的位置映射不变。Ring 算法将任务分配到虚拟节点，然后再根据虚拟节点与集群中部署的实际节点的映射关系将任务分配到对应的实际节点。实际节点数量调整时，需要调整虚拟节点与实际节点的映射关系，使得每个实际节点映射的虚拟节点数量大体均衡，而任务到虚拟节点的映射关系不受实际节点数量的增减而发生变化。

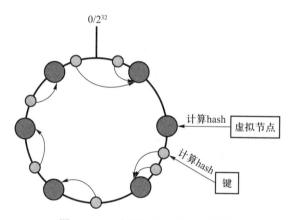

图 11-12　改进的 Ring 算法示意图

　　改进的 Ring 算法关键在于预设的虚拟节点个数不变。一方面虚拟节点的数量不能设置过多，如果过多则与直接分配哈希环刻度的效率差异不大；另一方面虚拟节点的数量也不能过少，如果过少会导致节点数量变化时分配的虚拟节点数量不均衡。在实际应用时，例如哈希环的总刻度为 2^{32}，集群实际节点规模为数千，虚拟节点可以设置为百万量级。此时百万量级虚拟节点带来的额外管控开销约为数十 MB 的内存，是可以接受的。

11.4　分布式协调服务

　　对于云端分布式环境，在资源使用等场景下需要分布式协调服务进行管控。

1. 什么是分布式协调服务

以餐厅取餐为例进行类比，假设取餐窗口为云端的资源，前来取餐的同学为客户端的访问请求。如果当前只开了一个取餐窗口，每位同学前来取餐时为了保障秩序，最为简单的管控手段是设置一个排队队列，前来取餐的同学排成一队依次打饭。

如果餐厅同时开了多个取餐窗口，一种解决方案是每个窗口前都设置一个取餐队列，取餐的同学到达餐厅时自行选择某个队列进行排队，等到排到后进行取餐，中途如果换队列则需要到新队列的队尾进行排队。这种解决方案的一个问题是可能由于所排队列前面的同学较慢，使得本队列进展速度缓慢，而后来的同学由于排了一个更快的队列反而先取了餐。后到的请求先被响应服务，一方面不够公平，另一方面也可能会导致执行逻辑错误。

另一种解决方案是无论餐厅开多少个窗口，但是餐厅只维护一个队列，所有同学到来后均只在一个队列进行排队，取餐窗口无论哪个空出，由队首同学前往对应窗口进行取餐。这样无论各个窗口的取餐速度存在何种差异，总能够保持正常的先到先服务的原则。

在现实生活中，叫号系统就是这样的一种独立的，与具体负责协调的服务对象无关的协调服务，应用于银行、医院、餐馆等许多业务场景。叫号系统协调的服务资源可能是办事窗口、诊疗科室、餐桌等。这种协调服务可以看作是一种分布式环境的加锁服务，可以对各种类型的资源进行加锁。用户前来请求服务时首先被分配了一个全局 ID，叫号系统允许根据申请的不同种类资源分别独立设立队列体系，例如医院某科的普通号、专家号，餐馆的四人桌、六人桌等。取号的用户即意味着进入了等待队列，当有资源空出时，叫号系统会向用户发送通知，告知当前对应资源类别队首的用户可以使用对应的资源，例如"请 A003 号用户前往 4 号窗口"。当用户使用资源时意味着该资源被加锁，此时资源只能服务当前用户。

通过分布式协调服务，云端可以方便地实现一致性保持、容错以及任务分配等的管控逻辑。例如对于强一致性，叫号系统可以暂停叫号，等待所有节点更新完毕后再继续叫号。对于容错，当有客户端出错时，叫号系统叫当前号无人应答则自动叫下一号，当有服务端出错时，可将服务端服务的用户放回队首，当有下一个资源空出时优先该用户。叫号系统本身就可以看作是一种任务分配服务。

2. Hadoop 的分布式协调服务组件 ZooKeeper

这里以 ZooKeeper 为例介绍如何使用分布式协调服务。ZooKeeper 是 Hadoop 的分布式协调服务组件。ZooKeeper 本身是一个小型的文件系统，用户可以利用它来实现自己的分布式协调服务。ZooKeeper 本身是一个由多个服务器组成的集群，以便实现横向扩展提高其自身的服务能力。ZooKeeper 通过 Fast Paxos 保障自己集群内部的一致性。ZooKeeper 集群包括一个 leader 和多个 follower，其中 leader 负责写和同步，follower 负责读。每个服务器都保存了一份数据副本,全局数据保持一致,支持对数据的分布式读写。ZooKeeper 内部的更新请求转发由 leader 实施。

用户使用 ZooKeeper 可以实现对第三方资源的分布式加锁。需要注意的是,这里的"加锁"并非指用户对 ZooKeeper 集群内部的资源加锁,而是使用 ZooKeeper 用于对第三方资源加锁。此时可以将 ZooKeeper 看作是叫号系统,这个叫号系统是分布式的,可以通过弹性扩展服务更多用户和管理更多资源。但是用户使用 ZooKeeper 叫号系统管理的是第三方资源,而不是管理 ZooKeeper 叫号系统本身。

ZooKeeper 内部使用具有层次化目录结构的数据模型,命名符合常规文件系统规范。ZooKeeper 中的文件夹称为节点 Znode,可以包含数据与子节点,类似文件系统文件夹中可以存放文件和子文件夹。类似文件系统中的文件有持久文件和临时文件,ZooKeeper 的节点也有短暂节点和持久节点。持久节点会一直存在,直到被明确删除;短暂节点不是持久节点,一旦与客户端的会话结束,节点自动删除。用户可以利用 ZooKeeper 的这种特性来实现叫号系统,例如将资源创建为持久节点,资源下排队的客户端的"号"为短暂节点,这样当客户端服务结束或者退出结束等待时可以自动剔除对应的"号"。客户端应用可在节点上设置监视器,如图 11-13 所示。ZooKeeper 文件系统的节点数据不支持部分读写,而是一次性完整读写。

```
String create(path, data, acl, flags)
void delete(path, expectedVersion)
Stat setData(path, data, expectedVersion)
(data, Stat) getData(path, watch)
Stat exists(path, watch)
String[] getChildren(path, watch)
void sync(path)
Stat setACL(path, acl, expectedVersion)
(acl, Stat) getACL(path)
```
包含监视器

图 11-13 ZooKeeper API 示例(设置监视器)

ZooKeeper 支持两类锁的实现,分别是独占锁和共享锁。如果分布式应用需要对某资源独占使用,可以申请独占锁,ZooKeeper 保障每个资源同时有且仅有一个客户端可以获取到独占锁。假设通过"x-id"方式表示独占锁,使用独占锁的步骤如下:

① id = create(".../locks/x-", SEQUENCE | EPHEMERAL)。

② getChildren(".../locks/", false)。

③ 如果 id 是第一个节点,则获取独占锁,退出。

④ exists(name of last child before id, true)(注意设置了监视器)。

⑤ 如果 id 之前不存在节点,返回步骤②。

⑥ 等待通知。

⑦ 返回步骤②。

如果允许多个分布式应用同时使用某资源,可以申请共享锁。ZooKeeper

保障资源使用时如果之前没有独占锁，则所有申请共享锁的客户端都可以获取共享锁。假设通过"s-id"方式表示独占锁，使用共享锁的步骤如下：

① id=create（"…/locks/s-"，SEQUENCE | EPHEMERAL）。

② getChildren（"…/locks/"，false）。

③ 如果 id 之前没有 x-类型的节点，获取共享锁，退出。

④ exists（name of the last x- before id，true）。

⑤ 如果 id 之前不存在 x-类型节点，返回步骤②。

⑥ 等待事件通知。

⑦ 返回步骤②。

在 ZooKeeper 中，客户端通过发送 ping 请求与服务器保持会话，通过 ping，可以同时获知客户端与服务器是否活跃。ZooKeeper 的监视器是一次性的，一次事件通知后就作废，类似叫号系统中的号只能使用一次，使用/叫号之后如果未应答，再次服务需要重新取号排队。

11.5　时间片机制

微视频：
时间片

云是一个资源池，为用户提供各种类型的资源服务。用户申请资源后使用，使用完毕后释放资源，以便云端可以重复利用资源继续为其他用户提供服务。由于分布式环境下可能出现各种意外情况，例如用户使用资源完毕后释放资源的消息丢失将可能导致该资源一直被占用无法释放，进而导致云端资源的流失和浪费。在单机中，内存泄漏（memory leak）就是这样的一种典型情况，由于程序中已动态分配的堆内存由于某种原因未被释放或无法释放，从而造成系统内存的浪费，可能导致系统其他程序运行速度减慢甚至系统崩溃。

例如在本章 11.4 节分布式协调服务中，用户获得锁之后是否允许其一直占用锁直到自行离开。如果允许用户一直占用锁，那么当其离开时，如果分布式协调服务未收到用户离开的通知，则可能出现用户已离开该资源空闲，但分布式协调服务认为该资源仍被用户占用而导致资源无法被继续使用的情况（类似内存泄露的现象，ZooKeeper 通过短暂节点方式可以一定程度上避免该问题）。

这种情况的一种解决方案是进行资源分配时使用时间片机制。类似单机中使用 CPU 的方式，用户获取资源后仅获取资源的一个时间片内的使用权，当时间片到期后可以通过续租的方式允许用户继续使用，用户使用完毕或者到期未续租则资源会被系统回收。采用这种方式，如果用户使用资源完毕后集群管控节点未收到用户释放资源的消息，则资源会在时间片到期后自动释放，从而避免出现被长期无效占用的情况。使用时间片机制对于客户端的处理较为简单，而对于服务器端，尤其是服务器端出现故障需要更换新服务器时，继续保障资源的租赁需要额外的管控手段。

本节以 GFS 中的主节点时间片续租机制 chubby 为例，介绍具体的时间片机制实现过程。

在 GFS 中，由于主节点 Master 是集群的核心关键资源，客户端在与主服务器进行连接沟通时采用时间片轮转机制，即客户端获得与主服务器沟通的资源后也仅被允许使用一段时间，如图 11-14 所示。

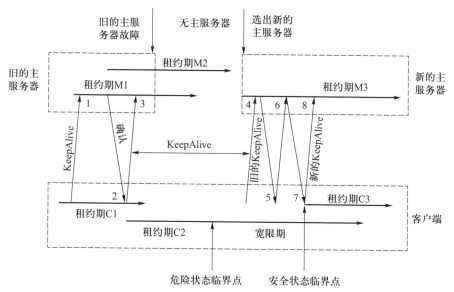

图 11-14　GFS 主节点时间片续租机制 chubby 示意图

在 GFS 中，当客户端获取与主服务器交互的资源时，获取的时间片称为一个租约期。开始时客户端向主服务器发送一个 KeepAlive 请求，客户端向主服务器确认之后租约期开始。客户端和主服务器分别进行租约期的倒计时 C1、M1。在租约期临近到期时，主服务器向客户端进行询问是否续租，客户端收到回应后，认为主服务器仍然活跃，如果续租则进行反馈发送新的 KeepAlive 请求，双方更新租约期至 C2、M2。如果客户端不续租，则等租约期到期或客户端发送结束服务请求时服务结束。

如果此时旧的主服务器出现故障，客户端 C2 到期后没有收到新的回应，则客户端进入宽限期，不断与主服务器联系并清空缓存，做好服务结束的准备。服务器端会根据容错机制产生新的主服务器。新主服务器会监听发送给旧主服务器的请求。新主服务器收到客户端发给旧主服务器的请求后，由于此时客户端发送的请求是给旧主服务器的，请求的主服务器号并不是当前的新主服务器号，新主服务器向客户端发送消息拒绝请求并通知新的主服务器号（纪元号）。客户端收到新主服务器的拒绝消息后，如果希望继续续租，则需要使用新的纪元号发送新的 KeepAlive 请求。新主服务器批准请求后，客户端确认后双方更新租约期到 C3、M3，客户端可以继续使用。

思考题

1. 分布式环境下的 CAP 理论是什么?

2. 为什么 CAP 是三选二的矛盾?

3. 有主控的架构有哪些?

4. 什么是一主多辅式架构? 请举例说明。

5. 什么是主从架构? 请举例说明。

6. 数据库主要的主从同步机制有哪些,分别是什么?

7. 什么是强一致性,什么是最终一致性?

8. Quorum 协议是什么?

9. All、One、Quorum 同步机制各有什么特点,分别适合什么应用场景?

10. Paxos 机制的过程是什么?

11. PBFT 机制的过程是什么?

12. Gossip 机制的过程是什么?

13. Paxos、PBFT 和 Gossip 有什么相同点和不同点?

14. GFS 中主节点 Master 容错的机制是什么?

15. GFS 中辅节点 Chunk Server 容错的机制是什么?

16. HDFS 中的读文件容错机制是什么?

17. HDFS 中的写文件容错机制是什么?

18. MapReduce 中的主节点 Master 容错机制是什么?

19. MapReduce 中的计算节点 Worker 容错机制是什么?

20. MapReduce 中如何利用容错机制加速正常计算过程的执行效率?

21. MapReduce 如何处理有问题的数据?

22. 什么是直接哈希分配算法? 直接哈希分配有什么优缺点,适用的应用场景是什么?

23. 什么是 Ring 算法? Ring 算法有什么优缺点,适用的应用场景是什么?

24. 改进的 Ring 算法是什么? 改进的 Ring 算法在使用时需要注意的关键要点是什么?

25. ZooKeeper 如何实现独占锁和共享锁?

26. GFS 主节点时间片续租机制是什么?

第五部分 发 展 方 向

　　自从云计算概念被提出以来，随着云计算技术的不断发展，云计算市场规模越来越大，尤其是随着网络带宽的增加以及移动互联网的发展，从用户端通过网络提交计算输入，由服务提供方完成计算，再通过网络反馈计算结果到用户端显示的云计算服务模式越来越广泛地渗透到各行各业之中。根据输入和输出的对应逻辑关系，各种类型的计算都可以封装成云服务的形式，即 XaaS 模式。随着人工智能大模型技术发展说以及各种非 IT 领域的 IT 化、网络化和智能化的普及，计算已逐渐成为像水、电、网络一样伴随人们生产生活的所必需的社会化资源。这将使资源的提供模式从自给自足的作坊式(传统自行构建 IT 系统)向社会集中式(大型云厂商)转变，用户享受的云计算服务将能够覆盖 IT 相关的所有需求。而满足不同粒度需求的前提是能够将最小粒度的计算任务都云端化，复杂的大型任务可以通过诸多细粒度服务由逻辑编排组合集成。

　　本部分将以实验案例的方式介绍将最小粒度计算任务云端化的云计算技术——Serverless。Serverless 也是云计算技术的重要发展方向。

第 12 章　云计算技术 Serverless

12.1　Serverless 简介

　　云计算的十余年，让整个互联网发生了翻天覆地的变化，随着时间的发展，最近几年 Serverless 架构变得愈发火热，它凭借极致弹性、按用付费、免运维的优势，正在更多领域发挥着越来越重要的作用。作为云计算的新兴产物，或者说是云计算在当今时代的最新形态，Serverless 逐渐被业界人士认为是真正意义上的云计算。

　　Serverless[56] 最早用于描述那些大部分或者完全依赖于第三方（云端）应用或服务来管理服务器端逻辑和状态的应用，这些应用通常是建立在云服务生态之上的富客户端应用（单页应用或者移动端 App），包括数据库（Parse、Firebase）、账号系统（Auth0、AWS Cognito）等。这些服务最早被称为 BaaS。Serverless 还可以指这种情况：应用的一部分服务端逻辑依然由开发者完成，但是和传统架构不同，它运行在一个无状态的计算容器中，由事件驱动，生存周期很短（甚至只有一次调用），完全由第三方管理。这种情况称为函数即服务（FaaS）。AWS Lambda 是目前的热门 FaaS 实现之一。

　　1. Serverless 适用的用户场景和任务

　　Serverless 架构自提出到现在经过若干年的发展，已经在很多领域中有着非常多的最佳实践。但是 Serverless 自身也有局限性，由于其无状态、轻量化等特性，Serverless 在一部分场景下可以有非常优秀的表现，但是在另外一些场景下可能表现得并不是很理想。在 CNCF WG-Serverless Whitepaper V1.0 中描述 Serverless 架构适合的用户场景有：异步的并发，组件可独立部署和扩展的场景；应对突发或服务使用量不可预测的场景；短暂、无状态的应用，对冷启动时间不敏感的场景；需要快速开发迭代的业务，因为无须提前申请资源，因此可以加快业务上线速度的场景。

　　Serverless 具体适用的任务有：响应数据库更改（插入、更新、触发、删除）的执行逻辑；对物联网传感器输入消息（如 MQTT 消息）进行分析；处理流处理（分析或修改动态数据）；管理单次提取、转换和存储，需要在短时间内进行大量处理（ETL）；通过聊天机器人界面提供认知计算（异步）；调度短时间内执行的任务，例如 CRON 或批处理的调用；机器学习和人工智能模型；持续集成管道，按需为构建作业提供资源，而不是保持一个构建从主机池等待作业分派的任务等。

2. 函数计算

函数计算通常通过事件进行触发，触发器是触发函数执行的方式。在事件驱动的计算模型中，事件源是事件的生产者，函数是事件的处理者，而触发器提供了一种集中、统一的方式来管理不同的事件源。在事件源中，当事件发生时，如果满足触发器定义的规则，事件源会自动调用触发器所对应的函数。

不同的事件源和函数进行一个事件的数据结构归约，当事件源因为某些规则触发了函数，那么这个预先归约好的数据结构将会作为参数之一传递给函数。例如，阿里云对象存储与函数计算归约的事件数据结构如下：

```
{
  "events": [
    {
      "eventName":"ObjectCreated：PutObject",
      "eventSource":"acs：oss",
      "eventTime":"2017-04-21T12：46：37.000Z",
      "eventVersion":"1.0",
      "oss": {
            "bucket": {
               "arn":"acs：oss：cn-shanghai：123456789：bucketname",
               "name":"testbucket",
               "ownerIdentity":"123456789",
               "virtualBucket":""
            },
            "object": {
               "deltaSize": 122539,
               "eTag":"688A7BF4F233DC9C88A80BF985AB7329",
               "key":"image/a.jpg",
               "size": 122539
            },
            "ossSchemaVersion":"1.0",
            "ruleId":"9adac8e253828f4f7c0466d941fa3db81161 * * * *"
      },
      "region":"cn-shanghai",
      "requestParameters": {
            "sourceIPAddress":"140.205. * * * *. * * * *"
      },
      "responseElements": {
            "requestId":"58F9FF2D3DF792092E12044C"
      },
```

```
          "userIdentity": {
                "principalId": "123456789"
                }
            }
        ]
    }
```

当用户的函数设置了 OSS 触发器, 并绑定了某个对象存储的存储桶, 则在这个存储桶满足绑定操作时, 即会生成一个事件并触发函数。例如, 可以为函数计算设置一个 OSS 触发器, 绑定存储桶 MyServerlessBook(这个存储桶通常需要和用户的函数在同一个账号、同一个地域下), 设置一个触发条件"oss: ObjectCreated: PutObject"(调用 PutObject 接口上传文件即会触发该函数), 所以一旦该存储桶收到以 PutObject 接口上传的文件, 就会按照之前归约好的数据结构生成一个事件, 触发当前函数并将事件作为参数传递给函数的对方方法。

C 语言中的 main() 函数称为主函数。一个 C 程序总是从 main() 函数开始执行的, 例如,

```
#include<stdio.h>
int main(void)
{
    printf("HelloWorld! \n");
    return 0;
}
```

在函数计算中也是这样, 在创建函数时, 也需要告知系统函数的入口方法是什么。通常情况下, 函数入口的格式为[文件名].[函数名]。以 Python 语言为例, 创建函数时指定的 Handler 为 index.handler, 那么函数计算会去加载 index.py 中定义的 handler 函数。通常情况下, 一个函数计算的入口方法会有两个参数 event 和 context。例如,

```
def handler(event, context):
    return 'hello world'
```

其中:

event 是用户自定义的函数入参, 以字节流的形式传给函数。它的数据结构由用户自行定义, 可以是一个简单的字符串、一个 JSON 对象或一张图片(二进制数据)。函数计算不对 event 参数的内容进行任何解释。对于不同的函数触发情况, event 参数的值会有以下区别:

① 事件源服务触发函数时, 事件源服务会将事件以一种平台预定义的格式作为 event 参数传给函数, 用户可以根据此格式编写代码并从 event 参数中获取信息。例如使用 OSS 触发器触发函数时, 会将 Bucket 及文件的具体信息以 JSON 格式传递给 event 参数。

② 函数通过软件开发工具包(SDK)直接调用时，用户可以在调用方法和函数代码之间自定义 event 参数。调用方按照定义好的格式传入数据，函数代码按格式获取数据。例如定义一个 JSON 类型的数据结构{"key":"val"}作为 event，当调用方传入数据{"key":"val"}时，函数代码先将字节流转换成 JSON，再通过 event["key"]来获得值 val。

context 是函数计算平台定义的函数入参，它的数据结构由函数计算设计，包含函数运行时的信息，使用场景通常有两种：一种是用户的临时密钥信息可以通过 context.credentials 获取，通过 context 中的临时密钥去访问阿里云的其他服务(使用示例中以访问 OSS 为例)，避免了在代码中使用密钥硬编码；另一种是在 context 中可以获取本次执行的基本信息，例如 requestId、serviceName、functionName、qualifier 等。在阿里云函数计算中，关于 context 的结构基本如下：

```
{
    requestId: '9cda63c3-1ac9-45ba-8a59-2593bb9bc101',
    credentials: {
        accessKeyId: 'xxx',
        accessKeySecret: 'xxx',
        securityToken: 'xxx'
    },
    function: {
        name: 'xxx',
        handler: 'index.handler',
        memory: 512,
        timeout: 60,
        initializer: 'index.initializer',
        initializationTimeout: 10
    },
    service: {
        name: 'xxx',
        logProject: 'xxx',
        logStore: 'xxx',
        qualifier: 'xxx',
        versionId: 'xxx'
    },
    region: 'xxx',
    accountId: 'xxx'
}
```

3. 阿里云的函数计算

阿里云的函数计算相对于其他云厂商的函数计算在创建函数时多了一个 HTTP 函数选项。与普通的事件函数不同的是，HTTP 函数更适合快速构建 Web

服务等场景。HTTP 触发器支持 HEAD、POST、PUT、GET 和 DELETE 方式触发函数，同时与普通的事件函数不同的是，HTTP 函数的入参和 Response 也略微不同。以官方例子为例，代码如下：

```
# - * - coding: utf-8 - * -
import json
HELLO_WORLD = b" Hello world! \n"
def handler(environ, start_response):
    request_uri = environ['fc.request_uri']
    response_body = {
        'uri': environ['fc.request_uri'],
        'method': environ['REQUEST_METHOD']
    }
    # do something here
    status = '200 OK'
    response_headers = [('Content-type', 'text/json')]
    start_response(status, response_headers)
    # Python2
    return [json.dumps(response_body)]
    # Python3 tips: When using Python3, the str and bytes types cannot be mixed.
    # Use str.encode() to go from str to bytes
    # return [json.dumps(response_body).encode()]
```

当然，HTTP 函数的一个优势是更加容易与传统的 Web 框架进行结合。以 Python 语言的轻量级 Web 框架 Flask 为例，代码如下：

```
# index.py
from flask import Flask
app = Flask(__name__)
@app.route('/')
def hello_world():
    return 'Hello, World!'
```

此时，只需要将函数的入口方法设置为 index.app，即可实现一个 Flask 项目运行在函数计算上。这个过程相对于很多在函数计算层面将 JSON 对象转换成 Request 对象的方案要方便得多。除此之外，HTTP 函数还简化了开发人员的学习成本和调试过程，帮助开发人员快速使用函数计算搭建 Web Service 和 API；支持选择熟悉的 HTTP 测试工具验证函数计算侧的功能和性能；减少请求处理环节，HTTP 触发器支持更高效的请求、响应格式，不需要编码或解码成 JSON 格式，性能更优；方便对接其他支持 Webhook 回调的服务，例如 CDN 回源、MNS 消息服务等。

本章的后续内容将通过 Serverless 应用实践案例开发，进一步介绍如何使用 Serverless。我们将在阿里云 Serverless Devs 平台上进行应用实践开发。这是一个开源开放的 Serverless 开发者平台，致力于为开发者提供强大的工具链体系。通过该平台，开发者不仅可以一键体验多云 Serverless 产品，快速部署 Serverless 项目，还可以在 Serverless 应用全生存周期进行项目管理，并且非常简单快速地将 Serverless Devs 与其他工具/平台进行结合，进一步提升研发、运维效能。

　　进入平台后的界面如图 12-1 所示，已有阿里云账号则点击右上角的登录按钮进行登录，若没有则点击注册。新用户可以通过支付宝扫码注册阿里云账户，并按提示完成实名认证。

图 12-1　阿里云 Serverless Devs 平台首页

12.2　Serverless 架构

　　传统应用的架构模式主要是基于前端-后端架构，例如在典型的 Web 应用程序中，服务器接收前端的 HTTP 请求处理，在保存或查询数据库之前，数据可能会经过多个应用层，最终后端会产生一个 JSON 形式或其他格式的响应并将响应返回给前端。后端在实现的过程中可以基于物理的服务器、虚拟机或者容器。这种单体架构时代的应用比较简单，应用的整体部署、业务的迭代更新，以及物理服务器的资源利用率足以支撑业务的部署。随着业务的复杂程度飙升，功能模块复杂且庞大，单体架构严重阻塞了开发部署的效率，业务功能解耦，单独模块可并行开发部署的微服务架构逐渐流行开来，业务的精细化管理不可避免地推动着基础资源利用率的提升。虚拟化技术打通了物理资源的隔阂，减轻了用户管理基础架构的负担。容器进一步将应用依赖的服务、运行环境和底层所需的计算资源进行抽象，使得应用的开发、部署和运维的整体效率再度提升。Serverless 架构技术则将计算抽象得更加彻底，将应用架构堆栈中的各类资源的管理全部委托给平台，免去基础设施的运维，使用户能够聚焦高价值的业务领域。虚拟机、容器、Serverless 架构演进简图如图 12-2 所示。

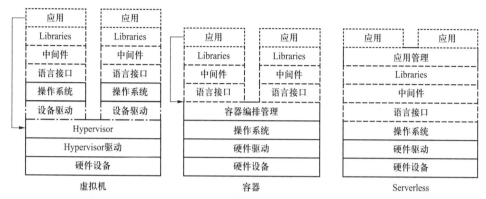

图 12-2　虚拟机、容器、Serverless 架构演进简图

在 Serverless 架构中，应用业务逻辑是基于函数形成多个相互独立的功能组件，以应用程序接口服务的形式向外提供服务。后端的应用被拆分成一个个函数，用户只需要编写完成函数后部署到 Serverless 服务即可，无须关心任何服务器的操作。Serverless 弱化了存储和计算之间的联系，服务的存储和计算被分开部署和收费，存储不再是服务本身的一部分，而是演变成了独立的云服务，这使得计算变得无状态化，更容易调度和扩/缩容，同时也降低了数据丢失的风险。代码的执行不再需要手动分配资源，不需要为服务的运行指定需要的资源，而只需要提供一份代码，剩下的交由 Serverless 平台去处理。在使用传统服务器时，可以发现服务器每时每刻的用户量是不同的，资源使用率也是不同的，可能在白天资源使用率比较合理，夜间就会出现大量的资源闲置问题。而 Serverless 架构则可以让用户委托服务提供商管理服务器、数据库和应用程序甚至逻辑，这种做法一方面减少了用户自己维护的麻烦，另一方面可以使用户根据实际使用函数的粒度进行成本支付。对于服务商而言，他们可以将更多的闲置资源进行额外处理，这从成本、"绿色"计算的角度来说都是非常有益的[57]。

[练习] 了解 Serverless 架构的相关功能。

实验 5　Serverless 开发

为了进一步体会 Serverless 和传统 IT 系统以及传统云计算方式的差异，本实验将通过一系列 Serverless 开发实验带领读者进一步体验学习。

实验 5.1　创建 Hello World 函数

1. 开通阿里云函数计算功能

首先开通阿里云的函数计算（function compute，FC）功能。进入函数计算 FC 的页面，如图 sy5-1 所示，单击"管理控制台"按钮，进行账号注册或登录。

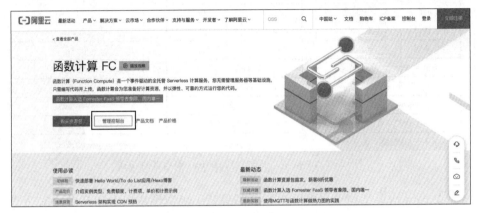

图 sy5-1　阿里云函数计算服务开通界面

首次使用函数计算功能的用户，在开通函数计算服务时需要阅读并勾选同意函数计算服务协议。开通计算服务并进入控制台，如果右上角有"体验新版控制台"按钮，则单击该按钮，否则跳过本步骤。

2. 创建服务和函数

开通函数计算服务后，即可创建服务和函数。进入函数计算控制台后，选择左侧的"服务及函数"，可以先进行服务的创建。

如图 sy5-2 所示，按照页面提示设定服务名称，选择性地填写描述信息、启用/禁用日志功能和链路追踪功能，最后单击"确定"按钮即可创建服务。

完成服务的创建之后，可以进行函数的创建，需要在图 sy5-3 所示窗口添加函数名，选择一个自己熟悉的编程环境，设置内存规格，最后单击"创建"按钮即可。

创建函数之后即可在代码框中编写代码，默认的"Hello World"程序代码如下：

```
# - * - coding：utf-8 - * -
import logging

# To enable the initializer feature (https：//help. aliyun. com/document _ detail/158208. html)
# please implement the initializer function as below：
# def initializer(context)：
#   logger = logging. getLogger()
#   logger. info(' initializing ')
```

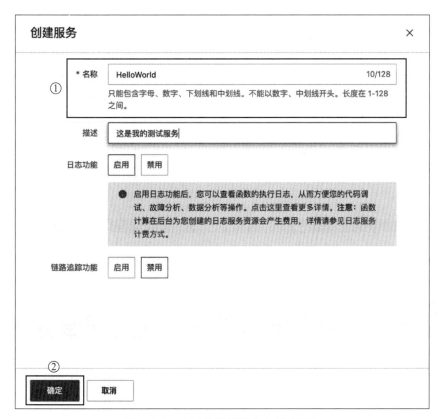

图 sy5-2　在函数计算服务中创建服务

图 sy5-3　在函数计算服务中创建函数

```
def handler(event, context):
    logger = logging.getLogger()
```

```
logger. info('hello world')
return 'hello world'
```

当代码有变更时系统会给出提示，单击"部署代码"即可进行函数测试，测试完成后可以看到代码中最终的"return"语句将会作为返回结果进行展示。图 sy5-4 中部的"logger. info"即作为日志输出进行展示。

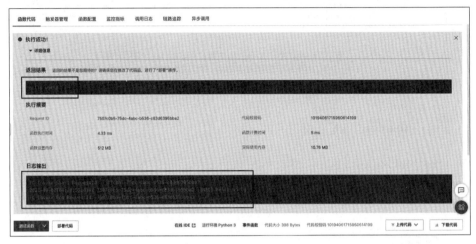

图 sy5-4　函数计算服务中函数测试完成后的展示结果

3. 创建一个可以通过网址访问的 Hello World

前面创建的是一个通过其他触发器触发函数的案例，这里创建一个通过 HTTP 请求触发函数的案例。可通过创建一个新的函数，并在创建函数时选择"通过 HTTP 请求触发"实现，如图 sy5-5 所示。

图 sy5-5　在函数计算服务中创建 HTTP 请求触发函数

创建完成后，同样可以在代码框中编写代码，与前面的代码不同的是，这个 HTTP 触发的代码包含了一些 HTTP 信息。具体如下：

```
# - * - coding：utf-8 - * -

import logging
HELLO_WORLD = b'Hello world!\n'

# To enable the initializer feature (https：//help.aliyun.com/document_detail/
158208.html)
# please implement the initializer function as below：
# def initializer(context)：
#     logger = logging.getLogger()
#     logger.info('initializing')


def handler(environ, start_response)：
    context = environ['fc.context']
    request_uri = environ['fc.request_uri']
    for k, v in environ.items()：
        if k.startswith('HTTP_')：
            # process custom request headers
            pass
    # do something here
    status = '200 OK'
    response_headers = [('Content-type', 'text/plain')]
    start_response(status, response_headers)
    return [HELLO_WORLD]
```

完成创建函数并成功部署之后，可以进行触发器管理，如图 sy5-6 所示。

图 sy5-6　在函数计算服务中进行触发器管理

从图中可以看到，这个函数下有一个 HTTP 触发器，并附带一个请求地址，可以通过 Postman 等工具对这个地址进行测试。如果在浏览器中直接打开请求地址，将会以附件的方式下载响应。这是因为 HTTP 触发器会自动在响应头中添加 Content-Disposition：attachment 字段，开发者可以使用自定义域名避免该问题。

4. 开通阿里云文件存储功能

前面创建的函数需要使用云文件方式进行存储。阿里云文件存储（Apsara file storage，NAS）是一个可大规模共享访问、弹性扩展的高性能云原生分布式文件系统，支持智能冷热数据分层，并能有效降低数据存储成本。NAS 广泛应用于企业级应用数据共享、容器、人工智能机器学习、Web 服务和内容管理、应用程序开发和测试、媒体和娱乐工作流、数据库备份等场景。可在如图 sy5-7 所示的界面单击"开通使用文件存储 NAS"开通该功能。

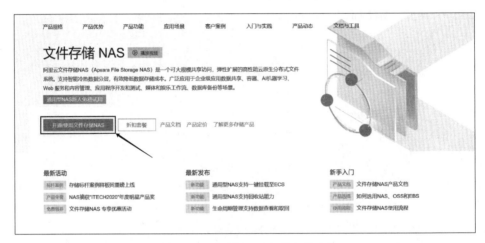

图 sy5-7　开通阿里云文件存储功能

5. 创建资源及配置环境

开通阿里云文件存储功能之后，就可以创建资源及配置环境了。

（1）创建资源

进入阿里云 Serverless Devs 体验平台中第一个案例，在页面中间，单击"创建资源"创建所需资源。创建完成后，在页面左侧导航栏中，单击"云产品资源"列表，查看本次实验资源相关信息，如图 sy5-8 所示。

（2）安装 Serverless Devs 命令

安装 Node.js 环境，执行如下命令，下载 Node.js 安装包：

```
wget https://npm.taobao.org/mirrors/node/v12.4.0/node-v12.4.0-linux-x64.tar.xz
```

执行如下命令，解压安装包并重命名：

```
tar -xvf node-v12.4.0-linux-x64.tar.xz && mv node-v12.4.0-linux-x64/ /usr/local/node
```

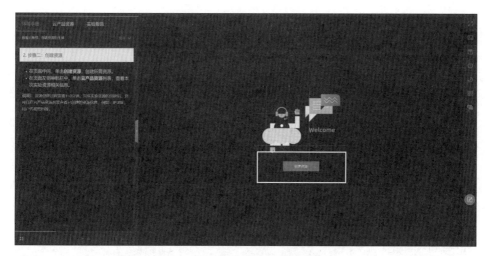

图 sy5-8　创建实验所需云产品资源

执行如下命令，配置环境变量：

echo "export PATH = $PATH：/usr/local/node/bin" >>/etc/profile
source /etc/profile

执行如下命令，安装 Serverless-Devs 工具：

npm install @ serverless-devs/s -g

如果安装过程较慢，可以使用淘宝 npm 源，安装命令如下：

npm --registry=https：//registry. npm. taobao. org install @ serverless-devs/s -g

执行如下命令，查看 Serverless-Devs 工具版本并检查安装是否正确：

s -v

返回结果如图 sy5-9 所示，可以看到 Serverless-Devs 工具的版本信息。

```
[root@iZuf6a6dey3agrpscvwspbZ ~]# s -v
@serverless-devs/s: 2.0.92, linux-x64, node-v12.4.0
```

图 sy5-9　Serverless-Devs 工具版本信息

（3）配置阿里云账号信息

本场景提供免费的 ECS 服务器，但是使用的函数计算服务是开通在用户注册的账号下，需要配置用户账号的 AccessKey ID 和 AccessKey Secret 信息。执行如下命令，配置账号信息：

s config add

云厂商选择"Alibaba Cloud（alibaba）"。

在安全信息管理页面的安全提示对话框中，单击"继续使用 AccessKey"。

配置成功后，将会收到如图 sy5-10 所示的提示信息。

```
[root@iZb          isjfZ ~]# s config add
? Please select a template: Alibaba Cloud (alibaba)
  Refer to the document for alibaba key: http://config.devsapp.net/account/alibaba
? AccountID 167            83
? AccessKeyID LTA         HK2
? AccessKeySecret yjBI              bUC8
? Please create alias for key pair. If not, please enter to skip default

  Alias: default
  AccountID: 167            983
  AccessKeyID: LTA         HK2
  AccessKeySecret: yjBI               :UC8

Configuration successful
[root@iZb          jfZ ~]# []
```

图 sy5-10　配置阿里云账号信息

6. 通过工具创建 Hello World 函数

配置成功后，就可以通过工具创建 Hello World 函数了。可以通过初始化命令进行项目的初始化，由于 Serverless Devs 提供多种语言的支持，可以参考图 sy5-11 根据自己的需求进行初始化。

编程语言	函数类型	执行命令
Nodejs12	HTTP	s init start-fc-http-nodejs12
	Event	s init start-fc-event-nodejs12
Python3	HTTP	s init start-fc-http-python3
	Event	s init start-fc-event-python3
Java8	HTTP	s init start-fc-http-java
	Event	s init start-fc-event-java8
Golang	Event	s init fc-custom-golang-event
PHP7	HTTP	s init start-fc-http-php7
	Event	s init start-fc-event-php7

图 sy5-11　Serverless Devs 对多语言的支持

此处选择 Nodejs 12 HTTP 案例作为展示，输入以下命令进行初始化：

```
s init start-fc-http-nodejs12
```

初始化过程中为要创建的项目输入一个名称，本示例中为 start-fc-http-nodejs12。

start-fc-http-nodejs12

选择 default 凭证，即先前步骤中创建的用户信息，初始化成功后结果如图 sy5-12 所示。

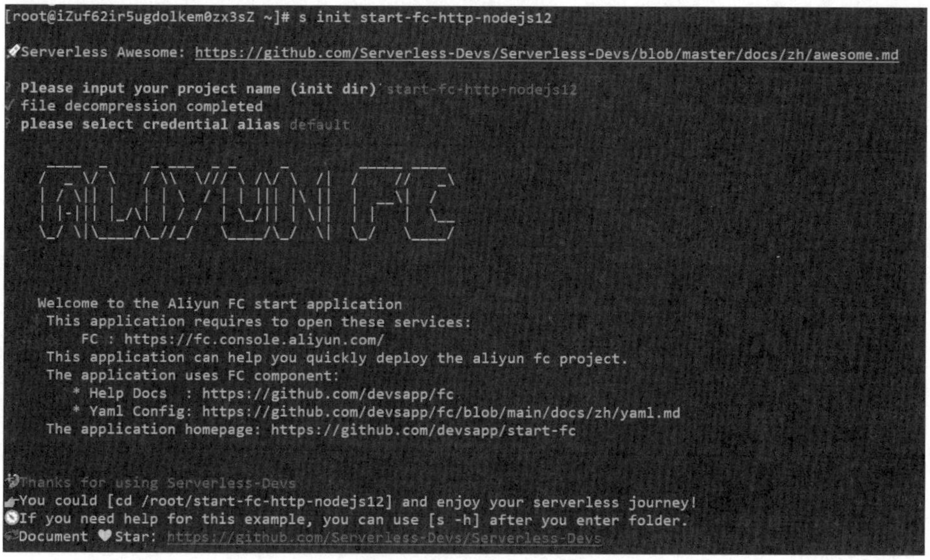

图 sy5-12　Hello World 函数创建项目初始化

执行如下命令，进入 start-fc-http-nodejs12 项目目录：

cd start-fc-http-nodejs12

执行如下命令，部署项目：

s deploy

返回结果如图 sy5-13 所示。表示部署完成，复制 custom_domain 中的 URL 地址到浏览器中，如图 sy5-14 所示。

图 sy5-13　Hello World 函数创建项目部署完成

```
{
    "path": "/",
    "queries": {},
    "headers": {
        "accept": "text/html,application/xhtml+xml,application/xml;q=0.9,image/avif,image/webp,image/apng,*/*;q=0.8,application/signed-exchange;v=b3;q=0.9",
        "accept-language": "zh-CN,zh;q=0.9",
        "host": "http-trigger-nodejs12.hello-world-service.1036685552273393.cn-hangzhou.fc.devsapp.net",
        "upgrade-insecure-requests": "1",
        "user-agent": "Mozilla/5.0 (Windows NT 10.0; Win64; x64) AppleWebKit/537.36 (KHTML, like Gecko) Chrome/96.0.4664.93 Safari/537.36",
        "x-forwarded-proto": "http"
    },
    "method": "GET",
    "requestURI": "/",
    "clientIP": "115.27.197.128",
    "body": ""
}
```

图 sy5-14　Hello World 函数创建项目浏览器显示结果

实验 5.2　工作日程表创建 Todo List 应用

1. 创建资源并配置环境

开发任何应用均需要创建资源并配置环境，操作步骤同实验 5.1。

2. 搭建 TodoList 应用

执行如下命令，进行初始化：

    s init devsapp/todolist-app

为要创建的项目输入一个名称，本示例中为 todolist-app：

    todolist-app

选择 default，即刚刚添加的用户信息，按回车键，安装完成后结果如图 sy5-15 所示。

图 sy5-15　TodoList 项目初始化成功

执行如下命令，进入 todolist-app 项目目录：

    cd todolist-app

执行如下命令，部署项目：

```
s deploy
```

返回结果如图 sy5-16 所示，表示部署完成。

图 sy5-16　TodoList 项目部署成功

单击 custom ＿ domain 中 的 URL，或在浏览器地址栏粘贴 URL，访问 TodoList 应用，如果出现如图 sy5-17 所示的应用界面，则表示部署成功。

图 sy5-17　TodoList 应用界面

实验 5.3　部署红白机小游戏

1. 创建资源并配置环境

操作步骤同实验 5.1。

2. 一键部署红白机小游戏

执行如下命令，在当前路径初始化一个红白机小游戏项目：

```
s init fc-nes-game
```

为要创建的项目输入一个名称，本示例中为 fc-nes-game：

fc-nes-game

选择默认账户凭据后按回车键，返回结果如图 sy5-18 所示，表示初始化完成。

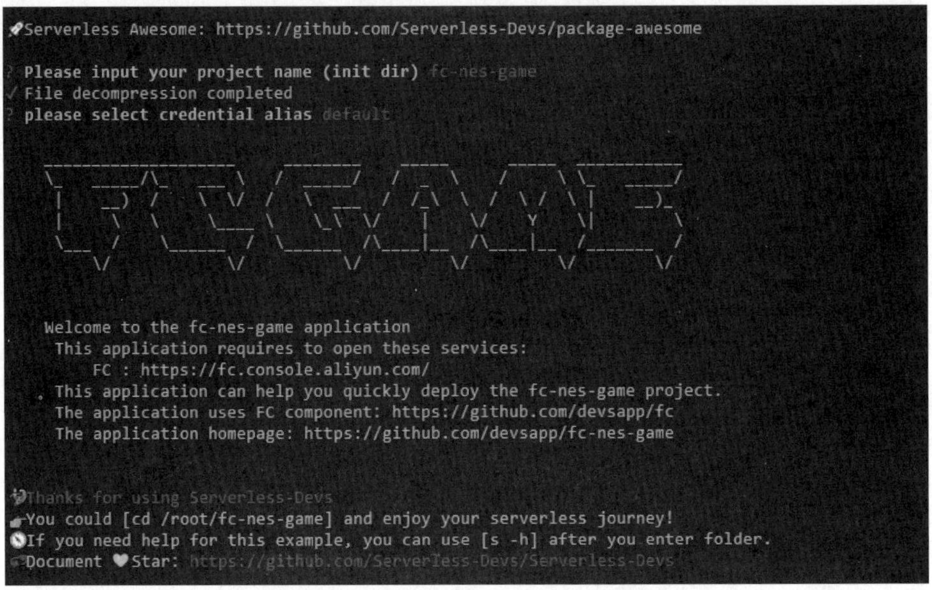

图 sy5-18　红白机小游戏项目初始化成功

执行如下命令，进入 fc-nes-game 目录：

```
cd fc-nes-game
```

执行如下命令，部署红白机小游戏项目：

```
s deploy
```

返回结果如图 sy5-19 所示，表示红白机小游戏项目部署完成。

图 sy5-19　红白机小游戏项目应用界面

在浏览器地址栏粘贴 custom_ domain 中的 URL 并访问，如果出现二维码界面则表示部署成功，用手机扫描二维码即可开始畅玩红白机小游戏。

由于版权原因，本案例中没有提供可以实际使用的 FC 小游戏，读者可以自行百度搜索并下载 NES 小游戏文件，通过如下步骤安装到红白机模拟器中。

进入本地下载好的 FC 小游戏目录，打开命令行窗口，执行以下命令，通过 ssh 服务将小游戏文件上传到阿里云 ECS 服务器上：

scp ./filename.nes root@ xxx. xxx. xxx. xxx：/root/fc-nes-game/src/roms

其中，./filename.nes 是游戏文件的本地地址，xxx. xxx. xxx. xxx 处应填写 ECS 云服务器的公网地址，/root/fc-nes-game/src/roms 是上传到云服务器端的地址。进入云服务器上项目部署根目录(fc-nes-game 目录)，执行以下命令打开 index. htm 文件：

vim ./src/index. htm

修改文件第 89 行内容，替换游戏名称与游戏文件地址，保存后退出(进入后按"I"键可修改，修改完毕按"Esc"键退出修改模型，输入"：wq"保存退出)，最后重新部署项目即可完成游戏的添加。

实验 5. 4　部署一个 Django Blog 到阿里云 Serverless

1. 创建资源并配置环境

操作步骤同实验 5.1。对于本项目而言，还需要使用如下命令安装 Docker：

curl -fsSL https：//get.docker.com ｜ bash -s docker --mirror Aliyun

使用如下命令启动 Docker：

sudo systemctl start docker

使用如下指令查看 Docker 的运行状态，图 sy5-20 中所示为 Docker 处于启动状态：

sudo systemctl status docker

```
[root@iZuf6ahsy0hptcfi0dawnxZ ~]# sudo systemctl status docker
● docker.service - Docker Application Container Engine
   Loaded: loaded (/usr/lib/systemd/system/docker.service; disabled; vendor preset: disabled)
   Active: active (running) since Thu 2021-10-14 13:42:56 CST; 17s ago
     Docs: https://docs.docker.com
 Main PID: 1943 (dockerd)
    Tasks: 7
   Memory: 33.6M
   CGroup: /system.slice/docker.service
           └─1943 /usr/bin/dockerd -H fd:// --containerd=/run/containerd/containerd.sock
```

图 sy5-20　查看 Docker 的运行状态

2. 搭建 Django Blog 项目

执行以下命令，在当前路径初始化一个 Django Blog 项目：

```
s init devsapp/django-blog
```

输入项目文件名为 django-blog：

```
django-blog
```

选择默认凭据后按回车，部署成功返回结果如图 sy5-21 所示。

图 sy5-21　Django Blog 项目初始化成功

执行以下命令，进入项目所在目录：

```
cd django-blog
```

执行以下命令，部署项目：

```
s deploy
```

返回结果如图 sy5-22 所示，打开浏览器访问测试域名，查看部署好的 Django Blog 系统。

图 sy5-22　Django Blog 项目部署成功

接下来可以添加一些主题和插件以丰富该系统，如图 sy5-23 所示。

图 sy5-23　Django Blog 应用界面

实验 5.5　快速搭建基于人工智能的目标检测系统

1. 创建资源、配置环境并安装 Docker

创建资源并配置环境，安装 Docker，操作步骤同实验 5.1 和实验 5.4。

2. 搭建目标检测系统

执行如下命令，进行初始化：

```
s init devsapp/image-prediction-app
```

为要创建的项目输入一个名称，本示例中为 image-prediction-app：

```
image-prediction-app
```

配置用户信息，选择 default，然后按回车键，初始化成功界面如图 sy5-24 所示。

执行如下命令，进入 image-prediction-app 项目目录：

```
cd image-prediction-app
```

执行如下命令打开 s. yaml 文件，将 service 中的日志服务关闭（删除该行即可），如图 sy5-25 所示，日志服务需另行开通且会产生费用：

```
vim s. yaml
```

执行如下命令，部署项目：

```
s deploy
```

```
[root@iZuf69eteq2bnk66n8ng0wZ ~]# s init devsapp/image-prediction-app

❄Serverless Awesome: https://github.com/Serverless-Devs/Serverless-Devs/blob/master/docs/zh/awesome.md

? Please input your project name (init dir) image-prediction-app
√ file decompression completed
? please select credential alias default
```

```
    Welcome to the image-prediction-app application
    This application requires to open these services:
        FC : https://fc.console.aliyun.com/
    This application can help you quickly deploy the image-prediction-app project.
        Full yaml configuration : https://github.com/devsapp/fc/blob/jiangyu-docs/docs/zh/yaml.md
    The application homepage: https://github.com/devsapp/start-ai
```

```
Thanks for using Serverless-Devs
You could [cd /root/image-prediction-app] and enjoy your serverless journey!
If you need help for this example, you can use [s -h] after you enter folder.
Document ♥ Star: https://github.com/Serverless-Devs/Serverless-Devs

? Do you want to deploy the project immediately? No
```

图 sy5-24　目标检测系统初始化成功界面

```
edition: 1.0.0
name: imageAi
access: default

services:
  imageAi:
    component: devsapp/fc
    actions:
      pre-deploy:
        - run: s build --use-docker
          path: ./
      post-deploy:
        - run: s nas command mkdir -p /mnt/auto/.s
          path: ./
        - run: s nas upload -r -n ./.s/build/artifacts/ai-cv-image-prediction/server/.s/python /mnt/auto/.s/python
          path: ./
        - run: s nas upload -r -n ./src/model /mnt/auto/model
          path: ./
    props:
      region: cn-hangzhou
      service:
        name: ai-cv-image-prediction
        description: 图片目标检测服务
        nasConfig: auto
        vpcConfig: auto
        logConfig: auto
      function:
        name: server
        description: 图片目标检测
        runtime: python3
        codeUri: ./src
        handler: index.app
        memorySize: 3072
        timeout: 60
        environmentVariables:
```

图 sy5-25　目标检测系统 yaml 配置文件

部署成功后结果如图 sy5-26 所示。

```
imageAi:
  region:    cn-hangzhou
  service:
    name: ai-cv-image-prediction
    function:
      name:      server
      runtime:   python3
      handler:   index.app
      memorySize: 3072
      timeout:   60
  url:
    system_url:   https://1036685552273393.cn-hangzhou.fc.aliyuncs.com/2016-08-15/proxy/ai-cv-image-prediction/server/
    custom_domain:

      domain: http://server.ai-cv-image-prediction.1036685552273393.cn-hangzhou.fc.devsapp.net
  triggers:

    type: http
    name: httpTrigger
```

图 sy5-26　目标检测系统部署成功界面

若在部署过程中出现如图 sy5-27 所示的报错，表示项目文件在上传 NAS 过程中上传失败，失败原因多为分配的网络带宽不足导致。可以在上述 yaml 文件中修改 region 字段，将其改为 ECS 云服务器所在地域。

图 sy5-27　目标检测系统部署过程中上传文件报错

若在部署过程中出现图 sy5-28 所示的报错信息，表示 NAS 文件系统中已存在当前目录，则可以在 yaml 文件中将这一步指令删去，无须创建重复目录地址。

图 sy5-28　目标检测系统部署过程中创建目录报错

部署成功后，复制 custom_domain 中的 URL 地址，打开浏览器，单击"选择文件"上传一张图片，最后单击"图像预测"可以显示目标检测的结果，如图 sy5-29 所示。

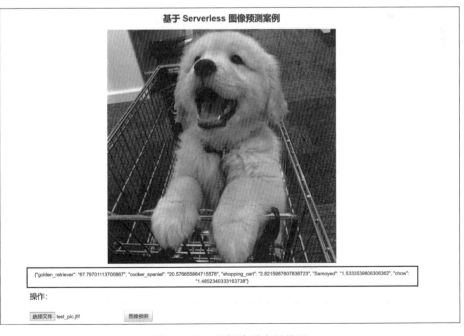

图 sy5-29　目标检测应用界面

在第一次进入目标检测应用时，会由于冷启动问题导致应用启动缓慢或无法启动，此时尝试刷新网页重启应用即可。若打开应用后提示如图 sy5-30 所示的错误信息，表示项目上传 NAS 系统的地址与预设不符，提前设置的环境变量无法找到上传的项目文件，这是 NAS 系统中的部分缓存导致的，可以进入阿里云 NAS 控制台删除当前挂载点后重新进行实验。

```
{
    "errorMessage": "Unable to import module 'index'",
    "errorType": "ImportModuleError",
    "stackTrace": [
        "ModuleNotFoundError: No module named 'imageai'"
    ]
}
```

图 sy5-30　目标检测应用报错信息

思考题

1. 什么是 Serverless？
2. 什么是 Serverless 架构？
3. Serverless 架构与虚拟机和容器的区别和联系是什么？

参考文献

[1] 安俊秀，靳宇倡，等. 云计算与大数据技术应用[M]. 北京：机械工业出版社，2019.

[2] 杨芙清. 软件工程技术发展思索[J]. 软件学报，2005，16(1).

[3] 俞宋骁凯. 探究超级计算机的原理及应用[J]. 通讯世界，2019，26(4)：111-112.

[4] 何明，郑翔，赖海光，等. 云计算技术发展及应用探讨[J]. 电信科学，2010，26(5)：42-46.

[5] 余前帆.《计算机科学技术名词》(第三版)正式公布[J]. 中国科技术语，2019，21(2)：10.

[6] 肖连兵，黄林鹏. 网格计算综述[J]. 计算机工程，2002(3)：1-3.

[7] ROSS J W，WESTERMAN G. Preparing for utility computing：the role of IT architecture and relationship management[J]. IBM Systems Journal，2004，43(1)：5-19.

[8] 刘鹏. 云计算[M]. 2版. 北京：电子工业出版社，2011.

[9] IBM 云计算解决方案[J]. 软件和信息服务，2011(2)：64.

[10] 赵彦，单广荣. 云计算及其关键技术研究[J]. 计算机光盘软件与应用，2014，17(12)：45-46.

[11] 陈全，邓倩妮. 云计算及其关键技术[J]. 计算机应用，2009(9)：2562-2567.

[12] MANVI S S，SHYAM G K. Resource management for Infrastructure as a Service(IaaS)in cloud computing：a survey[J]. Journal of Network and Computer Applications，2014，41：424-440.

[13] BEIMBORN D，MILETZKI T，WENZEL S. Platform as a service(PaaS)[J]. Business & Information Systems Engineering，2011，3(6)：381-384.

[14] Choudhary V. Software as a service：implications for investment in software development[C]. 2007 40th Annual Hawaii International Conference on System Sciences(HICSS'07)，2007：209a.

[15]《虚拟化与云计算》小组. 虚拟化与云计算[M]. 北京：电子工业出版社，2009.

［16］ 魏强，李锡星，武泽慧，等. X86 中央处理器安全问题综述［J］. 通信学报，2018，39(z2)：151-163.

［17］ 喻强. x86 体系结构的虚拟机研究［D］. 南京：南京工业大学，2006.

［18］ NEIGER G，SANTONI A，LEUNG F，et al. Intel virtualization technology：hardware support for efficient processor virtualization［J］. Intel Technology Journal，2006，10(3).

［19］ CHEN W，LU H，SHEN L，et al. A novel hardware assisted full virtualization technique［C］. 2008 The 9th International Conference for Young Computer Scientists，2008：1292-1297.

［20］ OWENS J D，HOUSTON M，LUEBKE D，et al. GPU computing［J］. Proceedings of the IEEE，2008，96(5)：879-899.

［21］ NEIDER J，DAVIS T，WOO M. OpenGL programming guide：the official guide to learning OpenGL，Release 1［M］. Addison-Wesley，1993.

［22］ PEEPER C，MITCHELL J L. Introduction to the DirectX ® 9 high level shading language［J］. ShaderX2：Introduction and Tutorials with DirectX，2003，9.

［23］ HWU W M，RODRIGUES C，RYOO S，et al. Compute unified device architecture application suitability［J］. Computing in Science & Engineering，2009，11(3)：16-26.

［24］ RICHARDSON T，STAFFORD-FRASER Q，WOOD K R，et al. Virtual network computing［J］. IEEE Internet Computing，1998，2(1)：33-38.

［25］ BARHAM P，DRAGOVIC B，FRASER K，et al. Xen and the art of virtualization［J］. ACM SIGOPS Operating Systems Review，2003，37(5)：164-177.

［26］ LAGAR-CAVILLA H A，TOLIA N，SATYANARAYANAN M，et al. VMM-independent graphics acceleration［C］. Proceedings of the 3rd International Conference on Virtual Execution Environments，2007：33-43.

［27］ ZHANG D，LI Y. Improving student learning in computer science courses by using virtual OpenCL laboratory［C］. 2014 International Conference on Management，Education and Social Science(ICMESS 2014)，2014：41-44.

［28］ SURKSUM K V. Tech：performance and use cases of VMware directpath I/O for networking［J］. Virtualization. info，2010.

［29］ KIVITY A，KAMAY Y，LAOR D，et al. KVM：the Linux virtual machine monitor［C］. Proceedings of the Linux symposium，2007：225-230.

［30］ MERRIFIELD T，TAHERI H R. Performance implications of extended page tables on virtualized x86 processors［C］. Proceedings of the 12th ACM SIGPLAN/SIGOPS International Conference on Virtual Execution Environments，2016：25-35.

［31］HOANG G, BAE C, LANGE J, et al. A case for alternative nested paging models for virtualized systems［J］. IEEE Computer Architecture Letters, 2010, 9(1): 17-20.

［32］BARKER R, MASSIGLIA P. Storage area network essentials: a complete guide to understanding and implementing SANs［M］. 7ed. John Wiley & Sons, 2002.

［33］Gibson G A, Van Meter R. Network attached storage architecture［J］. Communications of the ACM, 2000, 43(11): 37-45.

［34］PATTERSON D A, GIBSON G, KATZ R H. A case for redundant arrays of inexpensive disks(RAID)［C］. Proceedings of the 1988 ACM SIGMOD International Conference on Management of Data, 1988: 109-116.

［35］ABRAMSON D, JACKSON J, MUTHRASANALLUR S, et al. Intel virtualization technology for directed I/O［J］. Intel Technology Journal, 2006, 10(3).

［36］PFAFF B, PETTIT J, KOPONEN T, et al. The design and implementation of open vSwitch［C］. 12th 'USENIX' Symposium on Networked Systems Design and Implementation('NSDI' 15), 2015: 117-130.

［37］RAJARAVIVARMA V. Virtual local area network technology and applications ［C］. Proceedings The 29th Southeastern Symposium on System Theory, 1997: 49-52.

［38］VENKATESWARAN R. Virtual private networks［J］. IEEE Potentials, 2001, 20(1): 11-15.

［39］SEO K T, HWANG H S, MOON I Y, et al. Performance comparison analysis of Linux container and virtual machine for building cloud［J］. Advanced Science and Technology Letters, 2014, 66(105-111): 2.

［40］ANDERSON C. Docker ［software engineering］［J］. IEEE Software, 2015, 32 (3): 102-c3.

［41］宁家骏. "互联网+"行动计划的实施背景, 内涵及主要内容［J］. 电子政务, 2015, (6): 31-38.

［42］NURMI D, WOLSKI R, GRZEGORCZYK C, et al. Eucalyptus: a technical report on an elastic utility computing architecture linking your programs to useful systems［C］. UCSB Technical Report, 2008.

［43］奥马尔·海德希尔, 坚登·杜塔·乔杜里. 精通 OpenStack［M］. 2 版. 山金孝, 刘世民, 肖力, 译. 北京: 机械工业出版社, 2019.

［44］汤小丹, 梁红兵, 哲凤屏, 等. 计算机操作系统［M］. 3 版. 西安: 西安电子科技大学出版社, 2007.

［45］王雪涛, 刘伟杰. 分布式文件系统［J］. 科技信息(学术研究), 2006(11): 406-407.

［46］GHEMAWAT S, GOBIOFF H, LEUNG S-T. The Google file system［C］.

Proceedings of the 19th ACM Symposium on Operating Systems Principles,
2003：29-43.

[47] 黄丽珺. 云存储服务的国内外比较研究[J]. 数字技术与应用，2014(09)：
112-113.

[48] 巫国忠. 上传文件的管理方法、系统和客户端：CN103002029A［P］. 2013-
03-27.

[49] 北京百度网讯科技有限公司. 百度网盘生态白皮书[R]，2019.

[50] 吴常清，王慧敏，薛涛. 基于 CloudStack 的私有云平台的构建与实现[J].
西安工程大学学报，2014，28(02)：220-224.

[51] 杜军. 基于 Kubernetes 的云端资源调度器改进[D]. 浙江大学，2016.

[52] GORMLEY C，TONG Z. Elasticsearch：the definitive guide：a distributed
real-time search and analytics engine[M]. O'Reilly Media，2015.

[53] LAMPORT L. Paxos made simple[J]. ACM Sigact News，2001，32(4)：18-25.

[54] CASTRO M，LISKOV B. Practical byzantine fault tolerance［C］. OSDI'99
Proceedings of the 3rd Symposium on Operating Design and Implementation,
1999：173-186.

[55] 葛江浩，刘磊，李小勇. OpenStack Swift 关键技术分析与性能评测[J]. 微
型电脑应用，2013，29(11)：9-12.

[56] MCGRATH G，BRENNER P R. Serverless computing：design，implementa-
tion，and performance［C］. 2017 IEEE 37th International Conference on Dis-
tributed Computing Systems Workshops(ICDCSW)，2017：405-410.

[57] Stigler M. Understanding serverless computing[J]. Beginning Serverless Com-
puting：Developing with Amazon Web Services，Microsoft Azure，and Google
Cloud，2018：1-14.

[58] ARIF H，HAJJDIAB H，HARBI F A，et al. A comparison between Google
cloud service and iCloud［C］. 2019 IEEE 4th International Conference on Com-
puter and Communication Systems，2019：337-340.

[59] QUICK D，CHOO K K R. Dropbox analysis：data remnants on user machines
［J］. Digital Investigation，2013，10(1)：3-18.

[60] DRAGO I，MELLIA M，MUNAFO M M，et al. Inside dropbox：
understanding personal cloud storage services［C］，Proceedings of the 2012 In-
ternet Measurement Conference. 2012：481-494.

[61] BROOKS F P. 人月神话[M]. 注释版.李琦，注释.北京：人民邮电出版
社，2007.

[62] DEAN J，GHEMAWAT S. MapReduce：simplified data processing on large
clusters[J]. Communications of the ACM，2008，51(1)：107-113.

[63] 屈婉玲，耿素云，张立昂. 离散数学[M]. 北京：清华大学出版社，2005.

[64] HO Q，CIPAR J，CUI H，et al. More effective distributed ML via a stale syn-

chronous parallel parameter server[C]. Advances in Neural Information Processing Systems, 2013: 1223-1231.

[65] 严蔚敏，吴伟民. 数据结构：C 语言版[M]. 北京：清华大学出版社，2002.

[66] 蔡斌，陈湘萍. Hadoop 技术内幕[M]. 北京：机械工业出版社，2013.

[67] 陆嘉恒. Hadoop 实战[M]. 北京：机械工业出版社，2012.

[68] GEORGE L. HBase: the definitive guide[M]. O'REILLY, 2011.

[69] 陈吉荣，乐嘉锦. 基于 Hadoop 生态系统的大数据解决方案综述[J]. 计算机工程与科学，2013，35(10)：25-35.

[70] 于俊，向海，代其锋，等. Spark 核心技术与高级应用[M]. 北京：机械工业出版社，2015.

[71] KARAU H, KONWINSKI A, WENDELL P, et al. Spark 快速大数据分析[M]. 王道远，译. 北京：人民邮电出版社，2015.

[72] 朱锋，张韶全，黄明. Spark SQL 内核剖析[M]. 北京：电子工业出版社，2018.

[73] ARMBRUST M, DAS T, TORRES J, et al. Structured streaming: a declarative API for real-time applications in apache Spark[C]. Proceedings of the 2018 International Conference on Management of Data, 2018: 601-613.

[74] ZAHARIA M, DAS T, LI H Y, et al. Discretized streams: fault-tolerant streaming computation at scale[C]. Proceedings of the 24th ACM Symposium on Operating Systems Principles, 2013: 423-438.

[75] TOSHNIWAL A, TANEJA S, SHUKLA A, et al. Storm@ twitter[C]. Proceedings of the 2014 ACM SIGMOD International Conference on Management of Data, 2014: 147-156.

[76] KREPS J, NARKHEDE N, RAO J. Kafka: a distributed messaging system for log processing[C]. Proceedings of the NetDB. 2011: 1-7.

[77] BANKER K. MongoDB 实战[M]. 丁雪丰，译. 北京：人民邮电出版社，2012.

[78] 李子骅. Redis 入门指南[M]. 北京：人民邮电出版社，2013.

[79] 曾超宇，李金香. Redis 在高速缓存系统中的应用[J]. 微型机与应用，2013，32(12)：11-13.

[80] 刘宇宁，范冰冰. 图数据库发展综述[J]. 计算机系统应用，2022，31(8)：1-16.

[81] 王余蓝. 图形数据库 NEO4J 与关系据库的比较研究[J]. 现代电子技术，2012，35(20)：77-79.